U0227854

软件测试基础教程

微课视频版

魏培阳 叶 振 主 编

唐 聘 刘 魁 曹 亮 刘 丰 副主编

清华大学出版社

北京

内 容 简 介

软件测试是软件工程领域的重要分支。本书作为该领域的入门级著作,在内容上基本涵盖了软件测试学习基础知识的各方面。全书共12章,大致可分为3部分:第1部分(第1、2章)介绍软件测试的基础知识及模型规范;第2部分(第3～9章)阐述了软件测试中经典而常用的软件测试分类及方法(黑盒测试、白盒测试、单元测试、集成测试、系统测试、验收测试、回归测试);第3部分(第10～12章)重点介绍面向对象软件测试、软件测试自动化等软件测试发展方向和软件测试的过程与管理。每章都附有习题,以便读者及时强化知识,推进探索。

本书可作为高等院校计算机、软件工程及相关专业的专科、本科教材,也适合企业软件测试工程师和测试项目经理阅读。对于没有软件工程背景,但对软件测试感兴趣的相关人员,本书同样具有较大的参考意义。

图书在版编目(CIP)数据

软件测试基础教程:微课视频版/魏培阳,叶振主编.—北京:清华大学出版社,2023.5(2024.2重印)
高等学校软件工程专业系列教材
ISBN 978-7-302-62374-8

Ⅰ.①软…　Ⅱ.①魏…②叶…　Ⅲ.①软件－测试－高等学校－教材　Ⅳ.①TP311.55

中国国家版本馆 CIP 数据核字(2023)第 012947 号

责任编辑:黄　芝
封面设计:刘　建
责任校对:韩天竹
责任印制:沈　露

出版发行:清华大学出版社
网　　　址:https://www.tup.com.cn,https://www.wqxuetang.com
地　　　址:北京清华大学学研大厦 A 座　　邮　　编:100084
社　总　机:010-83470000　　邮　　购:010-62786544
投稿与读者服务:010-62776969,c-service@tup.tsinghua.edu.cn
质量反馈:010-62772015,zhiliang@tup.tsinghua.edu.cn
课件下载:https://www.tup.com.cn,010-83470236
印　装　者:三河市天利华印刷装订有限公司
经　　　销:全国新华书店
开　　　本:185mm×260mm　　印　　张:15.25　　　　字　　数:372 千字
版　　　次:2023 年 7 月第 1 版　　　　　　　　　　印　　次:2024 年 2 月第 2 次印刷
印　　　数:1501～3000
定　　　价:49.80 元

产品编号:091324-01

前　言

近年来,随着国家对信息技术产业持续不断的扶持,软件的应用领域不断拓展、软件设计复杂程度逐步提升、开发周期不断缩短、质量要求不断提高,软件企业也面临着巨大的挑战。因此,发展软件测试技术并规范其测试流程,可以有效地保证软件质量。这种观念正在被更多的软件企业人士理解、接受和实施,这也是软件企业快速发展的必经之路。

今天的信息技术产业涌现了大量新的开发语言、开发模式和应用类型,在任何软件项目的生命周期过程管理中,软件测试都是保障软件质量的重要手段,面对大量新技术的发展,高素质的软件测试人才短缺的问题日益严峻,软件产业的高质量发展和人才培养逐步引起国家的重视。

在各类高等院校,越来越多的学生有志从事软件测试行业,但是他们对于软件测试理论知识和实用测试技术的系统性学习与行业需求存在较大的偏差,而这也进一步加剧了软件测试业务的人才供需矛盾。

本书在结合高校的教学特点和企业对测试人才的需求基础上,从知识学习和案例实施两方面进行编排,在参阅了大量国内外相关标准、测试网站相关案例、软考历年真题以及笔者自身在企业工作的实际经验等基础上进行总结和充实后,完成了该书的编写工作。本书每章的开始都有本章要点,方便读者查看和学习;每章结尾部分附有来自软考历年软考评测师的真题供读者检验学习成果。总之,本书试图为软件人才的培养和锻炼提供一定的帮助和指导。

本书全面、系统地阐述了软件测试的基础知识和应用技术,是一本非常实用的软件测试技术教程。全书共分12章,其中,第1章是引入章节,主要介绍软件测试的一些基本知识,如软件测试的必要性、软件测试的背景、软件测试的基本概念、软件测试与软件开发之间的关系等问题,通过本章的学习读者能够充分认识到软件质量在整个软件开发体系中的重要性,除此之外,笔者力图从一些经典的软件质量事故中给读者一些启发。第2章主要从软件测试的模型逐步深入到软件测试的依据和规范,讨论CMM和一些改进模型。第3章全面介绍黑盒测试方法中的主流技术,包括等价类划分、边界值分析、决策表、因果图等方法,以及其他一些诸如正交实验法、场景法和错误猜测法等特殊的测试技术。第4章介绍白盒测试方法中的主流技术,包括逻辑覆盖测试、基本路径测试、程序插桩、域测试、变异测试和Z路径覆盖等方法。第5章主要介绍单元测试的概念和各种方法,也简单说明编码标准和规范、代码的审查等。第6章主要介绍集成测试的概念和策略等。第7章主要介绍系统测试的概念、类型以及当前最为流行的Web测试方法,重点说明压力测试、容量测试、性能测试、兼容性测试等方法。第8章主要介绍验收测试,其中包括安装测试、卸载测试,涉及产品验证、可用性、兼容性等方法及其说明。第9章主要介绍回归测试,主要说明回归测试作为软件生命周期的一个组成部分,在整个软件测试过程中所起到的重要作用,软件开发的各个阶段都会进行多次回归测试。第 10 章主要介绍面向对象的软件测试其原理和方法,主要包括面向对象的分析、设计和编程的测试,面向对象的单元和集成测试以及系统测试等。第 11 章主要介绍软件自动化测试的概念、实现原理、常用的技术以及测试工具等。第 12 章则依据最新国标 GB/T 38634.2—2020《系统与软件工程 软件测试 第 2 部分:测试过程》(ISO/IEC/IEEE 29119-2:2013,MOD)中定义的软件测试过程模型,同时借鉴和参考清华大学出版社出版的《软件测评师教程》(第 2 版)关于软件测试过程和管理的内容,介绍和说明了软件测试管理的通用过程模型。

本书重视实践能力和解决问题能力的培养,因此形成了以下特色。

(1)案例教学。本书在介绍基础方法时结合具体实例,通过对具体案例操作过程的讲述使读者举一反三,融会贯通。

(2)学练一体。本书每章的结尾都附有从软考历年软件评测师真题中精心选取的重点章节习题,让读者可以在高度真实的环境下检验学习成果。读者可在本书提供的电子资源中获取习题参考答案。

(3)标准权威。本书的定义、规范、术语以及方法、过程等完全对接最新国标,是软件测试方向对国家标准的最新解读,也对接软考指定指导书《软件评测师教程》(第 2 版)的相关理论和方法,是最新成果的实践和推广应用。

本书由魏培阳、叶振担任主编,唐聃、刘魁、曹亮、刘丰担任副主编,全书由舒红平审稿和定稿。其中,第 1、3、12 章由魏培阳编写,第 2、9 章由叶振编写,第 5 章由唐聃编写,第 4、6 章由刘丰、林江滨编写,第 7、10 章由刘魁编写,第 8、11 章由曹亮编写,重庆第二师范学院的王兰老师编写了附录内容。同时,感谢中国科学院重庆绿色智能技术研究院的尚明生、史晓雨、闪锟等对本书提出的修改意见以及所做的其他工作,感谢教育部产学合作协同育人项目2021 年第 2 批(202102638010)企业方中科泰岳(北京)科技有限公司对本书提供的相关案例及出版支持。本书作者魏培阳在重庆邮电大学攻读博士学位期间做了大量软件测试的相关工作,在此感谢在校期间各位师长和同学提供的帮助,同时作者也一直在成都信息工程大学软件工程学院担任教学工作,进行了大量的教学探索和研究,在此感谢学院在成书过程中提供的各种宝贵资料、建议和帮助。感谢清华大学出版社提供这次合作的机会,使得本书可以早日和读者见面。

本书适合本科、专科院校学生学习以及培训机构开展软件测试培训。

由于作者水平和时间的限制,书中难免存在疏漏,敬请读者及各界同仁批评指正。

编　者

2023 年 1 月于重庆

目　　录

第1章 软件测试概述

随着软件技术和应用的发展,软件测试已然成为软件工程理论和实践活动的重要组成部分。广义的软件测试包含测试的理论、方法、技术、标准、工具以及组织管理等内容。本章就软件测试的一些基本概念,如软件测试的必要性、软件测试的背景、软件测试与软件开发之间的关系等问题进行介绍和说明,使读者能够通过学习本章充分地认识到软件测试在整个软件开发体系中的重要性。

1.1 软件测试的必要性

软件测试是伴随着软件的出现而产生的,作为软件工程中的一个重要组成部分,软件测试是保证软件质量的关键步骤。软件在人们当前的生活中无处不在,有时仅仅因为软件系统中存在一个很小的错误,就会导致灾难性的后果。

1.1.1 著名的软件错误案例

在现今的数字时代,计算机软件的错误不但困扰着每个程序员,更无可避免地影响着人们的生活,小到衣食住行,大到国家经济、世界局势。随着人们的生活方式渐渐数字化、互联网化,计算机系统的任何错误都不能被低估。

1. 万"虫"之母,史上留名

1947年9月9日下午3点45分,Grace Murray Hopper 在她的记录本上记下了史上第一个计算机 Bug——在 Harvard Mark Ⅱ 计算机里找到的一只飞蛾。她把飞蛾贴在日记本上,并写道"First actual case of bug being found"。这个发现奠定了 Bug 这个词在计算机世界的地位,使之变成无数程序员的噩梦。从那以后,Bug 这个词在计算机世界就用于表示计算机程序中的错误或者疏漏,它们会使程序计算出莫名其妙的结果,甚至引起程序的崩溃。Grace Murray Hopper 是历史上最早的一批程序员,她以 Bug 一词而名留史册。

这是流传最广的关于计算机 Bug 的故事,可是历史的真相是 Bug 这个词早在发明家托马斯·爱迪生的年代就被广泛用于指代机器的故障,这在爱迪生本人于1870年写的笔记中就能看得到,而电气电子工程师学会(IEEE)也将 Bug 一词的引入归功于爱迪生。

2. "千年虫",炒作出来的狂欢

在20世纪,软件从业者从来没想过他们的代码和产品会跨入新千年。因此,很多软件从业者为了节省内存而省略掉代表年份的前两位数字"19",或者默认前两位为"19"。

而当日历越来越接近1999年12月31日时,人们越来越担心在千禧年的新年夜大家的计算机系统都会崩溃,因为系统日期会更新为1900年1月1日而不是2000年1月1日,这样可能意味着无数的灾难事件,甚至是世界末日。

今天,人们可以调侃这个滑稽的故事了,因为核导弹并没有自动发射,飞机也没有因失控从天上掉下来,银行更没有把国家和个人的大笔存款弄丢。

"千年虫"bug是真实的,全球花了上亿美金用来升级系统。而且,也发生了一些小的事故:在西班牙,停车场计费表坏了;法国气象局公布了1900年1月1日的天气预报;在澳大利亚,公共交通验票系统崩溃。就这样而已。最后盘点的结果是软件公司赚了大钱,八卦小报销量大增,很多程序员的千禧年夜的聚会泡汤了。

3. 达兰导弹事件,毫秒的误差

在1991年2月的第一次海湾战争中,一枚伊拉克发射的"飞毛腿"导弹准确击中了美国在沙特阿拉伯的达兰(Dhahran)基地,造成美军海湾战争中唯一一次超过百人的伤亡损失。

在后来的调查中美军发现,原来是一个简单的计算机Bug,使基地的"爱国者"反导弹系统失效,未能在空中拦截"飞毛腿"导弹。当时,负责防卫该基地的"爱国者"反导弹系统已经连续工作了100小时,每工作一小时,系统内的时钟会有一个微小的毫秒级延迟,这就是这个悲剧的根源。"爱国者"反导弹系统的时钟寄存器被设计为24位,因而时间的精度也只限于24位精度。在长时间的工作后,这个微小的精度误差被渐渐放大。在工作了100小时后,系统时间的延迟是0.33秒。

对一般人来说,0.33秒是微不足道的。但是对一个需要跟踪并摧毁一枚导弹的雷达系统来说,这是灾难性的。在达兰导弹事件中,雷达在空中发现了导弹,但是由于时钟误差没有能够准确地跟踪它,因此基地的反导弹系统并没有发射导弹将之拦截。

4. "火星极地登陆者"号的星际迷航

"火星极地登陆者"号是NASA于1999年1月发射的火星探测器,NASA计划在1999年12月使其降落于火星的南极附近,探测火星南极地表下是否存在冰。火星是太阳系的一个类地行星,其直径大约是地球的一半,质量为地球的11%,引力为地球的40%,有以二氧化碳为主的稀薄大气层。"火星极地登陆者"号采用减速降落伞和反推力火箭的软着陆方式降落在火星地表,类似我国神舟飞船返回舱的着陆模式。1999年12月3日,"火星极地登陆者"号从绕火星轨道出发,开始了5分钟的降落过程。降落程序为变轨落向火星地面→打开减速降落伞→1800米高度抛伞→打开反推力火箭→弹出着陆支撑腿→软着陆→关闭反推力火箭。但是这次软着陆失败了,探测器再也没有将信息传回地球,对加利福尼亚州帕萨迪纳控制中心发出的指令也没有任何回音。关于这次失败,NASA的调查分析认为原因是系统集成测试的疏漏。着陆器反推力火箭关闭的条件是支撑腿触及地表,其触点开关接通并返回信息给计算机来关闭发动机。然而,着陆支撑腿弹出时的震动可能误触发了触点开关,造成探测器已经着陆的假象,使反推力火箭提前关机,最终探测器由软着陆变成了硬着陆,坠毁于火星表面。NASA认为,在"火星极地登陆者"号的研制过程中,对分系统及子系统均进行了充分测试,包括着陆支撑腿工作的测试和探测器降落过程控制的测试,但并没有将它们结合起来开展充分的集成测试以验证支撑腿在各种情况下对降落控制程序的影响,这是测试设计及管理问题导致的灾难性后果。

5. 阿丽亚娜5型运载火箭,最昂贵的简单复制

程序员在编程时必须定义程序用到的变量,并为这些变量分配其所需的计算机内存,这些内存通常用比特位来定义。

一个 16 位的变量可以代表－32768～32767 之间的数值,而一个 64 位的变量可以代表－9223372036854775808～9223372036854775807 之间的数值。

1996 年 6 月 4 日,在阿丽亚娜 5 型运载火箭的首次发射点火后,火箭开始偏离路线,最终被迫引爆自毁,整个过程只有短短 30 秒。阿丽亚娜 5 型运载火箭基于前一代阿丽亚娜 4 型火箭开发。在阿丽亚娜 4 型火箭系统中,对一个水平速率的测量值使用了 16 位的变量及内存,因为在 4 型火箭系统中反复验证过,这一值不会超过 16 位的变量,而阿丽亚娜 5 型火箭的开发人员简单复制了这部分程序,却没有对新火箭进行数值的验证,结果这一环节发生了致命的数值溢出。发射后这个 64 位带小数点的变量被转换成了 16 位不带小数点的变量,引发了一系列的软件错误,从而影响了火箭上所有的计算机硬件,使整个系统瘫痪,因而不得不选择火箭自毁,4 亿美金变成一个巨大的烟花。

6. 波音 737 飞机,无法抬升的机头

美国波音公司是全世界最大的民用客机制造商之一,其 737 系列飞机是全球销量最大的中短途客机。波音 737 客机在其超过 50 年的发展历程中先后推出了传统型 737、改进型 737、新一代 737 和 737MAX。其中 737MAX 型号与之前各型号相比,最大的改进是换装了 CFM 国际公司的 LEAP 发动机,并升级了飞行控制系统。LEAP 是中国商飞公司 C919 和空客公司 A320Neo 选配的新一代高涵道比涡轮风扇发动机,代号分别为 LEAP-X1C 和 LEAP-1A,其燃油效率比之前型号的发动机提高 10% 以上,可以给航空运输企业带来极大的经济利益。波音公司为了应对这一竞争形势,也为 737MAX 选用了该型发动机(型号 LEAP-1B),然而 737 比较老旧的机体设计在安装新型发动机时出现了很大挑战,其较短的起落架不支持在机翼下正常位置上吊装这种更大尺寸发动机。于是波音公司在 737MAX 设计时将发动机安装于更高、更贴近机翼,也更靠前的位置,这破坏了 737 原有的气动性能,使之在大仰角飞行时会产生自动上仰,极易造成飞机失速。波音公司解决该问题的措施是升级飞行控制系统软件,增加一个机动特性增强系统(Maneuvering Characteristics Augmentation System,MCAS)来自动下压机头。悲剧的是,2018 年 10 月 29 日,一架机龄不足 3 个月的 737MAX8 执飞从雅加达至邦加滨港的印尼狮航 JT610 航班起飞不久后坠毁,机上 189 人全部遇难;4 个多月后的 2019 年 3 月 10 日,埃塞俄比亚航空 ET302 航班由亚的斯亚贝巴飞往肯尼亚内罗毕,同样在起飞后不久坠毁,同样是 737MAX8 机型,机龄只有 4 个月,事故造成机上 157 人死亡。短时间内两个航空公司的相同机型发生极为相似的机毁人亡惨剧,这让全球各个国家被迫停飞该机型,等待事件调查和排除安全隐患。经过 18 个月的调查,美国国会众议院运输和基础设施委员会于 2020 年 9 月 16 日公布了最终调查报告,认为两起 737MAX 空难事故是波音公司的工程师存在"错误的技术假设"、波音公司的"管理缺乏透明度"以及美国联邦航空局(FAA)的"监管严重不足"造成的。报告指出,两起坠机事故均由 MCAS 系统引起,该系统存在技术设计缺陷,在特殊情况下系统会误识为飞机失速并触发失速保护,抢夺飞机的控制权并下压机头,更为糟糕的是波音公司向飞行员隐瞒了 737MAX 机型中 MCAS 的存在,使飞行员在出现这种情况时不能进行正确的操作。事实上,737MAX 惨剧的直接原因就是 MCAS 的设计缺陷,它在飞行状况异常情况下没有导向安全。

7. 东京证券交易所的宕机

2020 年 10 月 1 日,东京证券交易所出现系统故障,股票市场开盘前信息发布出现问题,造成所有股票全天停止交易,这是该交易所开业以来最大的一次故障,同时导致札幌、名古屋及福冈的证券交易所也停止了所有股票交易,全球罕见。东京证券交易所公布的原因为系统存储故障,且不能切换至备份系统。虽然此次事件可能没有造成严重后果,但近年来,全球除了日本外,还包括新西兰、加拿大、新加坡、印度和美国等多国证券市场也多次出现因供电、交易系统组件软件问题、人为操作失误、网络故障、外部攻击甚至火灾和气候原因发生类似事件。当今的证券市场已经是一个高度信息化的环境,因为信息系统的故障造成市场停摆,不仅可能造成投资人的利益和信心受损,还可能造成市场动荡,影响社会经济活动,甚至破坏社会的稳定性。

从以上血淋淋的教训中不难看到软件质量在当代信息社会的重要程度。在保证软件质量的各式各样方法中,软件测试是最后一道闸门,也是效果最好的一种方法。只有按照原则、规范和标准,对软件系统开展科学而严格的测试,才能使软件的质量让用户放心。

1.1.2　为何要进行软件测试

从 1.1.1 节中所介绍的软件质量事故可知,软件总会存在或多或少的问题。因此,进行软件测试就很有必要。如果没有软件测试,就不能了解软件产品的质量,也无法做出有针对性的改进。测试是软件工程不可缺少的一部分,特别是在软件无处不在、越来越贴近人们工作和生活的当前社会中,软件测试的必要性越来越明显。

GB/T 38634.1—2020 从业界规范和标准化方面对软件测试的必要性进行了说明。

(1) 决策者需要通过测试项获取软件质量特性的信息。

(2) 被测项并不总是能达到预期效果。

(3) 被测项需验证。

(4) 被测项需确认。

(5) 被测项的评价需贯穿整个软件与系统的生命周期。

"无法构建出完美的软件"已经被人们普遍认同。因此,在向用户发布软件之前有必要进行测试,降低软件产品出错的风险,以避免用户在使用软件时产生各种负面影响。同样,软件开发商有必要确保测试能被很好地执行。

错误或缺陷很大程度上是不可避免的。人为引起的错误或差错导致软件产品(例如一个需求规格说明或软件组件)缺陷的出现。在软件使用中未遇到缺陷时,缺陷不会对软件的操作产生影响;但是,如果在一定的条件下使用产品时遇到缺陷,则缺陷可能会导致软件产品无法满足用户的合理需求,软件失效可能会带来极差的用户体验。例如,一个缺陷可能会损害商业信誉、公共安全、商业可行性、商业或用户的信息安全、环境等。

软件测试是软件质量保证的关键步骤。美国质量控制研究院对软件测试的研究结果表明:越早发现软件中存在的问题,则修补问题所需的开发费用就越低;在编码后修改软件缺陷的成本是编码前的 10 倍,在产品交付后修改软件缺陷的成本是交付前的 10 倍;软件质量越高,软件发布后的维护费用就越低。另外,根据对一些国际著名 IT 企业的统计数据表明,它们的软件测试费用占整个软件工程所有研发费用的 50% 以上。

测试是所有工程类学科的基本组成单元,软件工程也不例外。软件测试在产品开发中占据着相当重要的位置,这也是软件行业发展几十年的时间里用无数事故和教训所证明的。以微软公司为例,微软公司以前的产品(Windows 95 和 Windows 98)经常会发生崩溃、死机等现象,甚至在微软公司发布会上曾出现了尴尬的蓝屏,而今天的产品(如 Windows 10 和 Windows 11)则比多年前的产品的功能上更强大、运行更稳定。这是因为微软公司更加重视测试工作,在测试上投入了更多的人员,微软公司总共拥有一万多名专业的测试人员。其次,测试人员的经验也越来越丰富,测试流程也越来越规范,测试工作也越来越有效。正是由于清晰地认识到了软件测试的重要性,微软公司的产品质量才有了明显提高。

因此,在软件工程领域,无论从何种角度来看,软件测试都是必不可少的活动,是对软件需求分析、设计规约和编码的最终复审,是软件质量保证的关键环节。

1.1.3　软件质量

作为一种逻辑产品,软件是人类思维的创造物,其新旧技术的更新换代比起传统的领域要迅速得多。随着时间的推移,软件的规模和复杂度迅速增大,其开发过程不易把握,开发进度、成本与计划不符的问题也日益严重,软件质量(Software Quality,SQ)越来越成为人们关注的焦点。

软件质量包含三个基本概念:首先,什么是软件? 其次,什么是质量? 然后才能定义什么是软件质量。

1. 什么是软件

软件就是对能使计算机硬件系统顺利和有效工作的程序集合的总称。程序总是要通过某种物理介质来存储和表示的,它们是磁盘、磁带、程序纸、穿孔卡等,但软件并不是指这些物理介质,而是指那些看不见、摸不着的程序本身。可靠的计算机硬件如同一个人的强壮体魄,有效的软件如同一个人的聪颖思维。简单地说,软件是用户与硬件之间的接口界面。用户主要是通过软件与计算机进行交互。软件是计算机系统设计的重要依据。为了方便用户,为了使计算机系统具有较高的总体效用,在设计计算机系统时必须全局考虑软件与硬件的结合,兼顾用户的要求和软件的要求。软件包括以下部分。

(1) 按事先设计的功能和性能要求执行的指令序列。

(2) 使程序能正常操作和处理信息的数据结构。

(3) 描述程序功能需求及程序操作、维护和使用的技术文档。

2. 什么是软件质量

在计算机科学发展的早期业界并没有软件质量的概念。20 世纪 70 年代以后,随着软件工程的引入,软件开发的工程化和标准化得到广泛重视,软件质量的概念才被提了出来。软件质量的定义,国际上迄今并未有统一的认识。

1979 年,Fisher 和 Light 将软件质量定义为表征计算机系统卓越程度的所有属性的集合。

1982 年,Fisher 和 Baker 将软件质量定义为软件产品满足明确需求的一组属性的集合。

20 世纪 90 年代,Norman、Robin 等将软件质量定义为表征软件产品满足明确的和隐含的需求的能力的特性或特征的集合。

软件质量是产品、组织和体系或过程的一组固有特性,反映了它们满足顾客和其他相关方面要求的程度。如 CMU SEI 的 Watts Humphrey 指出:"软件产品必须提供用户所需的功能,如果做不到这一点,那么什么产品都没有意义。其次,这个产品能够正常工作。如果产品中有很多缺陷,不能正常工作,那么不管这种产品性能如何,用户也不会使用它。"而Peter Denning 强调:"越是关注客户的满意度,软件就越有可能达到质量要求。程序的正确性固然重要,但其不足以体现软件的价值。"

1994 年,国际标准化组织公布的国际标准 ISO 8402:1994 将软件质量定义为:"反映实体满足明确和隐含的需求的能力的特性的总和。"也就是说,为满足软件的各项精确定义的功能、性能需求,符合文档化的开发标准,需要相应地给出或设计一些质量特性及其组合,以之作为在软件开发与维护中的重要考虑因素。如果这些质量特性及其组合都能在产品中得到满足,则这个软件产品质量就是高的。这个定义说明了质量是产品的内在特性,即软件质量是软件自身的特性。

GB/T 11457—2006《软件工程术语》中对软件质量有如下定义。

(1) 软件产品中能满足给定需要的性质和特性的总体。

(2) 软件具有所期望的各种属性的组合程度。

(3) 顾客和用户觉得软件满足其综合期望的程度。

(4) 确定软件在使用中将满足顾客预期要求的程度。

软件质量是一个相对的概念,讨论软件的质量,最终将归结为定义软件的质量特性,而定义一个软件的质量,就等价于为该软件定义一系列质量特性。

综上所述,软件质量是衡量所交付的软件是否符合相关的软件开发标准、满足预期的功能和性能需求、准时地交付给客户并且确保开发成本不超过预算,从而最终满足客户要求的标准。软件质量的具体衡量指标主要包括是否零缺陷、对目标的适应性、是否能够持续稳定并且成本合理地应用于市场,产品和服务特性是否能够满足用户特定的以及隐含的需求等。

软件质量标准的定义,有以下三个重要方面需要强调。

(1) 软件需求是度量软件质量的基础,不符合需求的软件就是质量不高。

(2) 规范化的标准定义了一组开发准则,用来指导软件开发人员用工程化的方法开发软件。如果不遵守这些开发准则,软件质量就得不到保证。

(3) 往往会有一些隐含的需求没有被显式地提出来,如软件应具备良好的可维护性等。如果软件只满足那些精确定义的需求而没有满足这些隐含的需求,软件质量也不能得到保证。

影响软件质量的主要因素可划分为三组,其分别反映用户在使用软件产品时的三种观点:一是正确性、稳健性、效率、完整性、可用性、风险(产品运行);二是可理解性、可维护性、灵活性、可测试性(产品修改);三是可移植性、可重用性、互运行性(产品转移),这些因素是从管理角度来对软件质量的度量。

质量不是单独以软件产品为中心的,它与客户和产品都有联系。其中,客户是出资者或受影响的用户,而产品则包括利益和服务。进一步讲,质量的好坏会随着时间响应、用户满意度和环境的改变而改变。因此,软件的质量作为产品或服务所需要的功能特性,也必须定义与客户环境相关的内容。质量是一个复杂且多面的概念,从不同的角度来看会得到不同的结论。因此,对质量的定义还应该是多方面的,上述定义均不能很好地满足要求。结合上述内容,给出如下的定义:软件质量是指软件产品的特性可以满足用户的功能、性能需求的能力。

概括地说,有三类方法来改进软件质量:控制软件生产过程、提高软件生产者的组织性和个人能力。已经应用的著名方法如下。

（1）净室软件工程(Clear Room Software Engineering)。这是把软件生产过程放在统计质量控制下的软件工程管理过程。其特点是：劳动质量管理、重视生产过程和定量分析。这一方法的本质是干干净净生产，以求提高产品质量。

（2）评估软件能力成熟度。用软件能力成熟度模型（Capability Maturity Model，CMM）来评估软件生产组织研制软件能力的成熟度。CMM 是从软件生产组织过程的角度来评估其生产能力和技术水平的，软件能力成熟度分为 5 级。

（3）提高软件生产力和个人技能。用人事软件过程（Personal Software Process，PSP）作为工具和方法，给软件工程师提供测量和分析的工具，并帮助他们理解自己的软件生产水平和技巧的高低，以求得到不断提高。

1.1.4 质量保证与测试的关系

什么是质量保证(Quality Assurance，QA)？ISO 8402:1994 中对其的定义是：为了提供足够的信任，表明实体能够满足质量要求等，而在质量管理体系中实施并根据需要进行证实的全部有计划和有系统的活动。美国质量管理协会（ASQC）的定义为：QA 是以保证各项质量管理工作实际地、有效地进行与完成为目的的活动体系。这些定义表明质量保证是系统性的活动或活动体系，其涵盖范围十分广泛，是企业级的系统性行为。

本节讨论的是质量保证和软件测试的关系，需要关心的也仅是软件质量的含义及构成。国家标准 GB/T 25000.1—2021《系统与软件工程　系统与软件质量要求和评价(SQuaRE)第 1 部分：SQuaRE 指南》对软件质量的定义是：在规定条件下使用时，软件产品满足明确的或隐含的要求的能力。这些明确的和隐含的要求在 SQuaRE 系列标准中以质量模型的形式进行了阐述，质量模型将软件产品质量划分成不同类型的质量特性，有一些进一步划分为若干子特性。在 GB/T 25000.10—2016《系统与软件工程　系统与软件质量要求和评价(SQuaRE)第 10 部分：系统与软件质量模型》中，定义了软件的产品质量模型和使用质量模型。其中产品质量模型将质量属性划分为 8 个质量特性：功能性、性能效率、兼容性、易用性、可靠性、信息安全性、维护性和可移植性，每一个特性由相关的若干子特性组成；使用质量模型包含了与系统交互结果有关的 5 个特性：有效性、效率、满意度、抗风险和周境覆盖，其中满意度、抗风险和周境覆盖还各自包含一些子特性。

完整的软件质量保证活动应该贯穿整个软件生命周期，包括评审、检查、审查、设计方法学和开发环境、文档编制、标准、规范、约定及软件测试、度量、培训、管理等。

1. 与软件质量保证计划直接相关的工作

在项目早期，要根据项目计划制定与其相对应的软件质量保证计划，定义出各阶段的检查重点，标识出检查、审计的工作产品对象，以及在每个阶段软件质量保证的输出产品。定义越详细，对软件质量保证今后工作的指导性就会越强，同时也便于软件项目经理和软件质量保证组长对软件质量工作的监督。编写完软件质量保证计划后要组织软件质量保证计划的评审，并形成评审报告，把通过评审的软件质量保证计划发送给软件项目经理、项目开发人员等所有相关人员。

2. 参与项目的阶段性评审和审计

在软件质量保证计划中，通常已经根据项目计划定义了与项目阶段相应的阶段检查，包括参加项目在本阶段的评审和对其阶段产品的审计等。对阶段产品的审计,通常是检查其阶段产品是否按计划、按规程输出且内容完整,这里的规程包括企业内部统一的规程,也包括项目组内自己定义的规程。但是软件质量保证一般不负责检查阶段产品内容的正确性,内容的正确性通常交由项目中的评审来完成。软件质量保证在参与评审时往往从保证评审过程有效性方面入手,如参与评审的人员是否具备一定资格,是否规定的人员都参加了评审,评审中对被评审的对象的每个部分都进行了评审,并都给出了明确的结论等。

3. 对项目日常活动与规程的符合性进行检查

这部分的工作内容是软件质量保证的日常工作内容。由于软件质量保证需要独立于项目组,如果只是参与阶段性的检查和审计,则往往很难及时反映项目组的工作过程,所以要在两个阶段之间设置若干小的软件质量保证跟踪点,来监督项目的进行情况,以便能及时反映项目组中存在的问题,并对其进行追踪。如果只在阶段点进行检查和审计,即便发现了问题也难免滞后,这不符合尽早发现问题、把问题控制在最小的范围之内的整体目标。

4. 对配置管理工作的检查和审计

软件质量保证要对项目过程中的配置管理工作是否按照项目最初制定的配置管理计划执行进行监督,包括配置管理人员是否定期进行该方面的工作、是否所有人得到的都是开发产品的有效版本。这里的产品包括项目过程中产生的代码和文档。

5. 跟踪问题的解决情况

对评审中发现的问题和项目日常工作中发现的问题,软件质量保证要进行跟踪,直到问题被解决。对在项目组内可以解决的问题就在项目组内部解决;对于在项目组内无法解决的问题,或是在项目组中跟催多次也没有得到解决的问题,软件质量保证可以利用其独立汇报的渠道报告给高层经理。

6. 收集新方法,提供过程改进的依据

此类工作很难具体定义在软件质量保证的计划当中,但是软件质量保证小组有机会直接接触项目组,对项目组在开发管理过程中的优点和缺点都能准确地获得第一手资料。软件质量保证小组有机会了解项目组中管理好的地方是如何做的,采用了什么有效的方法,在活动中与其他软件质量保证小组共享。这样,这些好的实例就可以实时被传播到更多的项目组中。对企业内过程规范定义得不准确或是不方便的地方,软件项目组也可以通过软件质量保证小组反映到软件工程过程小组,以便下一步对规程进行修改和完善。

从这里可以看出,软件质量保证与软件测试之间相辅相成,既存有包含又存有交叉的关系。软件质量保证需要指导、监督软件测试的计划和执行,督促测试工作的结果客观、准确和有效,并协助测试流程的改进。而软件测试是软件质量保证的重要手段之一,为软件质量保证提供所需的数据,作为质量评价的客观依据。它们的相同点在于两者都是贯穿整个软件开发生命周期的流程。它们的不同之处在于软件质量保证是一项管理工作,侧重于对流程的评审和监控,而软件测试是一项技术性的工作,侧重于对产品进行评估和验证。

即,软件测试和软件质量保证是软件质量工程的两个不同层面的工作。软件质量保证的工作是通过预防、检查和改进来保证软件质量。它介入整个软件开发过程——监督和改进过程,确认达成的标准和过程被正确地遵循,保证问题被发现和解决,以预防为主。测试所关心的不是过程的活动,而是关心结果。软件质量保证从流程方面保证软件的质量,测试则从技术方面保证软件的质量。测试人员要对过程中的产物(开发文档和源代码)进行静态

审核、运行软件、找出问题、报告质量甚至评估,而不是为了验证软件的准确性。当然,测试的目的是证实软件有错,否则就违反了测试人员的本职。因此,测试虽然对提高软件质量起到了要害的作用,但它只是软件质量保证中的重要环节之一。

1.2　软件测试的背景

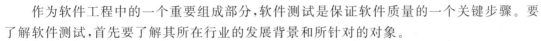

视频讲解

作为软件工程中的一个重要组成部分,软件测试是保证软件质量的一个关键步骤。要了解软件测试,首先要了解其所在行业的发展背景和所针对的对象。

1. 软件测试的历史回顾

自从计算机作为强大的计算工具在 20 世纪出现以来,程序的编写与程序的测试课题就同时出现在人们的面前。不过早期软件测试是伴随着软件的产生而产生的。在早期的软件开发过程中,软件规模小、复杂程度低,软件开发的过程混乱无序、相当随意,测试的含义比较狭窄,开发人员将测试等同于"调试",目的是纠正软件中已经知道的故障,常常由开发人员自己完成这部分的工作。对测试的投入极少,测试介入也晚,故常常是等到形成代码,产品已经基本完成时才进行测试。

直到 1957 年,软件测试才作为一种发现软件缺陷的活动开始与调试区别开来,由于一直存在"为了让我们看到产品在工作,就得将测试工作往后推一点"的思想,人们潜意识里对测试的目的就理解为"使自己确信产品能工作"。测试活动始终滞后于开发的活动,测试通常被作为软件开发周期中最后一项活动而进行。而且当时也缺乏有效的测试方法,主要依靠错误推测(Error Guessing)来寻找软件中的缺陷。因此,大量软件交付后仍存在很多问题,软件产品的质量无法得到保障。

到了 20 世纪 70 年代,这个阶段开发的软件虽然不复杂,但人们已开始思考软件开发流程的问题。尽管对软件测试的真正含义还缺乏共识,但这一词条已经频繁出现,一些软件测试的探索者们建议在软件生命周期的开始阶段就根据需求制订测试计划,这时也涌现出一批软件测试的宗师,Bill Hetzel 博士就是其中的领导者。1972 年,Bill Hetzel 博士在美国的北卡罗来纳大学组织了历史上第一次正式的关于软件测试的会议。在 1973 年,他首先给软件测试一个这样的定义:就是建立一种信心,认为程序能够按预期的设想运行。在 1983 年他又将定义修订为:评价一个程序和系统的特性或能力,并确定它是否达到预期的结果。软件测试就是以此为目的的任何行为。在他的定义中的"设想"和"预期的结果"其实就是我们现在所说的用户需求或功能设计。他的思想核心观点是测试方法是试图验证软件是"工作的",所谓"工作的"就是指软件的功能是按照预先的设计执行的,以正向思维,针对软件系统的所有功能点,逐个验证其正确性。软件测试业界把这种方法看作是软件测试的第一类方法。

这一方法受到很多业界权威的质疑和挑战。代表人物是 Glenford J. Myers(代表论著《软件测试的艺术》)。他认为测试不应该着眼于验证软件是工作的,相反应该首先认定软件是有错误的,然后用逆向思维去发现尽可能多的错误。他还从人的心理学的角度论证,如果将"验证软件是工作的"作为测试的目的,则非常不利于测试人员发现软件的错误。于是他于 1979 年提出了对软件测试的定义:测试是为发现错误而执行的一个程序或者系统的过程。这个定义,也被业界所认可,经常被引用。

这就是软件测试的第二类方法,简单地说就是验证软件是"不工作的",或者说是有错误的。Myers认为,一个成功的测试必须是发现Bug的测试,不然就没有价值。这就如同一个病人(假定此人确有病)到医院做一项医疗检查,结果各项指标都正常,那说明该项医疗检查对诊断该病人的病情是没有价值的,是失败的。Myers提出的"测试的目的是证伪"这一概念,推翻了过去"为表明软件正确而进行测试"的认识,为软件测试的发展指出了新的方向,软件测试的理论、方法在之后得到了长足的发展。第二类软件测试方法在业界很流行,受到很多学术界专家的支持。

然而,对Myers先生"测试的目的是证伪"这一概念的理解也不能太过于片面。在很多软件工程学、软件测试方面的书籍中都提到一个概念:测试的目的是寻找错误,并且是尽最大可能找出最多的错误。这很容易让人们认为测试人员就是"挑毛病"的,而由此带来诸多问题。

总体来说,第一类测试可以被简单抽象地描述为这样的过程:在设计规定的环境下运行软件的功能,将其结果与用户需求或设计结果相比较,如果相符则测试通过,如果不相符则视为Bug。这一过程的终极目标是将软件的所有功能在所有设计规定的环境全部运行并通过。在软件行业中一般把第一类方法奉为主流和行业标准。第一类测试方法以需求和设计为本,因此有利于界定测试工作的范畴,更便于部署测试的侧重点,加强测试的针对性。这一点对大型软件的测试,尤其是在时间和人力资源有限的情况下显得格外重要。

而第二类测试方法则与需求和设计没有必然的关联,其更强调测试人员发挥主观能动性,用逆向思维方式不断思考开发人员理解的误区、不良的习惯、程序代码的边界、无效数据的输入以及系统的各种弱点,试图破坏系统、摧毁系统,目标就是发现系统中各种各样的问题。这种方法往往能够发现系统中存在的更多缺陷。

20世纪80年代初期,软件和IT行业进入高速发展的阶段,软件趋于大型化、高复杂度,软件的质量越来越重要。这个时候,一些软件测试的基础理论和实用技术开始形成,人们开始为软件开发设计各种流程和管理方法,软件开发的方式也逐渐由混乱无序过渡到结构化,以结构化分析与设计、结构化评审、结构化程序设计以及结构化测试为特征。人们还将"质量"的概念融入其中,软件测试的定义发生了改变,测试不单纯是一个发现错误的过程。软件开发人员和测试人员开始坐在一起探讨软件工程和测试问题。软件测试已有了行业标准(IEEE/ANSI),1983年IEEE提出的软件工程术语中给软件测试下的定义是:使用人工或自动的手段来运行或测定某个软件系统的过程,其目的在于检验它是否满足规定的需求或弄清预期结果与实际结果之间的差别。这个定义明确指出软件测试的目的是检验软件系统是否满足需求。它再也不是一个一次性的,只是开发后期的活动,而与整个开发流程融合成一体。软件测试已成为一个专业,需要运用专门的方法和手段,需要专门人才和专家来承担。

2. 软件测试的现状

近些年,随着软件市场的成熟,软件行业的竞争越来越激烈,其已从过去的卖方市场转变为现在的买方市场,软件的质量、性能、可靠性等方面正逐渐成为人们关注的焦点。为提高自身的竞争能力,软件企业必须重视和加强软件测试。中研普华2022年2月发布的《2022—2026年中国软件测试行业市场分析及未来发展预测报告》中对国外软件测试行业的描述为"在微软公司内部,软件测试人员与软件开发人员的比例一般为1.5∶1到2.5∶1

左右,即一个开发人员背后,有至少两位测试人员在工作,以保证软件产品的质量。国外优秀的软件开发机构把40%的工作花在软件测试上,软件测试费用占软件开发总费用的30%至50%,对于一些要求高可靠性、高安全性的软件,测试费用甚至相当于整个软件项目开发所有费用的3至5倍。"对国内软件测试行业的描述为"我国软件测试行业起步较晚,发展较慢,直到21世纪初期,我国才逐步开始重视软件测试行业。但近年来,软件行业的快速发展为软件测试行业的发展提供了良好的基础,随着我国软件测试行业的发展,行业内企业向规模化发展将获得规模效应,可以有效降低企业的单位成本;而软件测试技术的不断发展,也将淘汰那些技术实力较弱的企业,促使行业内企业向专业化方向发展。近年来中国软件测试行业市场规模稳定增长,截至2021年中国软件测试行业市场规模达到2347亿元,同比增长18%。"

软件测试网2021年6月发布的《软件测试行业现状及市场前景规模分析》相关数据显示"在软件业较发达的国家,软件测试产业已形成规模,比较发达,软件测试不仅早已成为软件开发的一个重要组成部分,而且在整个软件开发的系统工程中占据着相当大的比重。近年来中国软件测试行业市场规模稳定增长,2019年,全国软件和信息技术服务业规模以上企业已经超过4万家,累计完成软件业务收入71768亿元,市场规模达到1686亿元,同比增长18.3%。软件市场的快速发展带动软件测试需求的高速增长,因此,软件测试行业具备广阔的发展空间。"

中研普华2022年2月发布的《2022—2026年中国软件测试行业市场分析及未来发展预测报告》的第二节"2021年中国软件测试行业发展特点分析"中关于人才缺口的描述为"据招聘网站统计,国内超过150万软件从业人员中,能担当软件测试职位的不超过10万人,具有3~5年以上从业经验的更是不足5万人,紧缺的软件测试工程师的数量和能力也比较薄弱,不如国外。与此同时,国内30万的软件测试人才需求缺口正以每年20%的速度递增。测试工程师正在成为软件开发企业必不可少的技术人才。然而,由于国内软件业对软件质量控制的重要作用认识较晚,尚未形成系统化的软件测试人才需求供应链,造成目前软件测试人才千金难求的尴尬局面。"

3. 软件测试的前景

软件测试是一门崭新的学科,其目前仍然处在研究探索阶段,理论层次方面的探索还有巨大的空间。软件测试需要什么样的专业基础也还没有定论,目前还没有一种很好的标准来衡量测试人员。但毋庸置疑,软件测试越来越受到软件公司的重视,软件测试工程师的作用也逐渐被人们所认可。

几乎每个大中型IT企业的软件产品在发布前都需要进行大量的质量控制、测试和文档工作,而这些工作必须依靠拥有娴熟技术的专业软件人才——软件测试工程师来完成。软件测试工程师作为重要角色正成为IT企业招聘的热点,成了IT就业市场的最新风向标。

软件测试是一项需具备较强专业技术的工作。在具体工作过程中,测试工程师要利用测试工具按照测试方案和流程对产品进行性能测试,甚至要根据需求编写不同的测试工具,设计和维护测试系统,对测试方案可能出现的问题进行分析和评估,以确保软件产品的质量。一名合格的软件测试工程师必须经过严格的、系统化的职业教育培训。作为产品正式出厂前的把关人,没有专业的技术水准、高度的责任心和自信心是根本无法胜任的。企业对软件测试人才有大量需求,但苦于找不到合适的人,而很多应聘者却因为缺乏相关技能而被用人单位拒之门外,整个人才市场面临"有人没活干,有活没人干"的尴尬局面。

与此同时包括国际大公司在内的诸多企业都还没有一整套的软件测试体系,实际测试业务流程仍处于探索中。软件测试是一个全新的、富有挑战性的工作,软件测试工程师的职业之路充满希望。

目前在我国,不仅软件测试已经受到软件企业的高度重视,市场化程度也越来越高,产业细分更加明显。软件企业中的测试开发比持续上升,承接软件服务外包的企业越来越多,其中就包括承接测试外包的企业、独立的第三方软件测试机构等。软件市场环境极大改善,质量意识极大增强,不论是通用的软件产品还是定制开发的软件系统,均已形成获取第三方独立评价结论的氛围,这既有利于软件服务业的发展,也对整个软件业的质量提升有积极的推动作用。

随着软件技术的继续发展、软件应用的扩展和深入,软件测试必然也会不断发展。近年来,各类新型架构的软件系统层出不穷,云计算、物联网、人工智能、大数据分析以及移动应用的发展极为迅猛,可信软件的持续增长等给软件测试带来了一些新的挑战。结合软件的架构如分层架构、事件驱动架构、微核架构、分布式架构等,软件测试需要根据架构特点确定测试策略,开展测试设计,测试活动要良好地结合测试的通用性规范与架构特点相关的测试需求。在云计算的环境下,除了传统的测试内容,数据安全、集成与并发、兼容性与交互性将成为软件测试的重点。物联网应用带来软硬件协同、模块交互强连接、数据的实时性测试要求,使得物联网应用的安全、性能、兼容性以及监管测试十分重要。

人工智能本不是一个新概念,自 20 世纪 50 年代其被提出以来,经历了几起几落。随着计算机处理能力的巨大提升、大数据应用的增长以及机器学习技术的进步,人工智能的应用在最近几年爆发式增长,特别是在机器视觉、模式识别、自然语言处理、智能控制、自动规划及博弈等方面表现得尤为突出。2016 年以来,中国及西方主要发达国家均制定了自己的人工智能发展战略,全面推进人工智能的发展。在人工智能软件及应用的测试中出现了许多新的要求,如模型泛化能力、算法稳定性与稳健性、系统接口、性能及安全性等方面的测试需求。因大量的人工智能系统需要学习和训练,在测试时需要控制训练数据集与测试数据集的独立性和分布相似性,需要加强测试的设计和结果分析。同时人工智能的进一步发展还可能带来软件测试的进步,测试自动化的研究与实践将成为今后一段时间测试领域的发展方向,这对提高软件测试的效率和质量、降低软件测试的成本等具有十分重要的意义。

大数据分析与处理的基础是海量数据,而这些数据具有 4V 特征(Volume 大量性、Velocity 高速性、Variety 多样性、Value 价值性),这给测试带来了巨大挑战。在对大数据分析系统开展测试时,将面临测试能力、结果判定及数据敏感性等种种问题,需要重点关注数据质量、各类算法、软件性能以及应用安全的测试,这同样也需要许多新的测试思路和策略,以开展恰当的测试设计,建立验证方法,并得到若干工具的支持。

目前移动应用已经十分普及,发展前景巨大。关于移动应用的测试,也因为其终端软硬件的多样性、网络与架构的多样性以及用户的广泛性而备受关注。移动应用带来了一些新的测试技术,特别是自动化测试技术,如随机测试、基于模型的测试、基于搜索的策略等。针对移动应用的测试,在测试方法、测试技术以及测试工具方面都将会有进一步的发展。

上述的软件测试现状和发展趋势中,许多方面都涉及软件及应用的安全问题,这在当今是一个突出且严峻的问题。信息安全涉及面十分宽广,涵盖了法律、道德、技术以及管理等方面,软件测试作为一种技术手段,在信息安全的控制和保护中具有不可替代的作用,也有着巨大的发展空间,不论是安全性问题的预防、监控还是审计都离不开测试活动。关于信息安全的测试,相关技术、方法、策略和工具的研究发展与实践将是软件测试的一个重要发展方向。

1.3 软件测试的基本概念

视频讲解

本节主要就软件测试和软件质量相关的若干概念和定义,同时结合国家标准,系统地介绍软件异常的分类及对应缺陷的描述,并从不同的视角和维度讨论软件测试的划分。这些内容是后续章节的基础。

1.3.1 软件测试的定义

IEEE 在 1983 年将软件测试定义为:使用人工或自动手段运行或测定某个系统的过程,其目的在于检验它是否满足规定的需求或是弄清预期结果与实际结果之间的差别。该定义明确地提出了软件测试以检验软件是否满足需求为目标。

C-SWEBOK(2018 年发布的中国软件知识工程体系)将软件测试定义为:软件测试是动态验证程序针对有限的测试用例集是否可产生期望的结果。这些测试用例集是从程序执行域的无限种可能中,以某种适当的方式精心挑选出来的。任何程序的完全测试集都可能是无穷的,软件测试只能根据特定的优先级评判准则来选择一个有限的子集并在其上进行测试。现有的各种软件测试技术之间的主要差别就在于如何选择这个有限测试集。“动态”意味着软件测试总是在选定的输入上执行程序,且需要通过特定的方法来确认被测程序的输出是否可接受,即是否与“期望”相符。

从软件质量保证的角度看,软件测试是一种重要的软件质量保证活动,其动机是通过一些经济、高效的方法捕捉软件中的错误,从而达到保证软件内在质量的目的。

上述观点实际上是从不同的角度理解测试,将测试置于不同的环境下得出的结论。其实,测试过程中既包括“分析”软件,也包括“运行”软件。业内常常把与分析软件开发中的各种产品相关的测试活动称为静态测试(Static Testing),静态测试包括代码审查、走查和桌面检查。相比之下,业内又把与运行软件有关的测试活动叫作动态测试(Dynamic Testing)。

测试对象既包括源程序,也包括需求规格说明、概要设计说明、详细设计说明。因此,也有人认为软件测试就是在软件投入运行前对软件需求分析、设计规格说明和编码的最终复审,是软件质量保证的关键步骤。测试包括寻找缺陷,但不包括跟踪漏洞及将其修复。

1.3.2 软件测试的目的

关于软件测试的目的,Glenford J. Myers 在《软件测试的艺术》一书中给出了深刻的阐述,并提出了以下观点。

(1) 测试是程序的执行过程,目的在于发现错误。

(2) 一个好的测试用例在于能发现至今未发现的错误。

(3) 一个成功的测试是发现了至今未发现的错误。

设计测试的目的是以最少的时间和人力系统地找出软件中潜在的各种错误和缺陷。如果成功地实施了测试,就能够发现软件中的错误。测试的附带收获是,它能够证明软件的功能和性能与需求说明相符合。此外,实施测试后收集到的测试结果数据也为可靠性分析提供了依据。

通过测试不能表明软件中不存在错误,通不过测试能说明软件中存在错误。

也即,软件测试的目的就是要发现软件中存在的缺陷和系统的不足,定义系统的能力和局限性,提供组件、工作产品和系统的质量信息;提供预防或减少可能错误的信息,在过程中尽早检测错误以防止该错误传递到下一阶段,软件发布前提前确认问题和识别风险;最终获取系统在可接受风险范围内可用的信息,确认系统在非正常情况下的功能和性能,保证一个工作产品是完整的并且是可用的或者可被集成的。

GB/T 38634.1—2020 提出了测试的主要目标:提供有关测试项的质量信息以及与测试项测试数量相关的任何残余风险;在发布之前发现测试项的缺陷;降低由产品质量不足带给相关利益方的风险。

软件质量信息可用于多种目的,包括以下 3 种。

(1) 通过消除缺陷来完善测试项。

(2) 将提供的质量和风险信息作为决策的基础来改善管理决策。

(3) 通过标识允许出现缺陷和/或可能发现但依然未发现缺陷的过程,来改进组织中的过程。

产品质量有多个方面,包括符合规格说明的要求、没有缺陷,以及满足产品用户需求的程度。在给定成本和进度的约束下,软件测试应侧重于提供有关软件产品的质量信息,并在开发过程中尽早且尽可能地发现缺陷。

1.3.3 软件测试的原则

要达到软件测试的目的,就要了解和遵守以下一些软件测试原则。

(1) 应当把"尽早地和不断地进行软件测试"作为软件开发者的座右铭。不应把软件测试仅仅看作软件开发的一个独立阶段,而应当把它贯穿到软件开发的各个阶段中。坚持在软件开发的各个阶段进行技术评审,这样才能在开发过程中尽早地发现和预防错误,把出现的错误克服在早期,杜绝某些会发生错误的隐患。

(2) 测试用例应由测试输入数据和与之对应的预期输出结果这两部分组成。测试以前应当根据测试的要求选择测试用例,用来检验程序员编制的程序,因此不仅需要测试的输入数据,还需要针对这些输入数据的预期输出结果。

(3) 程序员应尽可能避免测试自己编写的程序,程序开发小组也应尽可能避免测试本小组开发的程序。如果条件允许,最好建立独立的软件测试小组或测试机构。这点不能与程序的调试相混淆,调试由程序员自己来做可能更有效。

(4) 在设计测试用例时,应当使之包括合理的输入条件和不合理的输入条件。合理的输入条件是指能验证程序正确运行的输入条件,不合理的输入条件是指异常的、临界的、可能引起问题异变的输入条件。软件系统处理非法命令的能力必须在测试时受到检验。在用不合理的输入条件测试程序时,往往能比用合理的输入条件进行测试发现更多的错误。

(5) 充分注意测试中的群集现象。在被测程序段中,发现错误数目多,则残存错误数目也会比较多。这种错误群集性现象已为许多程序的测试实践所证实。根据这个规律,应当对错误群集的程序段进行重点测试,以提高测试投资的效益。

（6）严格执行测试计划,排除测试的随意性。测试之前应仔细考虑测试的项目,对每一项测试做出周密的计划,包括被测程序的功能、输入和输出、测试内容、进度安排、资源要求、测试用例的选择、测试的控制方式和过程等,还要包括系统的组装方式、跟踪规程、调试规程、回归测试的规定、评价标准等。对于测试计划,要明确规定,不要随意解释。

（7）应当对每一个测试结果做全面检查。有些错误的征兆在输出实测结果时已经明显地出现了,但是如果不仔细地、全面地检查测试结果,这些错误就会被遗漏。所以必须对预期的输出结果明确定义,对实测的结果仔细分析检查,抓住现象,暴露错误。

（8）妥善保存测试计划、测试用例、出错统计和最终分析报告,为后期的产品维护提供方便。

1.3.4 与软件测试相关的术语

在软件测试的发展过程中,产生了大量相关的测试术语,下面简单介绍这些术语。

1. 错

程序员在编写代码时会出错,人们把这种错误称为 Error。随着开发过程的进行,Error会被不断放大。

2. 缺陷

缺陷(Default)可以被分为过错缺陷和遗漏缺陷。如果把某些信息输入到了不正确的表现方式中,就被称为过错缺陷;如果没有输入正确信息,则其就是遗漏缺陷。在这两种缺陷中,遗漏缺陷更难以被检测和解决,但通过评审常常可以将其找出。

3. 失效

在缺陷运行时,常常会发生失效(Failure)的情况。一种是过错缺陷对应的失效;一种是遗漏缺陷对应的失效。在这两种失效类型中,遗漏失效是最难处理的,主要依赖有效的评审。

4. 测试

测试(Test)是一项采用测试用例执行软件的活动,在这项活动中某个系统或组成的部分将在特定的条件下运行,然后要被观察并记录结果,以便对系统或组成部分进行评价。测试活动有两个目标:找出失效、显示软件执行正确。一次测试可能会由一个或多个测试用例组成。

5. 测试用例

测试用例(Test Case)是为特定的目的设计的一组测试信息,其包括测试输入、执行条件和预期的结果。测试用例是测试执行的最小实体。

6. 回归测试

回归测试(Regression Testing)的目的是测试由于修正缺陷而更新的应用程序,以确保在彻底修正了上一个版本的缺陷之后,并没有引入新的软件缺陷。回归测试可以采用手工测试或自动测试的方法来执行原来所报告的缺陷步骤,检验软件缺陷是否被修正。

回归测试又可被分为完全回归测试和部分回归测试。完全回归测试是把所有修正的缺陷进行验证。但如果测试时间紧张、需要验证的缺陷数量巨大,可以进行部分回归测试。

更多关于软件测试相关的专业术语可以参考附录 A。

1.3.5 验证与确认

在软件测试和软件质量保证活动中,验证与确认是两个经常使用的术语,而且还比较多地被同时使用,许多人不能够区分它们的含义,英文中验证为 Verification,确认为 Validation,因此很多时候用 V&V 来代表这两者。在对其进行说明之前,先在此引用国家标准 GB/T 19000—2016《质量管理体系基础和术语》(ISO 9000:2015,IDT)中的定义。

验证——通过提供客观证据来证实规定需求已经得到满足。

确认——通过提供客观证据来证实针对某一特定预期用途或应用需求已经得到满足。

从定义来看,似乎还是很容易混淆。对软件来讲,验证是检验软件是否满足需求规格说明的要求,或者说是否实现了需求规格说明中规定的所有特性(功能性、性能、易用性等),由于需求规格可能是软件生产者主导或参与完成的文件,用于指导后续的软件生产活动,因此,验证是判断生产者是否(按需求规格)正确地构造了软件,或者说是不是"正确地做事"。而确认则是检验软件是否有效,是否满足用户的预期用途和应用需求。由于需求规格不一定能真实地体现用户的特定预期用途或应用要求,故通过验证的软件也就不一定能够通过确认。因此,确认是要判断生产者是否构造了正确的软件,或说是否"做了正确的事"。

当把软件看成产品时,验证和确认所要做的事情是有不同的依据的。验证的依据是产品要求(需求规格),是生产者自己的内部要求,而确认的依据是用户的应用要求(或许没有在需求规格中得到完全真实的体现),对软件生产者来讲是一种外部要求。因此验证和确认所开展的工作有相同的部分也有不相同的部分,除了测试,确认应该有更多的活动,如评审、用户调查及意见收集等。

1.3.6 软件测试的分类

软件测试是一项复杂的系统工程,从不同的角度可以有不同的分类方法,对测试进行分类是为了更好地明确测试的过程,了解测试究竟要完成哪些工作,尽量做到全面可靠。

1. 按测试阶段划分

按测试阶段可以将软件测试划分为单元测试、集成测试、系统测试、验收测试和回归测试等。其中单元测试、集成测试、系统测试和验收测试作为当前软件测试的主要过程,在后续章节将专门讲解。

1) 单元测试

单元测试是对软件中的基本组成单元所进行的测试,如一个模块、一个过程等。它是软件动态测试最基本的部分,也是最重要的部分之一,其目的是检验软件基本组成单元的正确性。因为单元测试需要知道内部程序设计和编码的细节知识,故一般应由程序员而非测试员来完成。另外往往还需要开发测试驱动模块和桩模块来辅助完成,因此软件系统在设计上有一个很好的体系架构就显得尤为重要。

一个软件单元的正确性是相对于该单元的规约而言的。因此,单元测试以被测试单元的规约为基准。其测试的主要方法有控制流测试、数据流测试、排错测试、分域测试等。

2) 集成测试

集成测试是在软件系统集成过程中所进行的测试,其主要目的是检查软件各单元之间的接口是否正确。其需要根据集成测试计划,一边将模块或其他软件单元组合成越来越大的系统,一边运行该系统,以分析所组成的系统是否正确,各组成部分是否合拍。集成测试的策略主要有自顶向下和自底向上两种。

3）系统测试

系统测试是对已经集成好的软件系统进行彻底的测试,以验证软件系统的正确性和性能等是否满足其规约所指定的要求。检查软件的行为和输出是否正确并非一项简单的任务,它被称为测试的"先知者问题"。因此,系统测试应该按照测试计划进行,其输入、输出和其他动态运行行为应该与软件规约进行对比。软件系统测试的方法很多,主要有功能测试、稳健性测试、性能/效率测试、用户界面测试、安全性测试、压力测试、可靠性测试、安装/反安装测试等。

4）验收测试

验收测试旨在向软件的购买者展示该软件系统已能满足使用需求。它的测试数据通常是系统测试的测试数据子集。不同的是,验收测试常常有软件系统的购买者代表在现场,甚至是在软件安装使用的现场。这是软件在投入使用之前的最后测试。

5）回归测试

回归测试是在软件维护阶段,对软件进行修改之后进行的测试,其目的是检验对软件进行的修改是否正确。这里,修改的正确性有两重含义:一是所作的修改达到了预定目的,如错误得到改正,能够适应新的运行环境等;二是不影响软件的其他功能的正确性,即不会产生新的问题。

2. 按测试实施组织划分

按测试实施组织可以将软件测试划分为:α测试、β测试、第三方测试等。

1）α测试

主要是由用户在开发环境进行的测试,也可以是公司内部的用户在模拟实际操作环境下进行的测试。测试后仍然会有少量的设计变更。

其主要的目的是评价软件产品的 FLURPS(功能、局域化、可使用性、可靠性、性能和支持)。

2）β测试

由软件的最终的用户在一个或者多个客户场所进行的测试。

当开发和测试完成时所做的测试,而最终的错误和问题需要在最终发行前找到。这种测试一般由最终用户或其他人员完成,不能由程序员或测试员完成。

α测试和β测试有以下几种区别。

测试的场所不同:α测试是把用户请到开发方的场所进行的测试;β测试就是在一个或者多个用户场所所进行的测试。

测试的环境不同:α测试的测试环境是由开发方提供和控制,用户的数量相对较少,时间相对集中;β测试的测试场所不由开发方控制,用户的数量相对较多,时间也不集中。

测试的时间不同:α测试早于β测试,通用软件产品需要大规模的β测试,测试周期相对较长。

3）第三方测试

介于开发方和用户之间的组织测试,多由专门的测试机构承担。

3. 按是否需要执行被测软件划分

按是否需要执行被测软件的角度,可将软件测试划分为静态测试和动态测试。

1)静态测试

静态测试是指不利用计算机运行待测程序,而是应用其他手段实现测试目的测试分析方法,其仅通过分析和检查源程序的语法、结构、过程、接口来检查程序的正确性并对需求规格说明书、软件设计说明书、流程图分析、符号执行进行找错。

静态测试方法包括检查单和静态分析方法,对文档的静态测试方法主要以检查单的形式进行,而对代码的静态测试一般则采用代码审查、代码走查和静态分析等方法,静态分析一般包括控制流分析、数据流分析、接口分析和表达式分析等。

应对软件代码进行审查、走查或静态分析时,对规模较小、安全性要求很高的代码也可进行形式化证明。

2)动态测试

动态测试是指通过运行被测试软件来达到测试目的的方法,是一种常用的测试方法。其可以检查运行结果与预期结果的差异,并分析运行效率、正确性和稳健性等性能,这种方法主要由3个部分组成:测试用例、执行程序、分析程序运行输出的结果。

动态测试一般采用白盒测试方法和黑盒测试方法。在软件动态测试过程中应采用适当的测试方法来实现测试目标。配置项测试和系统测试一般采用黑盒测试方法;集成测试一般采用黑盒测试方法,辅助以白盒测试方法;单元测试一般采用白盒测试方法,辅助以黑盒测试方法。

动态测试是必要的,一般测试活动以动态测试为主,但其无法完全保证软件能按预期执行,所以额外的静态测试活动如同行评审和静态分析等,应与有效的动态测试结合使用。

4. 按是否查看代码划分

按是否需要查看代码可将软件测试划分为白盒测试、黑盒测试和介于两者之间的灰盒测试。其中白盒测试和黑盒测试作为当前软件测试的主要方法,将在后续章节专门讲解。

1)白盒测试

白盒测试也称结构测试或逻辑驱动测试,是指基于一个应用代码的内部逻辑知识进行的测试,即基于覆盖全部代码、分支、路径、条件的测试,已知产品内部工作过程,可通过测试来检测产品内部动作是否按照规格说明书的规定正常进行,而且按照程序内部的结构测试程序,检验程序中的每条通路是否都按预定要求正确工作。白盒测试方法一般包括逻辑覆盖测试(语句覆盖测试、判断覆盖测试、条件覆盖测试、判断/条件覆盖测试、条件组合覆盖测试、路径覆盖测试)、基本路径测试、循环测试、变异测试和程序插桩等,主要用于软件验证,如图 1-1 所示。

白盒法需要全面了解程序内部逻辑结构,并会对所有逻辑路径进行测试。白盒法是穷举路径测试,在使用这一方案时,测试者必须检查程序的内部结构,从检查程序的逻辑着手得出测试数据。贯穿程序的独立路径数往往是天文数字,但即使每条路径都测试了也仍然可能有错误。第一,穷举路径测试不能查出程序是否违反了设计规范,即程序本身也许就是个错误的程序。第二,穷举路径测试不能查出程序中因遗漏路径而出现的错误。第三,穷举路径测试可能发现不了一些与数据相关的错误。

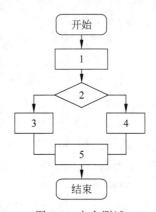

图 1-1　白盒测试

白盒测试可以借助一些工具来完成,如 Junit Framework、Jtest 等。

2) 黑盒测试

黑盒测试是指不基于内部设计和代码的任何知识,而基于需求和功能性所进行的测试。黑盒测试也称功能测试或数据驱动测试,它已知产品所应具有的功能,通过测试来检测每个功能是否都能正常使用。在测试时,黑盒测试把程序看作一个不能打开的黑盒子,在完全不考虑程序内部结构和内部特性的情况下,测试者在程序接口进行测试。黑盒测试只检查程序功能是否按照需求规格说明书的规定实现,检查程序是否能适当地接收输入数据而产生正确的输出信息,并且保持外部信息(如数据库或文件)的完整性,如图 1-2 所示。黑盒测试方法一般包括等价类划分、边界值分析、决策表、因果图、状态图、随机测试、猜错法和正交试验法等,主要用于软件确认测试。

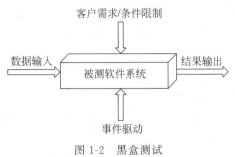

图 1-2 黑盒测试

黑盒法着眼于程序外部结构,不考虑内部逻辑结构,主要针对软件界面和软件功能进行测试。黑盒法是穷举输入测试,只有把所有可能的输入都作为测试情况使用,才能查出程序中所有的错误。实际上测试情况有无穷多个,人们不仅要测试所有合法的输入,还要对那些不合法但是可能产生的输入进行测试。

黑盒测试也可以借助一些工具,如 RationalRobot、WinRunner、QuickTestPro 等。

3) 灰盒测试

灰盒测试是介于白盒测试与黑盒测试之间的一种测试,其测试中会交叉使用白盒测试和黑盒测试的方法,主要用于集成测试阶段。灰盒测试不仅关注输入输出的正确性,也关注程序内部的情况。

5. 按是否需要手工执行划分

按是否需要手工执行可将软件测试划分为手工测试和自动化测试。

1) 手工测试

手工测试是指由人一个一个地输入测试用例,然后观察结果的测试方式,属于比较原始的测试方式,测试案例需要一个一个步骤进行测试。

缺点:执行的效率比较慢,且量大易错。

2) 自动化测试

自动化测试是指在预设条件下运行系统或应用程序并评估运行结果,其中预设条件包括正常条件和异常条件。简单地说自动化测试是把人为驱动的测试行为转化为机器执行的一种过程。

缺点:自动化无法替代探索性测试、发散思维类无既定结果的测试。

自动化测试主要包括功能测试自动化、性能测试自动化、安全测试自动化。

通常所说的自动化测试指的是功能自动化测试。

自动化测试按照测试的对象来分,可分为接口测试、UI 测试等。接口测试的 ROI(产出投入比)要比 UI 测试高。

6. 按测试对象划分

按测试对象可将软件测试划分为性能测试、安全测试、兼容性测试、文档测试、业务测试、界面测试、安装测试、内存泄漏测试、容错性测试等。

1) 性能测试

性能测试主要是指检查系统是否满足需求规格说明书中规定的性能。通常表现在能否对资源(如内存、处理机周期等)的利用进行精确度量,对执行间隔、日志文件(如中断、报错)、响应时间、吞吐量(TPS)、辅助存储区(如缓冲区、工作区的大小)、处理精度等进行检测。

2) 安全测试

安全测试是一个相对独立的领域,需要更多的专业知识,例如 Web 的安全测试需要测试人员熟悉各种网络协议/TCP/IP、HTTP、防火墙、CDN,熟悉各种操作系统的漏洞及路由器等。从软件来说,需要熟悉各种的攻击手段,例如 SQL 注入、XSS 等。

3) 兼容性测试

兼容性测试主要是指软件之间是否能够很好地运作,会不会有影响,软件和硬件之间是否能够高效工作,会不会导致系统的崩溃等。

对 Web 程序,兼容性测试还要针对不同内核结构的浏览器进行测试。

4) 文档测试

文档测试主要是指对软件各类相关文档进行审查,主要关注点包括文档的术语规范性、文档的描述正确性、文档的结构完整性、文档的一致性、文档的易用性等。

5) 业务测试

业务测试主要是指测试人员将系统的各个模块串接起来运行,模拟真实用户的实际工作流程,以判断是否满足业务需求定义的功能为目的进行测试的过程。

6) 界面测试

界面测试也被称为 UI 测试,测试用户界面的功能模块布局是否合理,整体风格是否一致、各个控件的放置位置是否符合客户的使用习惯,除此之外。还要测试操作界面操作便捷性、导航简单易懂性、页面元素的可用性,还要测试界面中文字是否正确,命名是否统一,页面是否美观,文字、图片组合是否完美等。

7) 安装测试

安装测试主要指测试程序的安装、卸载是否存在问题。典型的测试案例就是当前最为流行的移动 App 的安装和卸载。

8) 内存泄漏测试

内存泄漏测试需要在软件运行过程中测试是否会出现内存泄漏现象,如果有,那么对造成内存泄漏的重要因素是什么。一般来说,内存泄漏主要有以下 4 种原因。

(1) 内存分配完没有及时回收。

(2) 程序写法有问题。

(3) 某些 API 函数的使用不正确所造成内存泄漏。

(4) 未能及时地释放内存。

9) 容错性测试

容错性测试需要检查软件在异常条件下自身是否具有防护性的措施或某种灾难性恢复的手段。当系统出错时,能否在指定时间内修正错误并重新启动系统是重要的指标。容错性测试包括以下两个方面。

（1）输入异常数据或进行异常操作，以检验系统的自我保护性。如果系统的容错性好，将只给出提示或内部消化掉，而不会导致出错甚至崩溃。

（2）灾难恢复性测试。通过各种手段，强制性地让软件发生故障，然后验证系统已保存的用户数据是否丢失，系统和数据是否能尽快恢复。

对于自动恢复，需验证重新初始化、检查点、数据恢复和重新启动等机制的正确性；对于需要人工干预的恢复系统而言，还需估测平均修复时间，确定是否在可接受的范围内。容错性好的软件能确保系统不发生无法预料的事故。

7．按测试地域划分

按测试地域可以将软件测试划分为国际化测试、本地化测试。

软件的本地化和软件的国际化是开发面向全球不同地区用户的软件系统的两个过程。本地化测试和国际化测试则是对这类软件产品进行测试的过程。由于软件的全球普及，软件外包行业的兴起，软件的本地化和软件的国际化俨然成为一个软件测试的专门领域。

本地化和国际化的软件测试一些测试要点如下。

（1）本地化后的软件在外观上与原来版本会存在着一些差异，此时检查外观是否整齐、不变形。

（2）是否对界面元素进行了本地化处理，包括对话框、菜单、工具栏、状态栏、提示信息（包括声音的提示、日志等）。

（3）在不同分辨率界面下是否显示正常。

（4）是否存在不同的字体的大小，字体设置得是否恰当。

（5）日期、数字格式、货币等是否能够适应不同的国家的文化习俗。例如日期中习惯的顺序是年月日，而英文习惯的顺序是月日年。

（6）排序的方式是否考虑到了不同语言的特点。

（7）不同的国家往往采用不同的度量单位，软件是否能够自适应和转换。

（8）软件是否能够在不同类型的硬件上正常运行。

（9）软件是否能够适应不同的操作系统平台。

（10）联机帮助和文档是否已经进行翻译，翻译后链接是否正常。正文翻译是否正确、恰当，是否有语法错误。

本节前述所有测试都是基于本地化而进行的测试。

1.3.7　软件的缺陷及分类的分级

软件缺陷是软件运行时产生的一种设计者和开发者不希望出现或不可接受的外部行为结果，而软件测试的过程简单来说就是围绕缺陷进行时。业内对软件缺陷定义如下。

（1）软件未实现产品说明书要求的功能。

（2）软件出现了产品说明书指明的不应该出现的错误。

（3）软件实现了产品说明书未提到的功能。

（4）软件未实现产品说明书虽未提及但应该实现的目标。

（5）软件难以理解、不易使用、运行缓慢，或者从测试员的角度预计最终用户会认为不好。

软件缺陷产生的原因是什么呢？

通常开发及测试人员所讲的软件错误和软件缺陷是两个不同的概念,简单地来讲软件错误是指在软件生命周期内不希望或不可接受的人为错误,其结果是导致软件缺陷的产生。在软件动态运行的过程中,在某种条件下系统中的软件缺陷暴露会导致故障发生,最终导致软件失效。软件缺陷产生的原因主要可以分为以下6种。

(1)需求规格说明书编写不够全面、不完整、不准确。

(2)设计变更时,没有及时沟通或者沟通不顺畅。

(3)研发过程中的需求变更。

(4)程序开发人员对业务不理解或理解不一致。

(5)代码编写不严谨,缺少逗号、被除数为0等。

(6)软件系统运行的软硬件环境带来的问题。

正确理解缺陷的定义和产生的根源可以帮助测试人员比较容易地找到判断缺陷的方法,按照软件缺陷的产生原因可以将其划分为不同的类别。

1. 功能不正常

简单地说就是软件应提供的功能,在使用上并不符合产品设计规格说明书中规定的要求,或是根本无法使用。这个错误常常会发生在测试过程的初期和中期,往往表现为在设计规格说明书中规定的功能无法运行,或是运行结果达不到预期设计。最明显的例子就是用户接口上提供的选项及动作在使用者操作后毫无反应。

2. 软件在使用上不方便

只要是不知如何使用或难以使用的软件,在产品设计上一定出了问题。好用的软件就是使用尽量方便,用户易于操作的软件。如微软推出的软件,在用户接口及使用操作上确实下了一番功夫。许多软件公司推出的软件产品在彼此的接口上完全不同,这样只会增加使用者的学习难度,另一方面也暴露了这些软件公司的集成能力不足。

3. 软件的结构未做良好规划

这里主要指软件是以自顶向下方式开发,还是以自底向上方式开发。以自顶向下的方式开发的软件在功能的规划及组织上往往会比较完整,以自底向上的组合式方法开发出的软件则功能往往会较为分散,容易出现此缺陷。

4. 提供的功能不充分

与功能不正常不同,这里指的是软件提供的功能在运行上正常,但对于使用者而言却不完整。即使软件的功能运行结果符合设计规格的要求,系统测试人员也必须从使用者的角度对测试结果进行思考,这就是所谓的"从用户体验出发"。

5. 与软件操作者的互动不良

一个好的软件必须与操作者实现正常互动。在操作者使用软件的过程中,软件必须很好地响应。例如操作者在某一网页填写信息,但是输入的信息不足或有误,当单击"确定"按钮后,网页提示操作者输入信息有误,却并未指出错误在哪里,操作者只好回到上一页重新填写,或直接放弃离开。这就是软件对操作互动未做完整的设计的典型表现。

6. 使用性能不佳

被测软件功能正常,但使用性能不佳,这也是一个问题。此类缺陷通常是开发人员采用了错误的解决方案,或使用了不恰当的算法导致的,在实际测试中有很多缺陷都是因为采用了错误的解决方法,需要开发人员加以注意。

7. 未做好错误处理

软件除了避免出错,还要做好错误处理。许多软件会产生错误,就是因为程序本身对错误和异常处理的缺失或不当。例如被测软件读取外部的信息文件,但刚好读取的外部文件内容已被损毁。当程序读取这个损毁的信息文件时,程序发现问题,此时操作系统不知该如何处理这个情况,为保护稳定性,系统自身只好中断程序。由此可见设立错误和异常处理机制的重要性。

8. 边界错误

缓冲区溢出问题在这几年已成为网络攻击的常用方式,而这个缺陷就属于边界错误的一种。简单来说,程序本身无法处理超越边界所导致的错误。而这个现象,除了编程语言所提供的函数有问题,很多情况下是开发人员在声明变量或使用边界范围时不小心引起的。

9. 计算错误

只要是计算机程序,就必定包括数学计算。软件会出现计算错误,大部分原因是采用了错误的数学运算公式或未将累加器初始化为 0。

10. 使用一段时间所产生的错误

这类问题指的是程序开始运行正常,但运行一段时间后却出现了故障。最典型的例子就是数据库的查找功能。某些软件在刚开始使用时所提供的信息查找功能运作良好,但在使用一段时间后,信息查找所需的时间就会越来越长。经分析,程序采用的信息查找方式是顺序查找,随着数据库信息的增加,查找时间自然会变长。这就需要改变解决方案了。

11. 控制流程的错误

控制流程的好坏,在于开发人员对软件开发的态度及程序设计是否严谨。软件在状态间的转变是否合理要依据业务流程进行控制。例如,用户在进行软件安装时,输入用户名和一些信息后,软件就直接进行了安装,未提示用户变更安装路径、目的地等。这就是软件控制流程不完整导致的错误问题。

12. 在大数据量压力下所产生的错误

程序在处于大数据量状态下运行时出现问题,就属于这类软件错误。大数据量压力测试对于服务器(Server)级的软件而言是必须进行的一项测试,因为服务器级的软件对稳定性的要求远比对其他软件的要高。通常连续的大数据量压力测试是必须实施的,如让程序处理超过 10 万笔数据信息,再观察程序运行的结果。

13. 在不同硬件环境下产生的错误

这类问题的产生与硬件环境相关。如果软件与硬件设备有直接关系,这样的问题就相当多。例如有些软件在特殊品牌的服务器上运行就会出错,这是由于不同的服务器内部硬件有不同的处理机制所致。

14. 版本控制不良导致的错误

出现这样的问题属于项目管理的疏忽,当然测试人员未能恪于职守也是原因之一。例如一个软件被反映有安全上的漏洞,后来软件公司也很快将修复版本提供给用户。但在一年后他们推出新版本时,却忘记将这个已解决的 Bug-fix 加入新版本中。对用户来说,原本的问题已经解决了,但想不到新版本升级之后问题又出现了。这就是由于版本控制问题导致不同基线的合并出现误差,使得产品质量也出现了偏差。

15. 软件文档的错误

最后这类缺陷除了软件所附带的使用手册、说明文档及其他相关的软件文档内容错误,还包括软件使用接口上的错误文字和错误用语、产品需求设计 PD、UI 接口说明等的错误。错误的软件文档内容除了降低产品质量,最主要的问题是会误导用户。

软件缺陷一旦被发现,就应该设法找出引起这个缺陷的原因,并分析其对软件产品质量的影响程度,然后确定处理这个缺陷的优先顺序。一般来说,问题越严重,其处理的优先级越高,越需要得到及时的修复。

缺陷严重级别是指因缺陷引起的故障对被测试软件的影响程度。在软件测试中,缺陷的严重级别应该从软件最终用户的观点来判断,考虑缺陷对用户使用造成后果的严重性。由于软件产品应用的领域不同,软件企业对缺陷严重级别的定义也不尽相同。但一般包括6 个级别,如表 1-1 所示。

表 1-1　缺陷严重级别示例

缺陷严重级别	级别名称	级别定义	出现的问题
P1	严重缺陷	应用系统崩溃或系统资源使用严重不足	(1)系统停机(含软件、硬件)或非法退出,且无法通过重启恢复 (2)系统死循环 (3)数据库发生死锁或程序原因导致数据库断连 (4)系统关键性能不达标 (5)数据通信错误或接口不通 (6)错误操作导致程序中断
P2	较严重缺陷	系统因软件严重缺陷导致系列问题	(1)重要交易无法正常使用、功能不符合用户需求 (2)重要计算错误 (3)业务流程错误或不完整 (4)使用某交易导致业务数据紊乱或丢失 (5)业务数据保存不完整或无法保存到数据库 (6)周边接口出现故障(需考虑接口时效/数量等综合情况) (7)服务程序频繁需要重启(每天 2 次及以上) (8)批处理报错中断导致业务无法正常开展 (9)前端未合理控制并发或连续点击动作,导致后台服务无法及时响应 (10)在产品声明支持的不同平台下,出现部分重要交易无法使用或错误
P3	一般性缺陷	系统因软件一般缺陷导致系列问题	(1)部分交易使用存在问题,不影响业务继续开展,但造成使用障碍 (2)初始化未满足客户要求或初始化错误 (3)功能点能实现,但结果错误 (4)数据长度不一致 (5)无数据有效性检查或检查不合理 (6)数据来源不正确 (7)显示/打印的内容或格式错误 (8)删除操作不给提示 (9)个别交易系统反应时间超出正常合理时间范围 (10)日志记录信息不正确或应记录而未记录 (11)在产品声明支持的不同平台下,出现部分一般交易无法使用或错误

缺陷严重级别	级别名称	级别定义	出现的问题
P4	较小缺陷	系统因软件操作不便方面的缺陷	(1)系统某些查询、打印等实时性要求不高的辅助功能无法正常使用 (2)界面错误 (3)菜单布局错误或不合理 (4)焦点控制不合理或不全面 (5)光标、滚动条定位错误 (6)辅助说明描述不准确或不清楚 (7)提示窗口描述不准确或不清楚 (8)日志信息不够完整或不清晰,影响问题诊断或分析
P5	其他缺陷	系统辅助功能缺陷	(1)缺少产品使用、帮助文档以及系统安装或配置方面所需要的信息 (2)联机帮助、脱机手册与实际系统不匹配 (3)系统版本说明不正确 (4)长时间操作未给用户进度提示 (5)提示说明未采用行业规范语言 (6)显示格式不规范 (7)界面不整齐 (8)软件界面、菜单位置、工具条位置、相应提示不美观,但不影响使用
P6	建议优化类	建议优化类	(1)功能建议 (2)操作建议 (3)说明建议 (4)UI建设

1.4　软件测试与软件开发的关系

视频讲解

本节主要带大家看看软件测试和开发的关系,软件开发是生产和制造软件,软件测试是验证开发出来的软件的质量。二者的关系如下。

(1) 没有软件开发也就没有测试,软件开发将为软件测试提供对象。

(2) 软件开发和软件测试都是软件生命周期的重要组成部分。

(3) 软件开发和软件测试都是软件过程中的重要活动。

(4) 软件测试是保证软件开发产出物质量的重要手段。

软件开发与软件测试的具体区别如下。

软件测试的作用主要是发现问题并查出 Bug,再整理成资料,为软件开发开发人员提供尽可能详尽的出错信息;软件开发则主要由开发人员负责,包括编码工作和一系列文档的编写。开发人员有很多种,像程序员、系统构架师、项目经理、系统分析师等,他们职责不尽相同;而软件测试则主要由测试人员负责,查出软件中的问题并告诉开发人员,让他们进行修改。软件开发是一个创造的过程,要构造出一个新的软件;软件测试是一个维护的过程。一般来说,新开发出的软件一定是有错误或漏洞的,需要经过各种测试去发现问题、解决问题,直到完全没有问题之后再进入下一个环节,故而一般是先开发后测试。软件开发工程师需要会编写代码实现软件功能;软件测试工程师除了要知道如何开发软件,还需要熟悉测试的方法和具备测试的能力,最好是能够纠正错误。

软件测试贯穿在整个软件开发的过程中,而不应该把软件测试看作软件开发过程的一个独立阶段。

1.5 本章小结

本章从"软件测试的必要性""软件测试的背景"入手,掀开了软件测试的面纱,展现了软件测试的完整面貌,让读者真正领会软件测试的重要性。

清晰、完备地传达软件测试的相关概念和定义有助于帮助读者更好地理解软件测试的相关内容。本章从国家标准、行业协会、权威教材等多方面对术语和定义进行了引用、解释和说明。从本章的内容可知,软件测试是软件质量保证的重要手段之一,是软件开发过程中不可缺少的部分,大量的资料也表明,软件测试的工作量往往占软件开发总工作量的40%以上。因此,必须高度重视软件的测试工作。仅就测试而言,它的目标是发现软件中的错误,但是,发现错误并不是软件测试的最终目的,软件测试是为了保证开发出高质量的,完全符合用户需要的软件。

本章概述了软件测试的基本知识,使读者对软件测试有一个比较全面的了解,并为进一步讨论软件测试技术奠定基础。

1.6 习 题

1. 以下哪一项是对测试条件的最佳描述?( )

   A. 需求文档明确或隐含说明的组件或系统的属性

   B. 测试依据的一部分,与实现特定测试目标有关

   C. 当软件在特定条件下使用时,软件产品提供满足显性和隐含要求的功能的能力

   D. 在所有独立影响判定结果的单独条件输出中,被测试套件覆盖的百分比

2. 以下哪项对测试的目的表述是正确的?( )

   A. 确定是否在系统测试中执行了全面的组件测试

   B. 发现尽可能多的失效,以便识别和修复缺陷

   C. 证明已识别所有的缺陷

   D. 证明任何剩余的缺陷不会导致任何失效

3. 以下哪项是测试的主要目的?( )

   A. 预防缺陷   B. 验证项目计划按照要求开展

   C. 获得对开发团队的信心   D. 为被测试系统做出发布的决定

4. 关于测试和调试的区别,下列表述正确的是( )。

   A. 测试可识别缺陷的来源,而调试可分析缺陷并提出预防活动

   B. 测试可显示由缺陷引起的失效;而调试可查找、分析和移除软件中的失效原因

   C. 测试可移除缺陷;而调试可识别失效的原因

   D. 测试可预防失效原因;而调试可移除失效

5. 以下哪一项描述了在测试过程中或生产过程中发现了失效？（　　）

    A. 当用户在对话框中选择选项时,产品崩溃

    B. 构建的产品中包含了源代码文件的错误版本

    C. 计算算法使用了错误的输入变量

    D. 开发人员误解了算法的需求

6. 以下哪项是汽车巡航控制系统失效的例子？（　　）

    A. 系统开发人员在剪切——粘贴操作后,忘记修改变量名称

    B. 系统中包含了倒车时发出警报的不必要的代码

    C. 当收音机音量增加或减小时,系统停止保持设定多速度

    D. 系统的设计说明错误地规定了以 km/h 作为速度的单位

7. 软件测试对象不包括（　　）。

    A. 软件代码　　　　　B. 软件开发过程　　C. 文档　　　　　　D. 数据

8. 以下关于软件测试原则的叙述中,正确的是（　　）。

    A. 测试用例只需选用合理的输入数据,不需要选择不合理的输入数据

    B. 应制定测试计划并严格执行,排除随意性

    C. 穷举测试是可能的

    D. 程序员应尽量测试自己的程序

9. 关于软件测试原则,以下哪一项的陈述正确？（　　）

    A. 自动化测试的出现,使得穷尽测试成为可能

    B. 在足够的工作量和工具支持下,所有软件都可进行穷尽测试

    C. 无法测试系统中的所有输入和前提条件组合

    D. 测试的目的是证明缺陷不存在

10. 以下关于软件质量和软件测试的说法,不正确的是（　　）。

    A. 软件测试不等于软件质量保证

    B. 软件质量并不是完全依靠软件测试来保证

    C. 软件的质量要靠不断地提高技术水平和改进软件开发过程来保证

    D. 软件测试不能有效地提高软件质量

11. 以下关于测试时机的叙述中,不正确的是（　　）。

    A. 应该尽可能早地进行测试

    B. 软件中的错误暴露得越迟,则修复和改正错误所花费的代价就越高

    C. 应该在代码编写完成后开始测试

    D. 项目需求分析和设计阶段需要测试人员参与

12. 以下哪种方式可以让测试成为质量保证的一部分？（　　）

    A. 它确保了需求是足够详细的

    B. 它降低了系统质量的风险级别

    C. 它确保遵循了组织内标准

    D. 它根据执行的测试用例数量来测量软件质量

13. 关于测试用例的描述,以下哪个选项是正确的？（　　）

    A. 定义按照什么顺序执行测试活动的文档,也称为测试脚本或手工测试脚本

B. 基于测试条件开发的一组包括前置条件、后置条件、输入数据和期望结果的组合

C. 需求文档中描述的系统的一个属性(例如,可靠性、易用性或设计约束),且可以在测试中被执行

D. 可以被一个或多个测试条件验证的系统的条目或事件,例如一个功能、事务、质量属性或结构元素

14. 以下关于测试类型和测试级别的描述,正确的是( )。

A. 功能和非功能测试可以在系统和验收测试级别开展;白盒测试则被限制在组件和集成测试级别

B. 功能测试可以在任何级别开展;白盒测试则被限制在集成测试级别

C. 功能、非功能和白盒测试可以在任何测试级别开展

D. 功能和非功能测试可以在任何测试级别开展;白盒测试则被限制在集成测试级别

15. 软件缺陷通常是指存在于软件之中的那些不希望或不可接受的偏差,以下关于软件缺陷的理解不正确的是( )。

A. 软件缺陷的存在会导致软件运行在特定条件时出现软件故障,这时称软件缺陷被激活

B. 同一个软件缺陷在软件运行的不同条件下被激活,可能会产生不同类型的软件故障

C. 软件错误是软件生存期内不希望或不可接受的人为错误,这些人为错误导致了软件缺陷的产生

D. 实践中,绝大多数的软件缺陷的产生都来自于编码错误

16. 以下关于软件质量和度量的说法,错误的是( )。

A. 软件质量特性的定义方式往往无法进行直接测量

B. 度量可以随环境和应用度量的开发过程阶段的不同而有所区别

C. 在选择度量时,重要的是软件产品的度量要能既简单又经济地运行,而且测量结果也要易于使用

D. 在软件度量上仅需考虑软件产品的内部质量属性,无须考虑用户的观点

17. 以下关于测试工作在软件开发各阶段作用的叙述中,不正确的是( )。

A. 在需求分析阶段确定测试的需求分析

B. 在概要设计和详细设计阶段制定集成测试计划和单元测试计划

C. 在程序编写阶段制定系统测试计划

D. 在测试阶段实施测试并提交测试报告

18. 成功的测试是指运行测试用例后( )。

A. 未发现程序错误   B. 发现了程序错误

C. 证明程序正确性   D. 改正了程序错误

第2章 软件测试的模型与规范

通常情况下,测试过程包括确定要测试什么以及产品如何被测试,建立测试环境,执行测试,最后再评估测试结果,检查是否达到已完成测试的标准,并报告进展情况等诸多活动。由此可见,软件测试不仅仅是执行测试,而是一个包含很多复杂活动的过程,并且这些过程应该贯穿整个软件开发过程的始终。那么,如何协调软件测试与开发活动之间的关系,什么时候进行软件测试,如何更好地把软件开发和测试活动集成到一起,如何评价软件产品的成熟度以及在软件测试过程中需要遵循哪些规范及评价标准……都是需要考虑的问题。本章主要介绍在软件工程的发展过程中形成的软件测试的模型、软件的能力成熟度模型以及相关的标准规范,这些内容也在不同程度上回答了前面提出的问题。

2.1 传统测试过程模型

当前主流的软件生命周期模型有瀑布模型、原型模型、螺旋模型、增量模型、渐进模型、快速软件开发模型以及 Rational 统一过程等,但是在这些模型中,软件测试的价值并未得到足够体现,也没有给软件测试以足够的重视,利用这些模型无法更好地指导测试工作。本节对软件测试模型做了循序渐进的剖析,可以让测试相关工作者能够对常用的软件测试模型有较为深入的认识。

2.1.1 V 模型

在软件测试方面,V 模型是最广为人知的模型,是软件开发瀑布模型的变种,由快速应用开发(Rapid Application Development,RAD)模型基础上演变而来,因整个开发过程构成一个 V 字形而得名,如图 2-1 所示。V 模型中的过程从左到右,描述了基本的开发过程和测试行为。V 模型的价值在于它非常明确地标明了测试过程中存在的不同级别,并且清楚地描述了这些测试阶段和开发过程的对应关系。

从 V 模型可以看出其以下几个主要特点。

(1) 强调软件开发的协作和速度,反映测试活动和分析设计关系,将软件实现和验证有机结合起来。

(2) 明确界定了测试过程存在不同的级别。

(3) 明确了不同的测试阶段和开发过程中各个阶段的对应关系。

(4) 仅仅把测试过程作为在需求分析、系统设计及编码之后的一个阶段,忽视了测试对需求分析的作用。

(5) 系统设计的验证滞后,一直到后期的验收测试才被发现。

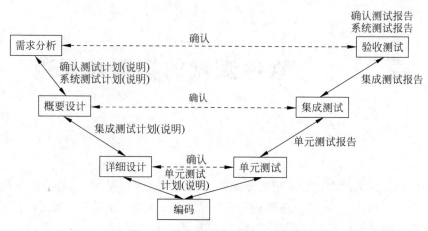

图 2-1   传统测试模型——V 模型

(6) 没有明确地说明早期的测试,不能体现"尽早地、不断地进行软件测试"的原则。

(7) 整个软件产品的过程质量保证完全依赖于开发人员的能力和对工作的责任心,而且上一步的结果必须是充分的和正确的,任何一个环节出了问题,必将严重地影响整个工程的质量和预期进度。

2.1.3   W 模型

V 模型的局限性在于没有明确地说明早期的测试,无法体现"尽早地和不断地进行软件测试"的原则。在 V 模型中增加与软件各开发阶段同步进行的测试,即可令其演化为 W 模型,如图 2-2 所示。在 W 模型中可以看出,开发是"V",测试是与此并行的另一个"V"。

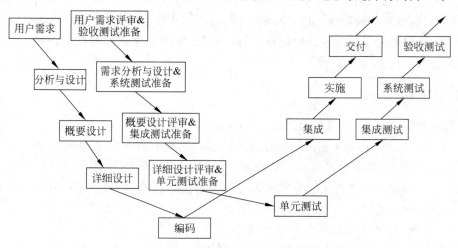

图 2-2   测试模型——W 模型

W 模型由 Evolutif 公司提出,相对于 V 模型,W 模型更科学,是 V 模型的发展,强调测试伴随着整个软件开发周期,而且测试的对象不仅仅是程序,需求、功能和设计同样要进行测试。测试与开发是同步进行的,这样有利于尽早地发现问题。例如,需求分析完成后,测试人员就应该参与到对需求的验证和确认活动中,以尽早地找出缺陷所在。同时,对需求的测试也有利于及时了解项目难度和测试风险,尽早地制定应对措施,而这将显著地减少总体测试时间,使项目进度加快。

W 模型也有局限性,它和 V 模型都把软件的开发视为需求、设计、编码等一系列串行的活动,无法支持迭代、自发性以及变更调整。

W 模型,并不是在 V 模型上又重叠出一个重复的流程来,而是令开发阶段与测试设计阶段同步进行,例如在进行需求分析时,评审软件功能规格说明书;软件功能规格说明书基线化后,系统测试计划、方案、用例也设计完毕;接着是概要设计与集成测试设计、详细设计与单元测试设计,直到编码完成后,进行代码审查,继续执行单元测试、集成测试、系统测试。

从 W 模型可以看出以下几个主要特点。

(1) W 模型强调测试伴随着整个软件开发周期,测试与开发并行进行,这将有利于尽早发现问题。

(2) 测试的对象不单单是程序,还有需求、设计等。

(3) W 模型有利于及时了解项目的测试风险,尽早制定应对方案,加快项目进度。

(4) 软件开发和测试保持着线性的前后关系,无法支持迭代、自发性以及需求变更调整等。

2.1.3 H 模型

在 H 模型中,软件测试的过程活动完全独立,形成一个独立于开发的流程,贯穿于整个软件的生命周期,与其他流程并发进行,某个测试点准备就绪后就可以从测试准备阶段进行到测试执行阶段,软件测试活动可以根据被测产品的不同而分层进行,详情如图 2-3 所示。

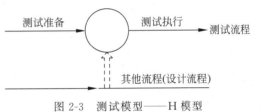

图 2-3　测试模型——H 模型

H 模型说明了在整个软件生产周期中可以进行多次测试,模型演示了在某个层次上的一次测试"微循环"。图 2-3 中标注的其他流程可以是任意某段开发流程,例如设计流程或者编码流程。也就是说,只要测试条件成熟了,测试准备活动完成了,测试执行活动就可以进行了。

H 模型揭示了一个原理:软件测试是一个独立的流程,贯穿产品整个生命周期,与其他流程并发地进行。

从 H 模型可以看出以下几个主要特点。

(1) 软件测试不仅仅指测试的执行,还包括很多其他的活动。

(2) 软件测试是一个独立的流程,贯穿产品整个生命周期,与其他流程并发地进行。

(3) 软件测试要尽早准备,尽早执行。

(4) 软件测试根据被测物的不同而分层次进行,不同层次的测试活动可以是按照某个次序先后进行,但也可能是反复的。

(5) 虽然通常把软件的开发视为需求、设计、编码等一系列串行活动,但实际上,这些活动也是可以交叉地进行的,严格地划分只是一种理想状态。

2.1.4 X 模型

X 模型也是对 V 模型的改进,其提出针对单独的程序片段进行相互分离的编码和测试,此后通过频繁交接和集成,最终合成为可执行的程序,详情如图 2-4 所示。

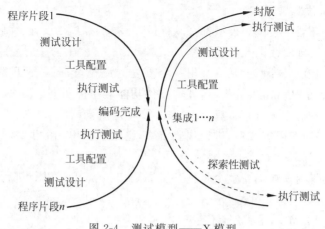

图 2-4　测试模型——X 模型

X 模型的左边描述的是针对单独程序片段进行的相互分离的编码和测试，此后将进行频繁的交接，通过集成最终成为可执行的程序，然后再对这些可执行程序进行测试。已通过集成测试的成品可以进行封装并提交给用户，也可以作为更大规模和范围内集成的一部分。多根并行的曲线表示变更可以在各个部分发生。在 X 模型中还可以包括探索性测试，这是不进行事先计划的特殊类型测试。但这样可能造成人力、物力和财力的浪费，对测试员的熟练程度要求也比较高。

从 X 模型可以看出以下几个主要特点。

（1）X 模型并不要求在进行作为创建可执行程序（模型右上方）的一个组成部分的集成测试之前，对每一个程序片段都进行单元测试（模型左侧的行为）。

（2）X 模型没能提供是否要跳过单元测试的判断准则。

（3）X 模型填补了 V 模型和 X 模型的缺陷，并可为测试人员和开发人员带来明显的帮助。

（4）X 模型还定位了探索性测试（模型右下方），在进行探索性测试时，测试人员可能会想"我这么测一下结果会怎么样"，这一方式往往能帮助有经验的测试人员在测试计划之外发现更多的软件错误。

2.2　软件能力成熟度模型

视频讲解

为了解决软件危机，找到提高软件质量的有效方法，企业在软件工程、技术和工具等方面投入了大量的人力、物力和财力，致力于探索和开发软件的新技术、新方法，行业专家也开始从软件过程的管理方面着手解决软件危机问题。

在 20 世纪 80 年代中期，由美国国防部资助，卡内基-梅隆大学（Carnegie Mellon University）软件工程研究所（Software Engineering Institute，SEI）最先提出"软件能力成熟度模型（Software Capability Maturity Model，SW-CMM，下文中简称 CMM）"理论，其应用在 20 世纪 90 年代正式发表。这一成果已经得到众多国家软件产业界的认可，并且在北美、欧洲和日本等国家及地区得到了广泛应用，成为事实上的软件过程改进工业标准。

SEI 给 CMM 的定义为对软件组织在定义、实现、度量、控制和改善其软件过程的进程中各个发展阶段的描述。CMM 是一种用于评价软件能力并帮助其改善软件品质的方法，以逐步演进的架构形式不断地完善软件开发和维护过程，具备变革的内在原动力。该模型便于确定软件组织的现有过程能力，并查找出软件品质及过程改进方面的最关键问题，从而为选择过程改善战略提供指南。其目的是帮助软件企业对软件工程进行管理和改善，增强开发与改进能力，从而能按时地、不超预算地开发出高品质的软件。

CMM 的基本理念为如果不可视，就难以控制；不能控制，反馈就难以发挥效果；反馈无效，就难以改善。CMM 为企业的软件过程能力提供了一个阶梯式的进化框架，其阶梯共有 5 级，如图 2-5 所示，第一级只是一个起点，任何准备按 CMM 体系进化的企业都自然处于这个起点上，并通过它向第二级迈进。除第一级，每一级都设定了一组目标，如果达到了这组目标，表明达到了这个成熟度级别，可以向下一级别迈进。

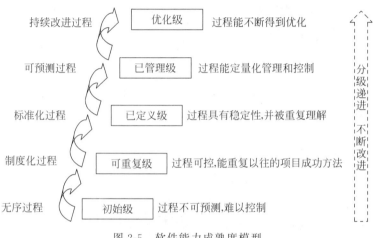

图 2-5　软件能力成熟度模型

第一级：初始级(Initial)。

初始级的软件过程是未加定义的随意过程，项目的执行是随意甚至是混乱的。也许有些企业制定了一些软件工程规范，但若这些规范未能覆盖基本的关键过程要求，且执行没有政策、资源等方面的保证，那么它仍然会被视为初始级。

第二级：可重复级(Repeatable)。

根据多年的经验和教训可知，软件开发的首要问题不是技术问题而是管理问题。因此，第二级的焦点集中在软件管理过程上。一个可管理的过程往往是一个可重复的过程，可重复的过程才能被逐渐改进并成熟起来。可重复的管理过程包括需求管理、项目管理、质量管理、项目配置和子合同管理等 5 方面，其中项目管理过程又分为计划过程和跟踪与监控过程。

通过实施这些过程，从管理角度可以看到一个按计划执行的且阶段可控的软件开发过程。

第三级：已定义级(Defined)。

可重复级定义了管理的基本过程，却没有定义执行的步骤标准。而第三级则要求制定企业范围的工程化标准，并将这些标准集成到企业软件开发标准过程中去。所有开发的项目需要根据这个标准过程裁剪出与项目适宜的过程，并且按照这一过程执行。对过程的裁剪不是随意的，在使用前必须经过企业有关人员的批准。

软件测试的模型与规范

第四级：已管理级(Managed)。

第四级的管理是定量化的管理。所有过程都需要建立相应的度量方式,所有产品的质量(包括工作产品和提交给用户的最终产品)都需要有明确的度量指标。这些度量应是详尽的,且可用于理解和控制软件过程和产品。量化控制将使软件开发真正成为一种工业化的生产活动。

第五级：优化级(Optimizing)。

优化级的目标是达到一个持续改善的境界。所谓持续改善是指可以根据过程执行的反馈信息来改善下一步的执行过程,即持续性地优化执行步骤。如果企业达到第五级,就表明该企业能够根据实际的项目性质、技术等因素,不断调整软件生产过程以达到最佳水平。

CMM 提供了一个软件过程改进的框架,这与软件生命周期无关,也与其采用的开发技术无关。在开发企业内部,根据这个 CMM 模型可以极大程度地提高按计划的时间和成本提交有质量保证的软件产品的能力。

CMM 描述了一个有效的软件过程的各个关键元素,指出一个软件企业从无序的、不成熟的过程向成熟的、有纪律的过程进化的改进途径。

CMM 以具体时间为基础,包括对软件开发和维护进行策划、工程化和管理的实践,遵循这些关键实践就能改进组织在实现有关成本、进度、功能和产品质量等目标上的能力。

CMM 建立起一个标准,对照这个标准就能以可重复的方式判断组织软件过程的成熟度,并能将过程成熟度与工业的时间状态作比较,组织也能采用 CMM 去规划它的软件改进过程。

2.3 改进测试过程的模型

CMM 没有提及软件测试成熟度的概念,没有明确如何改进测试过程。因此人们又提出用于改进测试过程的模型,下面介绍其中一些有代表性的模型。

2.3.1 TMMi

软件的体积和复杂度正在随着客户和最终用户越来越多的需求而飞速地增长。尽管采用了多种质量提高手段,软件产业仍然距离"零缺陷"很远。为了提高产品质量,软件产业界把重点放在了改进开发过程上。尽管事实上测试至少要占到整个项目花费的 30%～40%,但是在各种软件过程改进模型中如 CMM 和 CMMI(Capability Maturity Model Integration,能力成熟度模型集成)中,测试仍然很少被提及,为此人们提出了测试成熟度模型集成(TMMi)的概念。TMMi 是测试过程改进的详细模型,并且其可以实现和 CMMI 的互补。TMMi 框架由 TMMi 协会开发并作为准则框架用以对测试过程进行改进。TMMi 使用成熟度水平概念来做过程评估和改进,此外还定义了过程域、目标和活动。TMMi 成熟度标准的应用将改善测试过程,并对产品质量、测试工程的生产力,以及测试周期等有着积极的影响。通过 TMMi,企业可以使得软件测试从一个无序混乱,缺乏资源、工具和训练有素的测试人员的弱定义过程,演变成为成熟的、可控的、有缺陷预防能力的、具有完善定义的过程。实际的经验证明 TMMi 建立了一个更加高效的测试过程,使测试成了软件项目中的一个独立实施阶段,并且将之融入开发过程中,让软件测试的重点开始由缺陷检测转移到缺陷预防上。

TMMi 是阶段架构的过程改进模型。它包含的阶段或者级别是从一个无序的、不可管理的到可管理的、可定义的、可测量的和可优化的。每个阶段要确保足够的改进,并作为下一阶段的基础。TMMi 内部结构是丰富的,在测试中可以学习和有系统地支持一个质量检测的过程,在渐进的步骤改善中应用实践。TMMi 也将测试过程成熟度分为 5 个等级:初始级、阶段定义级、集成级、管理和度量级、优化级,如图 2-6 和表 2-1 所示。其中每一个等级都包括已定义的过程域,组织在升级到更高一个等级之前,需要完全满足前一个等级的过程域。要达到特定的等级需要实现一系列的、预先定义好的成熟度目标和附属目标。这些目标根据活动、任务和责任等进行定义,并依据管理者、开发人员、测试人员和客户或用户的特殊需求来进行。TMMi 由以下两个主要部分组成。

(1) 5 个级别的一系列测试能力成熟度的定义,每个级别的组成包括到期目标、到期子目标活动、任务和职责等。

(2) 一套评价模型:包括一个成熟度问卷、评估程序和团队选拔培训指南。

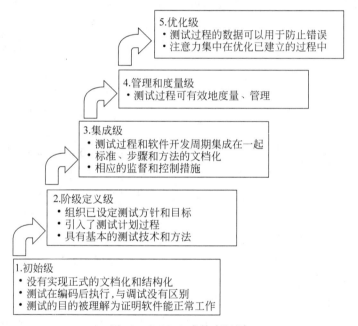

图 2-6　TMMi 成熟度级别

表 2-1　测试成熟度模型的基本描述

级别	简 单 描 述	特 征	目 标
1	Initial(初始级) 测试处于一个混乱的状态,缺乏成熟的测试目标,测试处于可有可无的地位	还不能把测试同调试分开;编码完成后才进行测试工作;测试的目的是表明程序没有错;缺乏相应的测试资源	
2	Phase Definition(阶段定义级) 测试目标是验证软件符合需求,会采用基本的测试技术和方法	测试被看作有计划的活动;测试同调试分开;编码完成后才进行测试工作	启动测试计划过程;实现基本的测试技术和方法制度化

级别	简 单 描 述	特 征	目 标
3	Integration(集成级) 测试不再是编码后的一个阶段,而是把测试贯穿在整个软件生命周期中。测试是建立在满足用户或客户的需求上	具有独立的测试部门;根据用户需求设计测试用例;有测试工具辅助进行测试工作;没有建立起有效的评审制度;没有建立起质量控制和质量度量标准	建立软件测试组织;制定技术培训计划;测试在整个生命周期内进行;控制和监视测试过程
4	Management and Measurement(管理和度量级) 测试是在一个度量和质量控制过程。在软件生命周期中评审作为测试和软件质量控制的一部分	进行可靠性、可用性和可维护性等方面的测试;采用数据库来管理测试用例;具有缺陷管理系统并划分缺陷的级别;还没有建立起缺陷预防机制,且缺乏自动地对测试中产生的数据进行收集和分析的手段	实施软件生命周期中各阶段的评审;建立测试数据库并记录、收集有关测试数据;建立组织范围内的评审程序;建立测试过程的度量方法和程序;软件质量评价
5	Optimization(优化级) 具有缺陷预防和质量控制的能力;已经建立起测试规范和流程,并不断地进行测试过程改进	运用缺陷预防和质量控制措施;选择和评估测试工具存在于一个既定的流程;测试自动化程度高;自动收集缺陷信息;有常规的缺陷分析机制	应用过程数据预防缺陷;统计质量控制;建立软件产品和质量目标;优化测试过程

2.3.2 TPI

TPI 是在 1997 年由软件测试大师 Martin Pol 和 Tim Koomen 提出的一个概念。TPI 被用来评估团队的测试过程成熟度,帮助定义渐进和可控的改进步骤,帮助企业减少产品上市所需要的时间、减少测试资源的代价、实现更加可控的测试流程、更好更快地检视产品质量、充分实现测试自动化等。

TPI 是一种目前比较流行的用于提高测试能力的方法。

TPI 模型可用于分析当前的测试现状,展示测试的强项和薄弱环节,除此之外,还可用于探讨和建立提高测试过程能力的明确目标,并且可以为达成目标提供路径。

TPI 模型考虑了测试过程的各个方面,如测试工具的使用、设计技术或报告等。通过对测试过程中的人员、管理和技术等不同方面的评估,测试过程的优点和缺点都变得更加清晰,其形成了 16 个关键域。测试过程的基线和改进建议都是基于这 16 个关键域进行。

TPI 具有 4 个成熟度的等级,分别为初始级、可控级、高效级、优化级。成熟度之间是互为阶梯的,下级为上级的基础。初始级是唯一一个没有包含任何明确规范的基本级别,而且任何一个测试过程自动被视为初始级。

初始级以外的其他的成熟度等级,都会有明确的过程规范,这些规范通过检查单来检查。一个检查单需要被明确地标明是否达成。如果检查单中的检查点为 YES,则其必须有充分的证据来证明。一个检查单和一个过程域的一个成熟度等级相对应。一个过程域只有各个检查单都达成了,才能说明这个过程域达到了这个成熟度。

当一个测试过程的所有的过程域都达到了某一成熟度,则说明这个测试过程达到了某个成熟度。例如一个测试过程如果达到可控级,必须是各个过程域最低都达到了可控级。
TPI 关键域不同级别模型如表 2-2 所示,初始级未在表中体现。

表 2-2　TPI 关键域不同级别模型要求

		可 控 级	高 效 级	优 化 级
人员	利益干系人 (Commitment)	利益干系人承诺、保证并交付已协商一致的资源,支持测试过程	利益干系人预见到变更的影响,并保证测试活动能够充分地响应变更	利益干系人认可并激励过程改进,并将之作为自己承担的职责
	测试介入(Degree of Involvement)	测试活动在早期启动,以确保准备充分	测试的介入保证可靠的测试过程输出和缺陷预防	测试的介入促进了项目过程和测试过程的改进
	测试策略 (Test Strategy)	测试策略确保了在测试层级和测试活动中测试人力和资源的分配	测试策略用于达到产品风险、测试覆盖和可用人力和资源之间的平衡	有效维护测试策略的制定方法,保证其被容易并正确地应用
	测试组织 (Test Organization)	测试组织保证了测试方法、测试交付件和规程的一致性,以及清晰的测试结果	测试组织保证了在正确的地方使用了正确的测试技术和经验	测试组织持续改进测试服务的结果
	沟通(Communication)	向所有参与者传递信息,使得他们能够做出正确的决定	向目标群体提供了形式完整规范和内容简练的信息,促进更有效率的工作	沟通是团队建设的手段
	报告(Reporting)	测试团队和利益干系人就报告的内容和形式达成一致,避免信息的缺失和冗余	报告针对不同的目标群体进行了调整定制,以支撑决策	报告提供了可以用于优化软件开发生命周期的信息
管理	测试过程管理(Test Process Management)	主动进行测试过程管理以完成测试任务	测试过程管理责任明确,能够及时进行调整以确保测试项目有序开展	将从测试过程管理中学习到的教训用于提升测试的效果和效率
	估计和计划 (Estimating and Planning)	预计了每个测试活动所需要的资源	通过使用正式的技术使估计和计划更加可靠	基于组织的经验数据进行估计
	度量(Metrics)	通过已定义的度量可以评估和监控测试过程	度量所提供的客观价值大于收集、分析策略数据的工作量	度量满足不断变更的信息需求
	缺陷管理 (Defect Management)	跟踪具体缺陷并监控其状态	分析缺陷的共性以找出类似缺陷	分析缺陷的共同属性以预防缺陷
	测试件管理(Testware Management)	所有处于批准状态的测试和计划文档被分别标识和登记	明确了所有测试件之间的关联,并保持更新	测试件可重用于将来的项目,并确实被重用

续表

		可 控 级	高 效 级	优 化 级
技术	测试方法（Methodology Practice）	测试方法使得测试活动的执行可以被预知	测试方法对测试项目提供了实践上的支持	评估测试方法存在的问题，并持续改进
	测试人员技能（Tester Professionalism）	测试人员具备测试技能，使测试过程更加可预知和管理	测试人员具有专门的测试角色和职责，并且所完成的工作符合期望	测试人员从质量的角度来做事，并由此持续提升技能
	测试用例设计（Test Case Design）	测试用例支持重复执行测试，并且不依赖于个人	聚焦于达到指定覆盖等的目来设计测试用例，满足测试的策略要求	对测试用例、测试设计技术和缺陷的评估有助于改进测试效果
	测试工具和自动化（Test Tools and Automation）	执行测试活动所需要的测试工具和自动化是可用的，并且会被使用	测试工具和自动化被用于加速测试活动	持续评估和改进测试工具和自动化及其应用
	测试环境（Test Environment）	不会发生测试环境的意外变更	测试环境直接关联于测试层级或测试类型的要求	测试环境被作为一种服务提供给测试人员

2.3.3 其他模型

除了上述两种测试过程改进模型，还有关键测试过程（Critical Test Process，CTP）评估模型、系统优化测试和评估过程（Systematic Test and Evaluation Process，STEP）等模型。这里只对这两个模型做简要介绍。

CTP 通过对现有测试过程的评估可以识别过程的优劣，并结合测试组织的需要提供改进建议。它通过有价值的信息和服务将直接影响测试团队发现问题和减少风险的能力。

CTP 模型将测试过程分为 4 个关键过程，即计划（Plan）、准备（Prepare）、执行（Perform）和完善（Perfect）。这 4 个关键过程还可进一步细分为 12 个子过程。

（1）测试。
（2）建立环境。
（3）质量风险分析。
（4）测试评估。
（5）测试计划。
（6）测试团队开发。
（7）测试系统开发。
（8）测试发布管理。
（9）测试执行。
（10）错误报告。
（11）结果报告。
（12）变更管理。

详细内容可以参考 Rex Black 所著 *Critical Testing Processes* 一书。

STEP 认定测试是一个生命周期活动，其提倡在项目开始的早期介入测试，而不是将测试作为编码结束之后的一个阶段，以此确保能尽早发现需求和设计中的缺陷，并设计相应测试用例。STEP 与 CTP 比较类似，而不像 TMMi 和 TPI，并不要求测试过程的改进遵循特定的顺序。STEP 的实现途径是使用基于需求的测试方针以保证在设计和编码之前已经设计了测试用例以验证需求。

详细内容可参考 Rick Craig 和 Stefan P. Jaski 合著的 *Systematic Software Testing*（中文译本为《系统的软件测试》）。

2.4　软件测试的规范

一个完整的软件测试规范应该包括对规范本身的详细说明,例如规范的目的、范围、文档结构、词汇表、参考信息、可追溯性、方针、过程/规范、指南、模板、检查表、培训、工具、参考资料等。这里主要参考 GB/T 15532—2008《计算机软件测试规范》来对其进行介绍,并一同介绍软件测试的每个子过程中测试人员的角色、职责、活动描述及所需资料。

1. 角色

任何项目的实施首先要考虑人的因素,软件测试也不例外。在软件测试中,通常会把所涉及的人员进行分类以确立其角色,并按角色进行职责划分,如表 2-3 所示。

表 2-3　软件测试中最基本的角色定义

角　　色	优　化　级
测试人员	利益干系人认可并激励过程改进,将之作为自己承担的职责
设计人员	测试的介入促进了项目过程和测试过程的改进
编码人员	有效维护测试策略的制订方法,保证容易并正确地应用

2. 进入准则

进入准则也就是对软件测试切入点的确立。软件测试在软件开发周期的各个阶段都在进行,因此软件项目立项并得到批准就意味着软件测试的开始。

3. 输入项

软件测试需要相关的文档作为测试设计及测试过程判断符合性的依据和标准,对需要进行专业的单元测试的项目而言,其还要有程序单元及软件集成计划相应版本的文档资料。这些文档将一并被作为测试的输入而使用,参考表 2-4。

表 2-4　软件测试输入项

阶　　段	描　　述	典型文档
软件项目计划	软件项目计划是一个综合的组装文件,其被用来收集管理项目所需的所有信息	《项目开发计划》
软件需求文档	描述软件需求的文档,如软件需求规约(SRS)文档或利用 CASE 工具建模生成的文档	《需求规格说明书》
软件架构设计文档	软件架构设计文档主要描述备选设计方案、软件子系统划分、子系统间接口和错误处理机制等	《概要设计说明书》
软件详细设计文档	软件详细设计文档主要描述将架构设计转化为最小实施单元的说明,产生可以编码实现的设计	《详细设计说明书》
软件程序单元	包括所有编码员完成的程序单元源代码	《程序源码清单》
软件集成计划	软件工作版本的定义、工作版本的内容、集成的策略以及实施先后顺序等	《项目管理章程》
软件工作版本	按照集成计划创建的各个集成工作版本	《ReadMe》

4. 活动

1) 制定测试计划

角色:测试设计员。

活动描述:

(1) 制定测试计划的目的是收集和组织测试计划信息,并且创建测试计划。

(2) 根据需求收集和组织测试需求信息,确定测试需求。

(3) 针对测试需求定义测试类型、测试方法以及需求的测试工具等。

(4) 根据项目实际情况为每一个层次的测试建立通过准则。

(5) 确定测试需要的软硬件资源、人力资源以及测试进度。

(6) 根据同行评审规范对测试计划进行同行评审。

参考文档:《软件测试计划模板》。

2) 测试设计

角色:测试设计员。

活动描述:设计测试的目的是为每一个测试需求确定测试用例集,并且确定执行测试用例的测试过程。

(1) 设计测试用例。

① 对每一个测试需求,确定其需要的测试用例。

② 对每一个测试,确定其输入及预期结果。

③ 确定测试用例的测试环境配置、需要的驱动程序或桩程序。

④ 编写测试用例文档。

⑤ 对测试用例进行同行评审。

(2) 开发测试过程。

① 根据界面原型为每一个测试用例定义详细的测试步骤。

② 为每一个测试定义详细的测试结果验证方法。

③ 为测试用例准备输入数据。

④ 编写测试过程文档。

⑤ 对测试过程进行同行评审。

⑥ 在实施测试时对测试过程进行更改。

(3) 设计单元测试和集成测试需要的驱动程序和桩程序。

参考文档:《软件测试用例》模板,《软件测试过程》模板。

3) 实施测试

角色:测试设计员、编码员。

活动描述:实施测试的目的是创建可重用的测试脚本,并且实施测试驱动程序和桩程序。

(1) 根据测试过程创建、开发测试脚本,并且调试测试脚本。

(2) 根据设计编写测试需要的测试驱动程序和桩程序。

4) 执行单元测试

角色:编码员和测试人员。

活动描述:执行单元测试的目的是验证单元的内部结构以及其所实现的功能。

(1) 按照测试过程手工执行单元测试或运行测试脚本自动执行测试。

（2）详细记录单元测试结果，并将测试结果提交给相关组。

（3）对修改后的单元执行回归测试。

参考文档：《测试日志》和《软件单元测试》。

5）执行集成测试

角色：测试员。

活动描述：执行集成测试的目的是验证单元之间的接口以及集成工作的功能、性能等。

（1）按照测试过程手工执行集成测试或运行测试自动化脚本执行集成测试。

（2）详细记录集成测试结果，并将测试结果提交给相关组。

（3）对修改后的工作版本执行回归测试，或对增量集成后的版本执行回归测试。

6）执行系统测试

角色：测试员。

活动描述：执行系统测试的目的是确认软件系统的工作版本满足需求。

（1）按照测试过程手工执行系统测试或运行测试脚本自动执行系统测试。

（2）详细记录系统测试结果，并将测试结果提交给相关组。

（3）对修改后的软件系统版本执行回归测试。

7）评估测试

角色：测试设计员和相关组。

活动描述：评估测试的目的是对每一次测试结果进行分析评估，在每一个阶段提交测试分析报告。

（1）由相关组对一次测试结果进行分析，并提出变更请求或其他处理意见。

（2）分析阶段测试情况。

① 对每一个阶段的测试覆盖情况进行评估。

② 对每一个阶段发现的缺陷进行统计分析。

③ 确定每一个测试阶段是否完成。

④ 对每一个阶段生成测试分析报告。

5．输出项

软件测试输出项如表 2-5 所示。

表 2-5　软件测试输出项

输出项	内　容　描　述	形成的文档
软件测试计划	测试计划包含项目范围内的测试目的和测试目标的有关信息。此外，测试计划确定了实施和执行测试时使用的策略，同时还确定了所需资源	软件测试计划模板
软件测试用例	测试用例是为特定目标开发的测试输入、执行条件和预期结果的集合	软件测试用例模板
软件测试过程	测试过程是对给定测试用例（或测试用例集）的设置、执行和结果评估的详细说明的集合	软件测试过程模板
测试结果日志	测试结果是记录测试期间测试用例的执行情况，记录测试发现的缺陷，并且用来对缺陷进行跟踪	测试日志模板
测试分析报告	测试分析报告是对每一个阶段（单元测试、集成测试、系统测试）的测试结果进行的分析评估	测试分析报告模板

6. 验证与确认

软件测试验证与确认项如表 2-6 所示。

表 2-6 软件测试验证与确认项

验证与确认内容	内容描述
软件测试计划评审	由项目经理、测试组、其他相关组对测试计划进行评审
软件测试用例评审	由测试组、其他相关组对测试用例进行评审
软件测试过程评审	由测试组、其他相关组对测试过程进行评审
测试结果评审	由测试组、其他相关组对测试结果进行评审
测试分析报告评审	由项目经理、测试组、其他相关组对测试分析报告进行评审
软件质量保证验证	由软件质量保证人员对软件测试活动进行评审

7. 退出准则

满足组织/项目的测试停止标准。

8. 度量

软件测试活动达到退出准则的要求时,对当前版本的测试即告停止。软件质量保证人员通过一系列活动收集数据,利用统计学知识对软件质量进行统计分析,得出较准确的软件质量可靠性评审报告,提供给客户及供方高层领导可视化的质量信息。

2.5 本 章 小 结

本章通过介绍软件测试过程模型,帮助读者完整地了解软件测试的过程,并介绍了当前主流的测试模型及其特点,方便读者在后续章节的学习中参考使用。

在了解主流测试模型的基础上,如何借助 CMMi 评价软件的成熟度,以选择合适的应用过程改进模型非常重要,其可以促进软件测试工作,提升测试工作质量。软件测试规范是测试工作的依据和准则,在进行软件测试时,应在相关国标文件的要求和指导下完成测试工作,这样可以从根本上保证软件测试工作的质量,进而提升软件产品的质量。

2.6 习 题

1. 下面关于软件测试模型的描述中,不正确的包括( )。

① V 模型的软件测试策略既包括底层测试又包括高层测试,高层测试是为了保证源代码的正确性,底层测试是为了使整个系统满足用户的需求。

② V 模型存在一定的局限性,它仅把测试过程作为在需求分析、概要设计、详细设计及编码之后的一个阶段。

③ W 模型可以说是 V 模型自然而然的发展。它强调:测试伴随着整个软件开发周期,而且测试的对象不仅是程序,需求、功能和设计同样要测试。

④ H 模型中软件测试是一个独立的流程,贯穿产品整个生命周期,与其他流程并发地进行。

⑤ H 模型中测试准备和测试实施紧密结合,有利于资源调配。

  A. ①⑤   B. ②④   C. ③④   D. ②③

2. 以下哪项最适合描述增量开发模型？（　　　）

    A. 定义需求、设计软件和开展测试是在一系列迭代的阶段中完成的

    B. 开发过程中的一个阶段应该在前一个阶段完成时开始

    C. 测试被视为一个单独的阶段，并在开发完成后进行

    D. 测试作为增量添加到开发中

3. 哪种模型的局限性在于没有明确地说明早期的测试，不能体现"尽早地和不断地进行软件测试"的原则？（　　　）

    A. V 模型   B. W 模型   C. H 模型   D. X 模型

4. 以下关于 V 模型的说法中，不正确的是（　　　）。

    A. V 模型是瀑布模型的变种，它反映了测试活动与分析和设计的关系

    B. V 模型的软件测试策略既包括底层测试又包括高层测试

    C. V 模型左边是测试过程阶段，右边是开发过程阶段

    D. V 模型把测试过程作为在需求、设计及编码之后的一个阶段

5. 以下哪个选项是正式评审的角色（　　　）。

    A. 开发人员、主持人、评审负责人、评审员、测试人员

    B. 作者、主持人、经理、评审员、开发人员

    C. 作者、经理、评审负责人、评审员、设计人员

    D. 作者、主持人、评审负责人、评审员、记录员

6. 以下是对软件开发生命周期中软件开发活动和测试活动的关系的描述：

① 每个开发活动都应该有对应的测试活动。

② 评审应该在文档的最终版本可用时开始。

③ 测试设计和实施应该在对应的开发活动期间开始。

④ 测试活动应该在软件开发生命周期的早期开始。

以下哪项正确地显示了上面的正确描述和错误描述？（　　　）

    A. 正确①，②；错误③，④   B. 正确②，③；错误①，④

    C. 正确①，②，④；错误③   D. 正确①，④；错误②，③

7. 与设计测试用例无关的文档是（　　　）。

    A. 项目开发计划   B. 需求规格说明书

    C. 设计说明书   D. 源程序

8. 测试的关键问题是（　　　）。

    A. 如何组织软件评审   B. 如何选择测试用例

    C. 如何验证程序的正确性   D. 如何采用综合策略

9. 软件测试用例主要由输入数据和（　　　）两部分组成。

    A. 测试计划   B. 测试规则

    C. 预期输出结果   D. 以往测试记录分析

10. 对比 V 模型、W 模型、H 模型、X 模型，简述它们各自的特点。

11. 请简述 TMMi 模型定义的测试过程成熟度分级。

第3章　黑盒测试及其实例

黑盒测试的作用主要是根据功能需求来测试程序是否按照预期工作,通过黑盒测试可以确定软件所实现的功能是否符合规格说明,也可以用来证明软件代码是否有错误和缺陷。本章将会对常见的几种黑盒测试技术基本原理进行介绍,并通过案例阐述应用这些测试技术的方法。

3.1　黑盒测试概述

视频讲解

软件产品必须具备一定的功能,通过这些功能为用户提供服务。软件产品的功能是为了满足用户的实际需求而设计的,在软件交付给用户使用前,所有的功能都需要经过验证,确定软件能够真正满足用户的需求。功能测试一般采用黑盒测试方法,将软件程序或系统看作一个不能打开的黑盒子,测试人员无须了解程序的内部结构,而是直接根据程序输入与输出之间的关系确定测试数据,推断测试结果的正确性。提高测试用例发现错误的能力和减少测试用例的冗余,是黑盒测试技术研究的重要问题。

黑盒测试关心的是软件的输入和输出,其主要测试依据是需求文档。黑盒测试是一种从用户角度出发的测试。软件的黑盒测试被用来证实软件功能的正确性和可操作性,而并不会破坏被测对象的数据信息,其主要试图发现下列几类错误。

(1) 功能不正确或遗漏。

(2) 界面错误。

(3) 数据库访问错误。

(4) 性能错误。

(5) 初始化和终止错误等。

在实际的操作执行中,黑盒测试可以被分为静态黑盒测试和动态黑盒测试。静态黑盒测试主要检查和审阅产品说明书,从中查验软件的缺陷。当软件测试人员第一次接到需要审查的产品说明书时,最容易做的就是把自己当作用户,设身处地为用户着想,此时了解用户所想是非常重要的。同时,测试人员还需要审查和测试同类软件,这样有助于制定测试条件和测试方法,暴露被设计者忽略的潜在问题。动态黑盒测试主要测试软件在使用过程中的实际行为,测试工作就是进行输入、接收输出、检验结果。有效的动态黑盒测试需要产品说明书和其他文档,了解输入什么将会得到什么,或者操作什么将会得到的结果又是什么。当清楚了软件的输入和输出之后,就要选择和设计测试用例,要把导致测试工作量异常的错误选择,以及测试目标选定错误等降至最低。因此,准确评估风险,把不可穷尽的可能性减少到可以控制的范围是非常重要的。

从理论上讲,黑盒测试只有采用穷举输入测试,把所有可能的输入都作为测试情况考虑,才能查出程序中所有的错误。实际上测试情况有无穷多个,人们不仅要测试所有的输入,还要对那些不合法但可能的输入进行测试。这样看来,完全测试是不可能的,所以要进行有针对性的测试,通过制定测试案例指导测试的实施,保证软件测试有组织、按步骤,以及有计划地进行。黑盒测试行为必须能够量化,只有量化才能真正保证软件质量,而测试用例就是将测试行为具体量化的方法。典型的黑盒测试用例设计方法包括等价类划分法、边界值分析法、决策表法、因果图法等。接下来将对这些测试方法进行介绍和讨论,并给出运用的实例。

3.2　等价类划分法

视频讲解

3.2.1　等价类划分法的概述

等价类划分是一种典型的黑盒测试方法,其主要根据特定的准则或关系将输入域划分为若干子集(被称为等价类)。这一划分所采用的准则或关系可能是不同的计算结果,也可能是某种基于控制流或数据流的关系,或者是根据系统能否实现接收和处理来区分的有效输入和无效输入(例如,超出范围的输入值将不被接受,应产生错误信息或触发错误处理程序)。从每个等价类中提取一个或若干个测试用例,聚合起来就形成了测试用例集合。

等价类指的是输入域的某个子集,在该子集中,各个输入数据对接入程序中的错误都是等效的,并且还可以被进一步合理假定:测试某个等价类的代表值就等于对这一类的其他值进行测试。

如果测试某一等价类中的一个数据时发现了错误,这一等价类中的其他数据也能发现同样的错误;反之,如果测试某一类中的一个数据没有发生错误,则这一类中的其他数据也不会被查出错误(除非等价类中的某些数据同时还属于另一等价类,因为几个等价类之间是可能相交的)。这样就可以把全部的输入数据合理地划分为若干个等价类,在每一个等价类中取一个数据作为测试的输入条件,从而把无限的穷举输入转化为有限的等价类并在其中选择具有代表性的数据进行输入,用少量的有代表性的测试数据来取得较好的测试结果。

3.2.2　常见的等价类划分法

本节主要从等价类的划分、等价类划分的原则及等价类划分表的建立等 3 方面对等价类进行说明。

1. 等价类的划分

等价类的划分有两种不同的情况:有效等价类和无效等价类。

有效等价类指的是对程序的规格说明来说是合理的、有意义的输入数据所构成的集合。利用有效等价类可检验程序是否实现了规格说明中所规定的功能和性能。

无效等价类与有效等价类的定义恰巧相反,是那些对程序的规格说明来说是不合理的或无意义的输入数据所构成的集合。

设计测试用例时,要同时考虑这两种等价类。具体到项目中,无效等价类至少应有一个,也可能有多个。因为软件不仅要能接收合理的数据,也要能经受各种意外的考验,如用户错误的输入等,这样的测试才能确保软件具有更高的可靠性。

46

等价类的划分需要在认真研读需求规格说明的基础上进行,它不仅可以被用来确定测试用例中的数据输入输出的精确取值范围,也可以被用来准备中间值状态、与时间相关的数据以及接口参数等。在有明确条件和限制的情况下,利用等价类划分技术可以设计出完备的测试用例。等价类划分方法还可以减少设计一些不必要的测试用例,因为这种测试用例一般使用相同的等价类数据,会使测试对象得到同样的反应行为。

2. 等价类划分的原则

常见的划分等价类的参考包括按区间划分、按数值划分、按数值集合划分、按限制条件或规划划分、按处理方式划分等。

下面给出 6 条划分等价类的原则。

(1) 在输入条件规定了取值范围或值个数的情况下,可以确立一个有效等价类和两个无效等价类。

(2) 在输入条件规定了输入值的集合或者规定了"必须如何"的条件的情况下,可以确立一个有效等价类和一个无效等价类。

(3) 在输入条件是一个布尔量的情况下,可确定一个有效等价类和一个无效等价类。

(4) 在规定了输入数据的一组值(假定有 n 个),并且程序要对每一个输入值分别处理的情况下,可确立 n 个有效等价类和一个无效等价类。

(5) 在规定了输入数据必须遵守的规则的情况下,可确立一个有效等价类(符合规则)和若干个无效等价类(从不同角度违反规则)。

(6) 在确知已划分的等价类中,各元素在程序中处理方式不同的情况下,应再将该等价类进一步地划分为更小的等价类。

3. 等价类划分表的建立

在确立了等价类后,可以建立等价类表,列出所有已被划分出的等价类。

此处举一个等价类表的典型例子。一个软件中要求用户输入以年、月表示的日期,假定日期的输入范围限定在 2000 年 1 月至 2100 年 12 月之间,并且规定日期由 6 位数字字符组成,前 4 位表示年,后 2 位表示月,那么对应的"日期输入格式检查"这一功能的等价类表可以设计为如表 3-1 所示。

表 3-1 等价类表

输 入 条 件	有效等价类	无效等价类
日期的类型及长度	① 6 位数字字符	④ 包含非数字字符
		⑤ 小于 6 位数字字符
		⑥ 大于 6 位数字字符
年份范围	② 在 2000～2100 之间	⑦ 小于 2000
		⑧ 大于 2100
月份范围	③ 在 01～12 之间	⑨ 等于 00
		⑩ 大于 12

3.2.3 等价类划分法的测试用例

依据表 3-1 所示建立的等价类表,可以从划分出的等价类中按以下步骤确定测试用例。

(1) 为每个等价类规定一个唯一的编号。

（2）设计一个新的测试用例，使其尽可能多地覆盖尚未覆盖的有效等价类。重复这一步，最后使得所有有效等价类均被测试用例覆盖。

（3）设计一个新的测试用例，使其只覆盖一个无效等价类。重复这一步使所有无效等价类均被覆盖。

继续用这个日期输入的例子来演示测试用例的设计。第（1）步为每个等价类规定编号，这一工作已经在等价类表中完成了；继续反复迭代地完成第（2）步，以形成有效类所对应的测试用例，如表 3-2 所示；反复迭代完成第（3）步以形成无效类所对应的测试用例如表 3-3 所示。

表 3-2　设计的有效类测试用例

测试数据	期望结果	覆盖的有效等价类
200001	输入有效	①②③
205506	输入有效	①②③
210012	输入有效	①②③

表 3-3　设计的无效类测试用例

测试数据	期望结果	覆盖的无效等价类
20a734	输入无效	④
20207	输入无效	⑤
20200624	输入无效	⑥
199912	输入无效	⑦
210101	输入无效	⑧
202000	输入无效	⑨
202020	输入无效	⑩

表 3-2 和表 3-3 中列出了 3 个覆盖所有有效等价类的用例，以及 7 个覆盖所有无效等价类的用例。

等价类与测试用例之间的关系可以是每一个测试用例覆盖一个特定的等价类（如表 3-3 中无效类的测试用例就都是一对一的），也可以是一个测试用例对应多个等价类（如表 3-2 中有效类的测试用例都是一对多的）。

请记住，等价分配的目标是把可能的测试用例组合缩减到仍然足以满足软件测试需求为止。因为选择不完全测试就要冒一定的风险，所以必须仔细选择分类。

关于等价分配需要说明的是，这样做有可能不客观。测试同一个复杂程序的两个软件测试员可能会制定出两组不同的等价区间，只要审查等价区间的人都认为它们足以覆盖测试对象就可以了。

3.3　边界值分析法

3.3.1　边界值分析法的概述

边界值分析法主要是在变量的输入域边界上或边界附近选择测试用例。其基本原理是许多错误倾向于发生在输入的极值附近，而非输入域的中间部分，因此，针对边界情况设计测试用例能够更有效地发现错误。例如，在做三角形计算时，要输入平面内三角形的 3 个边长 A、B 和 C。这 3 个数值应当满足 $A>0$、$B>0$、$C>0$、$A+B>C$、$A+C>B$、$B+C>A$，这样才能在平面上构成三角形。但如果把 6 个不等式中的任何一个大于号"＞"错写成大于或等于号"≥",那就不能在平面上构成三角形。这类问题恰恰就出现在容易被疏忽的边界附近。这里所说的边界是相对于输入等价类和输出等价类而言,稍高于其边界值及稍低于其边界值的一些特定情况。该技术的一个扩展是稳健性测试,即在变量的输入域外部选择测试用例以测试程序针对未期望的错误输入的稳健性。

边界值分析法是一种补充等价类划分法的黑盒测试方法,它不是选择等价类中的任意元素,而是选择等价类边界的测试用例。实践证明,这些测试用例往往能取得很好的测试效果。边界值分析法不仅重视输入范围边界,也会从输出范围中导出测试用例。

通常情况下,软件测试所包含的边界条件有数字、字符、位置、质量、大小、速度、方位、尺寸、空间等几种类型;对应的边界值应该有最大/最小、首位/末位、上/下、最大/最小、最快/最慢、最高/最低、最短/最长、空/满等情况。

用边界值分析法设计测试用例,应遵循以下几条原则。

(1) 如果输入条件规定了值的范围,则应取刚达到这个范围的边界值,以及刚刚超越这个范围边界的值作为测试输入数据。

(2) 如果输入条件规定了值的个数,则用最大个数、最小个数、比最小个数少 1 的数、比最大个数多 1 的数等作为测试数据。

(3) 根据规格说明的每个输出条件,使用前面的原则(1)。

(4) 根据规格说明的每个输出条件,使用前面的原则(2)。

(5) 如果程序的规格说明给出的输入域或输出域是有序集合,则应选取集合的第一个元素和最后一个元素作为测试用例。

(6) 如果程序中使用了一个内部数据结构,则应当选择这个内部数据结构边界上的值作为测试用例。

(7) 分析规格说明,找出其他可能的边界条件。

表 3-4 给出了一些常见的确定边界值附近数据的方法。

表 3-4　确定边界值附近数据的几种方法

项	边界值附近数据	测试用例的设计思路
字符	起始－1 个字符/结束＋1 个字符	假设一个文本输入区域要求允许输入 1～255 个字符,输入 1 个和 255 个字符作为有效等价类;不输入字符(0 个)和输入 256 个字符作为无效等价类
数值范围	开始位－1/结束位＋1	如数据输入域为 1～999,其最小值为 1,而最大值为 999,则 0 和 1000 刚好在边界值附近。从边界值方法来看,要测试 4 个数据:0、1、999、1000
空间	比零空间小一点/比满空间大一点	如测试数据的存储,使用比剩余磁盘空间大几千字节的文件作为测试的边界条件附近值

3.3.2　边界条件

边界条件是一种特殊情况,因为程序的开发从根本上不怀疑边界会有问题。奇怪的是,程序在处理大量中间数值时都是对的,但是很可能会在边界处出现错误。下面的一段源代码说明了在一个极简单的程序中边界条件问题是如何产生的。

```
1      rem create a 10 element integer array
2      rem initialize each element to - 1
3      dim data(10)as integer
4      dim i as integer
5      for i = 1 to 10
6        data(i) = - 1
7      next i
8      end
```

这段代码的意图是创建包含 10 个元素的数组,并为数组中的每一个元素赋初值−1。看起来其相当简单,它建立了包含 10 个整数的数组 data 和一个计数值 i。for 循环的计数器是 1~10,数组中从第 1 个元素到第 10 个元素均被赋予数值−1。那么边界问题在哪儿呢?

在大多数编程语言脚本中,都应当以声明的范围来定义数组,在本例中定义语句是 dim data(10)as integer,创建的第一个元素是 data(0)而不是 data(1)。该程序实际上创建了一个 data(0)~ data(10)共包含 11 个元素的数组。程序进行 1~10 的循环将数组元素的值初始化为−1,但是由于数组的第一个元素 data(0)的索引号是 0 而不是 1,因此它并没有被初始化。程序执行完毕后,数组应值如下:

data(0) = 0	data(4) = − 1	data(8) = − 1
data(1) = − 1	data(5) = − 1	data(9) = − 1
data(2) = − 1	data(6) = − 1	data(10) = − 1
data(3) = − 1	data(7) = − 1	

很明显,data(0)的值是 0 而不是−1。如果这位程序员以后忘记了,或者其他程序员不知道这个数据数组是如何初始化的,那么他就可能会用到数组的第 1 元素 data(0),并理所当然地认为它的值是−1。诸如此类的问题在软件开发中很常见,在复杂的大型软件中,这就可能导致极其严重的软件缺陷。

3.3.3　次边界条件

上面讨论的普通边界条件是容易被找到的,它们在相关文档中有定义,或者在使用软件的过程中被确定。而有些边界在软件内部存在,最终用户几乎看不到,但是软件测试时仍有必要检查这类边界问题。这样的边界条件被称为次边界条件或者内部边界条件。

寻找这样的边界不要求软件测试员具有程序员那样阅读源代码的能力,但是要求他们大体了解软件的工作方式。像 2 的 N 次方和 ASCII 码表就是这样的典型例子。

1. 2 的 N 次方

计算机和软件的计数基础是二进制数,其用位(bit)来表示 0 和 1,1 字节(byte)由 8 位组成,一个字符(word)由 2 字节组成等。表 3-5 中列出了常用的 2 的乘方单位及其范围或值。

表 3-5　软件中 2 的乘方

术　　语	范　围　或　值	术　　语	范　围　或　值
位	0 或 1	千	1024
双位	0~15	兆	1048576
字节	0~255	亿	1073741824
字	0~65535	万亿	1099511627776

表 3-5 中所列的取值和取值范围是作为边界条件的重要数据。除非软件向用户提出这些范围,否则在需求文档中通常不会被指明,但在测试的时候需要考虑这些边界会否产生软件缺陷,在建立等价区间时,要考虑是否需要包含 2 的 N 次方边界条件。

例如,如果软件接受用户输入 1~1000 范围内的数字,明显可知输入域的合法区间中包含 1 和 1000,也许还要有 2 和 999。但考虑到输入的数字必然是以某种数据类型存储在计算机中的,那么为了覆盖任何可能的 2 的 N 次方边界,还要考虑包含邻近双位边界的 14、15 和 16,以及邻近字节边界的 254、255 和 256。

2. ASCII 码表

ASCII 码是不同计算机在相互通信时共同遵守的字符编码国际通行标准,它使用单字节对常见的文本字符进行了编码,从 0 开始连续排列数字,每个数字对应一个字符。如表 3-6 所示就是从 ASCII 码表中节选的部分内容。

表 3-6　部分 ASCII 码表

字符	ASCII 值	字符	ASCII 值	字符	ASCII 值	字符	ASCII 值
/	47	8	56	@	64	y	121
0	48	9	57	A	65	z	122
1	49	:	58	B	66	{	123

在 ASCII 码表中,常用的 0~9 数字所对应的 ASCII 值是 48~57,大写字母 A~Z 对应 65~90,小写字母对应 97~122。按照 ASCII 码顺序,字符"/"在数字 0 的前面,而字符":"在数字 9 的后面;字符"@"在大写字母 A 的前面,而字符"["在大写字母 Z 的后面;字符"`"在小写字母 a 的前面,而字符"{"在小写字母 z 的后面。这些情况都代表了次边界条件。

测试进行文本输入或文本转换的软件,在定义数据区间包含哪些值时,如果测试的文本框只接受用户输入字符 A~Z 和 a~z,就应该在非法区间中包含 ASCII 表中这些字符前后的值。

3.3.4　边界值分析法的测试用例

现有一个标准化考试批阅学生试卷,产生成绩报告的程序。其规格说明如下:程序的输入文件由 80 个字符的记录组成,如图 3-1 所示,所有记录分为 3 组。

(1) 标题:这一组只有一个记录,其内容为输出成绩报告的名字。

(2) 试卷各题标准答案记录:每个记录均在第 80 个字符处标以数字"2"。该组的第一个记录的第 1~3 个字符为题目编号(取值为 1~999)。第 10~59 个字符给出第 1~50 题的答案(每个合法字符表示一个答案)。该组的第 2 个,第 3 个……记录相应为第 51~100 题,第 101~150 题……的答案。

(3) 每个学生的答卷描述:该组中每个记录的第 80 个字符均为数字"3"。每个学生的答卷在若干个记录中给出。如甲的首记录第 1~9 字符给出学生姓名及学号,第 10~59 字符列出的是甲所做的第 1~50 题的答案。若试题数超过 50,则第 2 个,第 3 个……记录分别给出他的第 51~100 题,第 101~150 题……的解答。然后是学生乙的答卷记录。

(4) 学生人数不超过 200,试题数不超过 999。

(5) 程序的输出有 4 个报告。

① 按学号排列的成绩单,列出每个学生的成绩、名次。

② 按学生成绩排列的成绩单。

③ 平均分数及标准偏差的报告。

④ 试题分析报告。按试题号排序,列出各题学生答对的百分比。

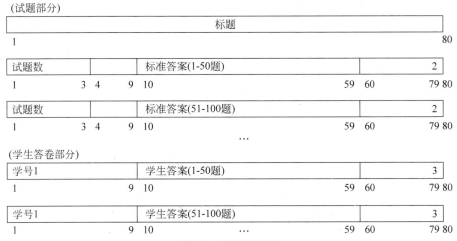

(试题部分)

	标题	
1		80

试题数		标准答案(1-50题)		2
1	3 4	9 10	59 60	79 80

试题数		标准答案(51-100题)		2
1	3 4	9 10	59 60	79 80

...

(学生答卷部分)

学号1		学生答案(1-50题)		3
1	9 10		59 60	79 80

学号1		学生答案(51-100题)		3
1	9 10	...	59 60	79 80

图 3-1　记录结构图

解答:分别考虑输入条件和输出条件以及边界条件。给出如表 3-7 所示的输入条件及相应的测试用例。

表 3-7　输入条件测试用例表

输 入 条 件	测 试 用 例
输入文件	空输入文件
标题	没有标题
	标题只有 1 个字符
	标题有 80 个字符
试题数	试题数为 1
	试题数为 50
	试题数为 51
	试题数为 100
	试题数为 0
	试题数含非数字字符
标准答案记录	没有标准答案记录,有标题
	标准答案记录多于 1 个
	标准答案记录少于 1 个
学生人数	0 个学生
	1 个学生
	200 个学生
	201 个学生
学生答题	某学生只有 1 个回答记录,但有 2 个标准答案记录
	该学生是文件中的第 1 个学生
	该学生是文件中的最后 1 个学生(记录数出错的学生)
学生答题	某学生只有 2 个回答记录,但有 1 个标准答案记录
	该学生是文件中的第 1 个学生(记录数出错的学生)
	该学生是文件中的最后 1 个学生

续表

输 入 条 件	测 试 用 例
学生成绩	所有学生的成绩都相同 每个学生的成绩都不相同 部分学生的成绩相同 (检查是否能按成绩正确排名次) 有个学生 0 分 有个学生 100 分

输出条件及相应的测试用例如表 3-8 所示。

表 3-8　输出条件测试用例表

输 入 条 件	测 试 用 例
输出报告 a、b	有个学生的学号最小(检查按序号排列是否正确) 有个学生的学号最大(检查按序号排列是否正确) 适当的学生人数,使产生的报告刚好满 1 页(检查打印页数) 学生人数比刚才多出 1 人(检查打印换页)
输出报告 c	平均成绩 100 平均成绩 0 标准偏差为最大值(有一半得 0 分,其他 100 分) 标准偏差为 0(所有成绩相等)
输出报告 d	所有学生都答对了第 1 题 所有学生都答错了第 1 题 所有学生都答对了最后 1 题 所有学生都答错了最后 1 题 选择适当的试题数,使第 4 个报告刚好打满 1 页 试题数比刚才多 1,使报告打满 1 页后,刚好剩下 1 题未打

3.4　决 策 表 法

视频讲解

3.4.1　决策表法的概念

决策表(也称判定表)是软件工程实践中的重要工具,主要用在软件开发的详细设计阶段,能表示输入条件的组合以及与每一输入组合相对应的动作组合。

决策表是分析和表达多逻辑条件下执行不同操作的情况的工具。在所有的黑盒测试方法中,基于决策表的测试是最严格也最具有逻辑性的测试方法。在软件行业发展的初期,决策表就已被用作编写程序的辅助工具了。它可以把复杂的逻辑关系和多种条件组合的情况表达得既具体又明确,使其指导开发的程序能针对不同的逻辑条件组合值分别执行不同的操作。

决策表的优点在于能够将复杂的问题按照各种可能的情况全部列举出来,简明并避免遗漏,因此,利用决策表能够设计出完整的测试用例集合。

1. 决策表的组成

决策表的构造形式如图 3-2 所示,其通常由以下 5 部分组成。

条件桩:列出问题的所有条件。通常认为其列出的条件的

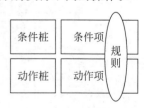

图 3-2　决策表构造形式

次序无关紧要。

动作桩：列出问题规定可能采取的操作。这些操作的排列顺序没有被约束。

条件项：列出针对它所列条件的取值,在所有可能情况下的真假值。一般来说,条件项的个数数量庞大,例如,问题有 5 个条件,每个条件有 2 个取值,条件项的个数就是 $2^5 = 32$ 个。

动作项：列出在条件项的各种取值情况下应该采取的动作,动作项的数目与条件项相等。

规则：任何一个条件组合的特定取值及其相应要执行的操作。在决策表中贯穿条件项和动作项的一列就是一条规则。显然,判定表中列出多少组条件取值,也就确定了其包含有多少条规则,也确定了条件项和动作项有多少列。

2. 决策表的构造

可以依据软件的规格说明,按照如下步骤建立决策表。

(1) 确定规则的个数。假如有 n 个条件,每个条件有两个取值(0,1),则有 2^n 种规则。

(2) 列出所有的条件桩和动作桩。

(3) 填入条件项。

(4) 填入动作项,制定初始决策表。

(5) 简化决策表,合并相似的规则或者相同的动作。

建立决策表后,可针对决策表中的每一列有效规则设计一个测试用例,用于对程序进行黑盒测试。

实际使用决策表时需要将相似的规则简化与合并。若表中有两条以上规则具有相同动作,且在条件项之间存在相似关系,就可以对其进行合并。如图 3-3 所示,条件项的前两个条件取值一致,只有第 3 个条件取值不同,这表明前两个条件分别取真值和假值时,无论第 3 个条件取何值都要执行一种操作,故这两条规则可以合并。合并后第 3 个条件项用符号"—"表示与取值无关,其通常被称为"无关条件"。与此类似,可进一步合并具有相同动作的规则。

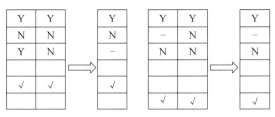

图 3-3　规则的合并

以支票的借记功能为例,输入是借记金额、账户类型和当前余额,输出是新的余额和操作代码。账户类型是邮政("p")类型或柜台("c")类型。操作代码是"D&L""D""S&L"或"L",分别对应"处理借记并发送信件""只处理借记""冻结账户和发送信件"和"只发送信件"。该功能的描述如下：如果账户中有足够的金额或者新的余额在授权透支的范围内,则处理借记。如果新的余额超过了授权透支的范围,则不处理借记,如果是一个邮政账户则进行冻结。邮政账户的所有交易都会发送信件,非邮政账户如果有足够的资金也会发送信件(即账户将不再是信贷)。

那么,从功能描述中可以得到的条件桩(C)一共有 3 个。C1：账户中有足够金额；C2：

新的透支余额在授权范围内；C3：账户是邮政类型。得到所有的动作桩（A）也是一共 3 个。A1：处理借记；A2：冻结账户；A3：发送信件。

据此建立决策表如表 3-9 所示。

表 3-9 支票借记功能的决策表

		判定规则							
		1	2	3	4	5	6	7	8
条件桩	C1：账户中有足够金额	F	F	F	F	T	T	T	T
	C2：新的透支余额在授权范围内	F	F	T	T	F	F	T	T
	C3：账户是邮政类型	F	T	F	T	F	T	F	T
动作桩	A1：处理借记	F	F	T	T	T	T	*	*
	A2：冻结账户	F	T	F	F	F	F	*	*
	A3：发送信件	T	T	T	T	F	T	*	*

在本决策表中，每一列是一个判定规则。实际操作中也可以把整个决策表转置过来，用行的形式来显示这些判定规则。

该表包含了两部分。在第一个部分中，每个判定规则对应多个条件。"T"表示对使用的判定规则来说条件必须是真的；"F"表示对使用的判定规则来说条件必须是假的。第二部分中，每个判定规则对应多个动作。"T"表示动作将被执行；"F"表示动作不会被执行；"*"表示该条件的组合是无效的，因此该判定规则没有对应的动作。如果两个或多个列都包含了一个不会影响结果的布尔条件，则可以对其进行合并。本例对应的决策表有 8 条判定规则，其中 6 条是有效的，因此可得到 6 个测试输入条件组合。

最后从决策表中一次选择一个或者多个有效的判定规则来导出测试用例，确保当前导出的这些规则未被已生成的测试用例覆盖，以确定测试判定规则的条件和动作的输入值，测试用例其他的输入变量取任意有效值，确定预期结果，重复上述步骤直到达到覆盖要求为止，然后汇集这些测试用例成为对应该项待测功能的一个测试集。

3.4.2 决策表法的测试用例

问题要求：对功率大于 50 马力的机器、维修记录不全或已运行 10 年以上的机器，应给予优先的维修处理。这里假定，"维修记录不全"和"优先维修处理"均已在别处有更严格的定义。请建立决策表。

解题步骤如下。

（1）确定规则的个数。

这里有 3 个条件，每个条件有两个取值，故应有 $2^3=8$ 种规则。

（2）列出所有的条件桩和动作桩，如表 3-10 所示。

表 3-10 条件桩和动作桩

条件桩	功率大于 50 马力吗？
	维修记录不全吗？
	运行超过 10 年吗？
动作桩	进行优先处理
	作其他处理

（3）填入条件项。

可从最后 1 行条件项开始逐行向上填满。如第三行是 YNYNYNYN，第二行是
YYNNYYNN。

（4）填入动作桩和动作项。

这样得到如表 3-11 所示的初始决策表。

表 3-11　初始决策表

条件桩和动作桩		判 定 规 则							
		1	2	3	4	5	6	7	8
条件桩	功率大于 50 马力吗？	Y	Y	Y	Y	N	N	N	N
	维修记录不全吗？	Y	Y	N	N	Y	Y	N	N
	运行超过 10 年吗？	Y	N	Y	N	Y	N	Y	N
动作桩	进行优先处理	√	√	√		√		√	
	作其他处理				√		√		√

（5）简化决策表。

根据合并相似规则，初始决策表中的部分规则可以进行合并。例如规则 1 和规则 2 可
以合并，规则 3、5、7 可以合并，规则 6、8 可以合并。合并后得到简化决策表，如表 3-12
所示。

表 3-12　简化决策表

条件桩和动作桩		判 定 规 则			
		1	2	3	4
条件桩	功率大于 50 马力吗？	Y	—	Y	N
	维修记录不全吗？	Y	—	N	—
	运行超过 10 年吗？	—	Y	N	N
动作桩	进行优先处理	√	√		
	作其他处理			√	√

3.4.3　决策表的适用范围

决策表能把复杂的问题按各种可能发生的情况一一列举出来，简明而易于理解，也可避
免遗漏。但决策表不能表达重复执行的动作，例如循环结构。

决策表测试法适用于具有以下特征的应用程序。

（1）规格说明本身即以决策表的形式给出，或很容易转换成决策表。

（2）条件的排列顺序不影响执行哪些操作。

（3）规则的排列顺序不影响执行哪些操作。

（4）当某一规则的条件已经满足，并确定要执行的操作后，不必检验别的规则。

（5）如果某一规则要执行多个操作，这些操作的执行顺序无关紧要。

（6）if-then-else 逻辑突出。

（7）输入变量之间存在逻辑关系。

（8）涉及输入变量子集的计算；输入与输出之间存在因果关系。

（9）适用于使用决策表设计测试用例的条件。

3.5 因 果 图 法

视频讲解

3.5.1 因果图法的概念

如果程序的输入条件之间相互存在联系,那么就会使情况变得复杂,因为要检查输入条件的组合情况并不是一件容易的事情,即使把所有输入条件划分为等价类,它们之间的组合情况也相当多,难以分析。因此,必须考虑采用因果图法,这种方法可以针对多种条件组合、产生多个动作的情况来设计测试用例。

因果图法是用逻辑式描述程序的输入条件(原因)和输出条件(结果),同时,用制约条件描述输入条件间的依赖关系的一种方法,其特征在于图式记述。因果图法是软件测试中一种重要的方法,它是由美国 IBM 公司的 EIemendorf 在吸收硬件测试中自动生成逻辑组合电路测试等技术的基础上于 1973 年提出的,作为功能测试常用方法之一,它将功能说明书转换为形式化表达。

因果图法基于这样一种思想:一些程序的功能可以用决策表的形式来表示,并根据输入条件的组合情况规定相应的操作。因此,可以考虑为决策表中每一列设计一个测试用例,以便测试程序在输入条件的某种组合下的输出十分正确。概括地说,因果图法就是从程序规格说明书的描述中找出因(输入条件)和果(输出结果或程序状态的变化)的关系,通过因果图转换为决策表,最后为决策表中的每一列设计一个测试用例。这种方法能够考虑到输入情况的各种组合以及各个输入情况之间的相互制约关系,适合检查程序输入条件的各种组合情况,通过映射同时发生相互影响的多个输入来确定判定条件。

3.5.2 因果图的画法

因果图法是一种黑盒测试方法,它能够帮助人们按照一定的步骤高效地选择测试用例,同时还能指出需求规格说明书中存在的不完整性和二义性。

1. 输入条件与输出结果之间的因果关系

如图 3-4 描述了输入条件与输出结果间的关系,即"因果关系"。这种关系共有 4 种:恒等、非、或、与。

恒等:若原因出现,则结果出现;若原因不出现,则结果也不出现。例如,若 a=1,b=1;若 a=0,则 b=0。

非:若原因出现,则结果不出现;若原因不出现,则结果出现。例如,若 a=1,则 b=0;若 a=0,则 b=1。

或:若几个原因中有一个出现,则结果出现;若几个原因都不出现,则结果不出现。例如,若 a=1 或 b=1 或 c=1,则 d=1;若 a=b=c=0,则 d=0。

与:若几个原因都出现,结果才出现;若其中有一个原因不出现,则结果不出现。例如,若 a=b=c=1,则 d=1;若 a=0 或 b=0 或 c=0,则 d=0。

2. 输入或输出的约束关系

如图 3-5 所示,输入状态之间还可能存在某些依赖关系,或输出结果之间相互制约,这被称为约束。其所描述的这种制约关系一般可被分为 5 类:互斥、包含、唯一、要求和屏蔽。

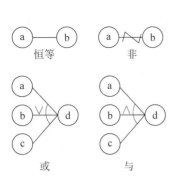

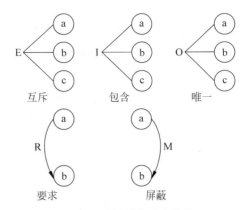

图 3-4 因果图逻辑符号 图 3-5 因果图的约束符号

其中,输入条件的约束有以下 4 类。

互斥(E):表示 a、b、c 这 3 个原因不会同时成立,最多有一个可能成立。

包含(I):表示 a、b、c 这 3 个原因中至少有一个必须成立。

唯一(O):表示 a、b、c 中必须有一个成立,且仅有一个成立。

要求(R):表示当 a 出现时,b 必须也出现。例如,若 a=1,则 b 必须为 1。

而其中的输出条件约束类型只有 1 种,即屏蔽(M):若 a=1,则 b 必须为 0;而当 a=0 时,b 的值不定。

3. 因果图法设计测试用例的步骤

(1) 分析在程序规格说明的描述中哪些是原因,哪些是结果,并给每个原因和结果赋予一个标识符。原因常常是输入条件或是输入条件的等价类,而结果则是输出条件。

(2) 分析在程序规格说明的描述中语义的内容,并将其表示成连接各个原因与各个结果的"因果图"。

(3) 标明约束条件。由于语法或环境的限制,有些原因和结果的组合情况是不可能出现的。为表明这些特定的情况,可在因果图上使用若干个标准的符号标明约束或限制条件。

(4) 把因果图转换成决策表。

(5) 把决策表中每一列拿出来作为依据,设计测试用例。

因果图生成的测试用例(局部,组合关系下的)包括了所有输入数据的取 True 与取 False 的情况,其构成的测试用例数目达到最少,且测试用例数目随输入数据数目的增加而增加。在较为复杂的问题中,这个方法常常十分有效,它能有力地帮助测试者确定测试用例。当然,如果开发项目在设计阶段就采用了决策表,那么也就不必再画因果图了,此时可以直接利用决策表设计测试用例。

3.5.3 因果图法的测试用例

图 3-6 所示的是交通一卡通自动充值模拟系统,其需求描述如下。

(1) 系统只接收 50 元或 100 元纸币,一次充值只能使用一张纸币,一次充值金额只能为 50 元或 100 元。

(2) 若输入 50 元纸币,并选择充值 50 元,完成充值后退卡,提示充值成功。

(3) 若输入 50 元纸币,并选择充值 100 元,提示输入金额不足,并退回 50 元。

(4) 若输入 100 元纸币,并选择充值 50 元,完成充值后退卡,提示充值成功,找零 50 元。

(5) 若输入 100 元纸币,并选择充值 100 元,完成充值后退卡,提示充值成功。

(6) 若输入纸币在规定时间内不选择充值按钮,退回输入的纸币,并提示错误。

(7) 若选择充值按钮后不输入纸币,提示错误。

图 3-6 交通一卡通自动充值模拟系统

下面给出交通一卡通自动充值系统的测试用例设计过程。

1) 条件之间的制约及组合关系

根据上述描述,输入条件(原因)如下。

(1) 投币 50 元(1)。

(2) 投币 100 元(2)。

(3) 选择充值 50 元(3)。

(4) 选择充值 100 元(4)。

输出(结果)如下。

(1) 完成充值、退卡(a)。

(2) 提示充值成功(b)。

(3) 找零(c)。

(4) 提示错误(d)。

2) 明确所有条件之间的制约关系及组合关系

条件之间的制约关系及组合关系如图 3-7 所示。

3) 画出因果图

为了描述得更清楚,这里将每种情况单独画一个因果图说明。

(1) 条件 1 和条件 3 可以组合,输出 a 和 b 的组合,也就是投币 50 元,充值 50 元,会输出完成充值、退卡,提示充值成功的结果。其因果图如图 3-8 所示。

(2) 条件 1 和条件 4 可以组合,输出 c 和 d 的组合,也就是投币 50 元,充值 100 元,会输出找零、提示错误的结果。其因果关系如图 3-9 所示。

(3) 条件 2 和条件 3 可以组合,输出 a、b、c 的组合,也就是投币 100 元,充值 50 元,会输出找零、完成充值、提示充值成功的结果。其因果图如图 3-10 所示。

(4) 条件 2 和条件 4 可以组合,输出 a 和 b 的组合,也就是投币 100 元,充值 100 元,会输出完成充值、退卡,提示充值成功的结果。其因果图如图 3-11 所示。

(5) 条件 1、2、3、4 均可以单独出现,其因果图如图 3-12 所示。

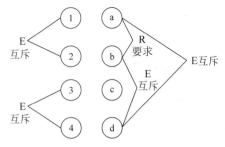

图 3-7　条件之间的约束关系

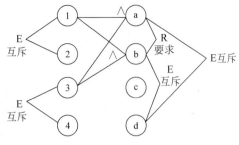

图 3-8　条件 1 和条件 3 的组合

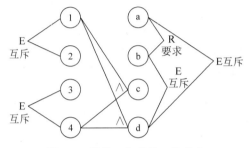

图 3-9　条件 1 和条件 4 的组合

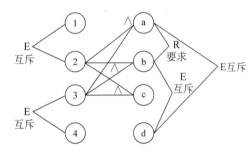

图 3-10　条件 2 和条件 3 的组合

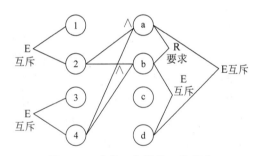

图 3-11　条件 2 和条件 4 的组合

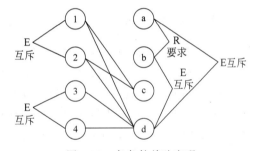

图 3-12　各条件单独出现

4）根据因果图写出决策表

根据上面的因果图，写出对应的决策表，如表 3-13 所示。

表 3-13　决策表

		判 定 规 则							
		1	2	3	4	5	6	7	8
条件桩	1. 投币 50 元	1	1			1			
	2. 投币 100 元			1	1		1		
	3.选择充值 50 元	1		1				1	
	4.选择充值 100 元		1		1				1
动作桩	a. 完成充值、退卡	1		1	1				
	b. 提示充值成功	1		1	1				
	c. 找零		1	1		1	1		
	d.错误提示		1			1	1	1	1

5) 根据决策表写出测试用例

根据上面的决策表,写出对应的测试用例,如表 3-14 所示。

表 3-14　交通一卡通自动充值模拟系统测试用例

编　号	用　例　说　明	预　期　结　果
1	投币 50 元 选择充值 50 元	正确充值 50 元,提示充值成功后退卡
2	投币 50 元 选择充值 100 元	系统提示错误并退回 50 元
3	投币 100 元 选择充值 50 元	正确充值 50 元,提示充值成功后退卡,并找回 50 元
4	投币 100 元 选择充值 100 元	正确充值 100 元,提示充值成功后退卡
5	投币 50 元	系统提示错误并退回 50 元
6	投币 100 元	系统提示错误并退回 100 元
7	选择充值 50 元	系统提示错误
8	选择充值 100 元	系统提示错误

视频讲解

3.6　其他黑盒测试方法

3.6.1　正交试验法

正交试验设计起源于科学试验,它应用依据 Galois 理论导出的正交表,从大量试验条件中挑选出适量的、有代表性的条件来合理地安排试验。运用这种方法安排的试验具有"均匀分散、整齐可比"的特点。其均匀分散性使试验点均衡地分布在试验范围内,让每个试验点有充分的代表性;而其整齐可比性则使试验结果在分析应用上十分方便,可以用于估计各因素对指标的影响,找出影响事物变化的主要因素。实践证明,正交试验设计是一种解决多因素试验问题卓有成效的方法。

利用因果图来设计测试用例时,有时很难从软件需求规格说明中得到作为输入条件的原因与输出结果之间的因果关系。这类因果关系往往非常庞大,于是便导致利用因果图而得到的测试用例数目多得惊人,给软件测试带来沉重的负担。为了有效地、合理地减少测试的工时与费用,可利用正交试验法进行测试用例的设计。

1. 正交试验方法

正交试验法就是使用已经造好了的表格——正交表来安排试验并进行数据分析的一种方法。它简单易行并且能使计算表格化,应用性较好。下边通过一个例子来说明正交试验法。

为提高某化工产品的转化率,选择三个有关因素进行条件试验,即反应温度(A),反应时间(B),用碱量(C),并确定了它们的试验范围如下。

A:80~90℃;

B:90~150min;

C:5%~7%。

试验目的是搞清楚因子 A、B、C 对转化率有什么影响,哪些是主要的,哪些是次要的,从而确定最佳生产条件,即温度、时间及用碱量各为多少才能使转化率最高。这里,对因子 A、

B 和 C,在试验范围内都选三个水平,分别如下。

A:A1=80℃,A2=85℃,A3=90℃。

B:B1=90min,B2=120min,B3=150min。

C:C1=5%,C2=6%,C3=7%。

当然,在正交试验设计中,因子可以是定量的,也可以是定性的。而定量因子各水平间的距离可以相等,也可以不相等。这个三因子各三个水平的条件试验,通常有两种试验方法。

(1) 取三因子所有水平之间的组合,即 A1B1C1,A1B1C2,A1B2C1,…,A3B3C3,共有 $3^3=27$ 次试验。用图 3-13 表示立方体的 27 个节点可以清晰地展示这种关系。这种试验法叫作全面试验法。

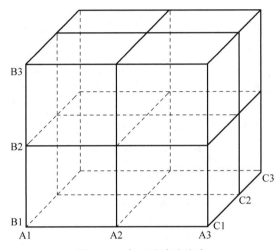

图 3-13 全面试验法取点

全面试验对各因子与指标间的关系剖析得比较清楚,但其所需试验次数太多。特别是当因子数目多,每个因子的水平数目也很多时,试验量会非常大。如选 6 个因子,每个因子取 5 个水平时,如做全面试验,则需 $5^6=15625$ 次试验,这实际上是不可能实现的。但如果应用将要介绍的正交试验法,则只做 25 次试验就行了,而且从某种意义上讲,这 25 次试验能够代表 15625 次试验。

(2) 简单对比法,即变化一个因素而固定其他因素,如首先固定 B、C 于 B1、C1,使 A 变化如下所示。

(3) 如得出结果 A3 最好,则固定 A 于 A3,C 还是 C1,使 B 变化如下所示。

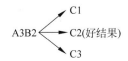

(4) 得出结果以 B2 为最好,则固定 B 于 B2,A 于 A3,使 C 变化如下所示。

$$A3B2 \left\{\begin{array}{l} \nearrow \text{C1} \\ \rightarrow \text{C2(好结果)} \\ \searrow \text{C3} \end{array}\right.$$

试验结果以 C2 为最好。于是可以认为最好的工艺条件是 A3B2C2。

这种方法也有一定的效果,但缺点很多。首先这种方法的选点代表性很差,如按上述方法进行试验,试验点完全分布在一个角上,而在一个很大的范围内没有选点,因此这种试验方法并不全面,所选的工艺条件 A3B2C2 不一定是 27 个组合中最好的。其次,用这种方法比较条件好坏时,是把单个的试验数据拿来进行数值上的简单比较,而试验数据中必然包含着误差成分,所以单个数据的简单比较不能剔除误差,这就必然造成结论的不稳定。

简单对比法的最大优点就是试验次数少,例如,6 因子 5 水平试验,在不重复时,只用 $5+(6-1)\times(5-1)=5+5\times4=25$ 次试验就可以了。

考虑兼顾这两种试验方法的优点,可以从全面试验的点中选择具有典型性、代表性的点,使试验点在试验范围内分布得很均匀,能反映全面情况。但同时人们又希望试验点尽量少,为此还要具体考虑一些问题。如上例,对应于 A 有 A1、A2、A3 这 3 个平面,对应于 B、C 也各有 3 个平面,共 9 个平面。则这 9 个平面上的试验点都应当一样多,即对每个因子的每个水平都要同等看待。具体来说,每个平面上都有 3 行、3 列,要求在每行、每列上的点一样多。这样,做出如图 3-14 所示的设计,试验点用 ⊙ 表示。从图中可看出,在 9 个平面中每个平面上都恰好选出 3 个点,而每个平面的每行每列都有 1 个点,而且只有 1 个点,总共 9 个点。这样的试验方案,试验点的分布得很均匀,试验次数也不多。

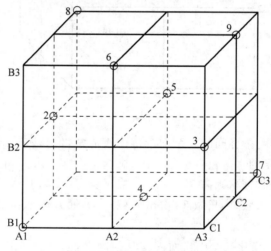

图 3-14 正交试验设计案例

当因子数和水平数都不太大时,尚可通过做图的办法来选择分布很均匀的试验点。但是因子数和水平数多了,做图的方法就不行了。试验工作者在长期的工作中总结出一套办法,创造出所谓的正交表。按照正交表来安排试验,既能使试验点分布得很均匀,又能减少试验次数,而且计算分析简单,能够清晰地阐明试验条件与指标之间的关系。用正交表来安排试验及分析试验结果,这种方法叫正交试验法。

一般用 L 代表正交表,常用的有 $L_8(2^7)$、$L_9(3^4)$、$L_{16}(4^5)$、$L_8(4\times2^4)$ 等。此符号各数字的意义如下。

例如:$L_8(2^7)$,其中,7 为此表列的数目(最多可安排的因子数);2 为因子的水平数;8 为此表行的数目(试验次数)。

又例如:$L_{18}(2\times3^7)$,有 7 列是 3 水平的,有 1 列是 2 水平的,$L_{18}(2\times3^7)$ 的数字告诉我们,用它来安排试验,做 18 个试验最多可以考察 1 个 2 水平因子和 7 个 3 水平因子。

在行数为 mn 型的正交表中(m,n 是正整数),试验次数(行数)=(每列水平数-1)+1,如 $L_8(2^7)$,$8=7\times(2-1)+1$,利用上述关系式可以从所要考察的因子水平数来决定最低的试验次数,进而选择合适的正交表。例如要考察 5 个 3 水平因子及一个 2 水平因子,则起码的试验次数为 $5\times(3-1)+1\times(2-1)+1=12$(次),这就是说,要在行数不小于 12,既有 2 水平列又有 3 水平列的正交表中选择,故 $L_{18}(2\times3^7)$ 较为适合。正交表具有两条性质:每一列中各数字出现的次数都一样多;任何两列所构成的各有序数对出现的次数都一样多。

例如,在 $L_9(3^4)$ 中(如表 3-15 所示),各列中的 1、2、3 都各自出现 3 次;任何两列,例如第 3、4 列,所构成的有序数对从上向下共有 9 种,既没有重复也没有遗漏。其他任何两列所构成的有序数对也是这 9 种各出现一次,这便反映了试验点分布的均匀性。

表 3-15　$L_9(3^4)$ 正交表

行　　号	列号			
	1	2	3	4
	行号			
1	1	1	1	1
2	1	2	2	2
3	1	3	3	3
4	2	1	2	3
5	2	2	3	1
6	2	3	1	2
7	3	1	3	2
8	3	2	1	3
9	3	3	2	1

试验方案应该如何设计呢?安排试验时,只要把所考察的每一个因子任意地对应于正交表的一列(一个因子对应一列,不能让两个因子对应同一列),然后把每列的数字"翻译"成对应因子的水平。这样,每一行的各水平组合就构成了一个试验条件(不考虑没安排因子的列)。对于上例,因子 A、B、C 都是 3 水平的,试验次数要不少于 $3\times(3-1)+1=7$(次),可考虑选用 $L_9(3^4)$ 正交表。因子 A、B、C 可任意地对应于 $L_9(3^4)$ 正交表的某三列,例如 A、B、C 分别放在 1、2、3 列,然后试验按行进行,顺序不限,每一行中各因素的水平组合就是每一次的试验条件,从上到下就是这个正交试验的方案,如表 3-16 所示。这个试验方案的几何解释正好是正交试验设计图例。

表 3-16　试验方案

行号	列号				试验号	水平组合	试验条件		
	A	B	C				温度(℃)	时间(min)	加碱量(%)
	1	2	3	4					
1	1	1	1	1	1	A1B1C1	80	90	5
2	1	2	2	2	2	A1B2C2	80	120	6
3	1	3	3	3	3	A1B3C3	80	150	7
4	2	1	2	3	4	A2B1C2	85	90	6
5	2	2	3	1	5	A2B2C3	85	120	7
6	2	3	1	2	6	A2B3C1	85	150	5
7	3	1	3	2	7	A3B1C3	90	90	7
8	3	2	1	3	8	A3B2C1	90	120	5
9	3	3	2	1	9	A3B3C2	90	150	6

3个3水平的因子做全面试验需要 $3^3=27$ 次试验,现用 $L_9(3^4)$ 正交表来设计试验方案只要做 9 次,工作量减少了 2/3,而在一定意义上却能代表 27 次试验。

2. 正交试验测试用例设计步骤

(1) 提取功能说明,构造因子—状态表。

把影响实验指标的条件称为因子,而影响实验因子的条件叫作因子的状态。利用正交试验设计方法来设计测试用例时,首先要根据被测试软件的规格说明书找出影响其功能实现的操作对象和外部因素,把它们当作因子,而把各个因子的取值当作状态。然后,对软件需求规格说明中的功能要求进行划分,把整体的、概要性的功能要求层层分解与展开,分解成具体的、有相对独立性的基本功能要求,这样就可以把被测试软件中所有的因子都确定下来,并为确定因子的权值提供参考的依据。确定因子与状态是设计测试用例的关键。因此,要求尽可能全面地、正确地确定取值,以确保测试用例的设计做到完整与有效。

(2) 加权筛选,生成因素分析表。

对因子与状态的选择可按其重要程度分别加权。可根据各个因子及状态作用的大小、出现频率的大小以及测试的需要,确定权值的大小。

(3) 利用正交表构造测试数据集。

正交表的推导依据 Galois 理论。

利用正交试验法设计测试用例,与使用等价类划分、边界值分析、因果图等方法相比有以下优点:节省测试工作工时;可控制生成的测试用例的数量;测试用例具有一定的覆盖率。

正交试验法在软件测试中是一种有效的方法,例如在平台参数配置方面,要选择最好的组合方式,每个参数可能就是一个因子,参数的不同取值就是水平,这样就可以采用正交试验法设计出最少的测试组合,达到有效的测试目的。

3.6.2 场景法

现在的软件几乎都是用事件触发来控制流程的,事件触发时的情景便形成了场景,而同一事件不同的触发顺序和处理结果就形成了事件流。这种在软件设计领域的思想也可被引入到软件测试中,可以比较生动地描绘出事件触发时的情景,有利于测试设计者设计测试用例,同时也使测试用例更容易被理解和执行。

场景测试使用软件与用户或其他系统之间的交互序列模型来测试软件的使用流程。测试条件是在测试中覆盖基本场景和可选场景(即用户和系统交互的事件流用序列组成一个场景)。

提出这种测试思想的是 Rational 公司,并在 RUP2000 中文版中有详尽的解释和应用。

1. 基本流和备选流

用例场景用来描述流经用例的路径,其将从用例开始到结束遍历这条路径上所有基本流和备选流,如图 3-15 所示。

基本流:采用黑直线表示,是经过用例的最简单路径,表示无任何差错,程序从开始执行到结束。

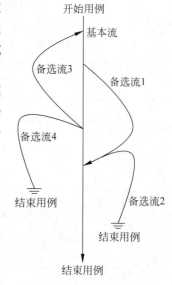

图 3-15 基本流和备选流

备选流：采用不同颜色表示，一个备选流可以从基本流开始，在某个特定条件下执行，然后重新加入到基本流中，也可以起源于另一个备选流，或结束用例，不再加入到基本流中。

按照图 3-15 中所示的每个经过用例的路径，可以确定以下不同的用例场景。

场景 1：基本流。

场景 2：基本流、备选流 1。

场景 3：基本流、备选流 1、备选流 2。

场景 4：基本流、备选流 3。

场景 5：基本流、备选流 3、备选流 1。

场景 6：基本流、备选流 3、备选流 1、备选流 2。

场景 7：基本流、备选流 4。

场景 8：基本流、备选流 3、备选流 4。

注：为方便起见，场景 5、6 和 8 只考虑了备选流 3 循环执行一次的情况。

需要说明的是，为了能清晰地说明场景，此处所举的例子都非常简单，在实际应用中，测试用例很少能如此简单。

2. 应用场景法进行测试的步骤

（1）根据规格说明，描述出程序的基本流和各个备选流。

（2）根据基本流和各个备选流生成不同的场景。

（3）对每一个场景生成相应的测试用例。

（4）对生成的所有测试用例进行复审，去掉多余的测试用例，对每一个测试用例确定测试数据。

3. 场景法测试案例

下面将以经典的 ATM 为例，介绍使用场景法来设计测试用例的过程。ATM 的取款流程场景分析如图 3-16 所示，其中灰色框构成的流程为基本流。

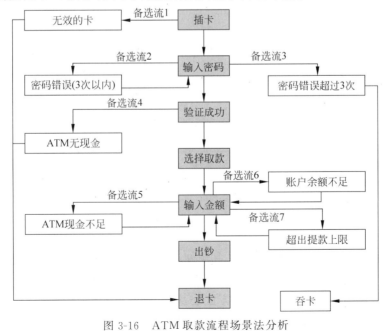

图 3-16　ATM 取款流程场景法分析

根据图中分析,得到该程序用例场景如表 3-17 所示。

表 3-17　用例场景

场　景	描　述	路　径	
场景 1	成功提款	基本流	
场景 2	无效卡	基本流	备选流 1
场景 3	密码错误 3 次以内	基本流	备选流 2
场景 4	密码错误超过 3 次	基本流	备选流 3
场景 5	ATM 无现金	基本流	备选流 4
场景 6	ATM 现金不足	基本流	备选流 5
场景 7	账户余额不足	基本流	备选流 6
场景 8	超出提款上限	基本流	备选流 7

接下来设计测试用例,并将其覆盖每个用例场景,如表 3-18 所示。

表 3-18　场景法测试案例

用例号	场景	账　号	密码	操　作	预期结果
1	场景 1	621226×××××××××3481	123456	插卡,取 500 元	成功取款 500 元
2	场景 2	—	—	插入一张无效卡	系统退卡,显示该卡无效
3	场景 3	621226×××××××××3481	111111	插卡,输入密码	系统提示密码错误,请求重新输入
4	场景 4	621226×××××××××3481	111111	插卡,输入密码超过 3 次	系统提示密码输入错误超过 3 次,卡被吞掉
5	场景 5	621226×××××××××3481	123456	插卡,选择取款	系统提示 ATM 无现金,退卡
6	场景 6	621226×××××××××3481	123456	插卡,取款 2000 元	系统提示现金不足,返回输入金额界面
7	场景 7	621226×××××××××3481	123456	插卡,取款 3000 元	系统提示账户余额不足,返回输入金额界面
8	场景 8	621226×××××××××3481	123456	插卡,取款 3500 元	系统提示超出取款上限(3000 元),返回输入金额界面

3.6.3　错误猜测法

1. 基本概念

错误猜测法又被称为错误推测法,是基于测试人员对以往项目测试中曾经发现的缺陷、故障或失效数据,在对软件错误原因进行的分析基础上设计测试用例,用于预测错误、缺陷和失效发生的技术。错误推测的结构化方法是基于测试人员丰富的经验,对软件错误的产生原因进行分析,构建缺陷或故障列表,并尝试设计产生缺陷或故障的测试用例的方法。错误推测法能否成功主要取决于测试人员的技能。使用错误推测法与其他测试技术相结合,可以使测试人员更好地了解系统功能及其工作方式。根据对系统的理解,经验丰富的测试人员可以通过假设和推测找到系统无法正常运行的原因,发现更多的缺陷,有效地提高软件测试的效率。

2. 软件错误类型

软件错误是指软件的期望运行结果与实际运行结果之间存在差异的问题。错误推测法是测试人员在拥有丰富经验和知识,在对软件错误原因分析的基础上,预判错误和缺陷的技术。软件的错误分类在错误推测法的使用中尤为重要,其可以帮助测试人员根据软件错误的分类提前列出可能出现的缺陷,构建相关测试用例。

软件错误可分为以下类型。

1) 软件需求错误

软件需求错误包括但不限于:

(1) 软件需求不合理。

(2) 软件需求不全面、不明确。

(3) 需求中包含逻辑错误。

(4) 需求分析的文档有误。

2) 功能和性能错误

功能和性能错误包括但不限于:

(1) 需求规格说明中规定的功能实现不正确、存在未实现或冗余的情况。

(2) 性能未满足规定的要求。

(3) 为用户提供的信息不准确。

(4) 异常情况处理有误。

3) 软件结构错误

软件结构错误包括但不限于:

(1) 程序控制流或控制顺序有误。

(2) 处理过程有误。

4) 数据错误

数据错误包括但不限于:

(1) 数据定义或数据结构有误。

(2) 数据存取或数据操作有误。

5) 软件实现和编码错误

软件实现和编码错误包括但不限于:

(1) 编码错误或按键错误。

(2) 违反编码要求和标准,例如语法错误、数据名错误、程序逻辑有误等。

6) 软件集成错误

软件集成错误包括但不限于:

(1) 软件的内部接口或外部接口有误。

(2) 软件各相关部分在时间配合、数据吞吐量等方面不协调。

对于上述软件错误来说,软件结构错误、数据错误与功能和性能错误出现的频次较高也最为普遍,所以更需要测试者给予充分的重视。

3. 估算错误数量的方法

为了保证错误推测法的有效实施,可以预先对错误数量进行估算。测试人员通过解软件中可能存在的错误数量,能够运用错误推测法有效地推测程序中所有可能存在的各种错误。以下介绍可以估算程序中可能存在错误数量的两个方法。

1) Seeding 模型估算法

1972 年 H. D. Mills 在估算软件的工作中引入了 Seeding 模型,用来预测及计算程序中可能存在的错误数量。Seeding 模型的工作原理为,在开始排错工作前,排错人员并不知道软件中的错误总数,此时可将软件中含有的未知错误数据记为 N,在此基础上,人为向程序中添加 N_t 个错误。经过 t 个月的排错工作以后,检查排错的清单,将排错类型分为两类,一类为程序中原有的错误,数量记为 n,另一类则是由排错人员人工插入的错误,数量记为 n_t。则预估该软件中错误总数 N 的方法为:

$$N = \frac{n}{n_t}N_t$$

从理论上来说,此方法可以直观地帮助排错人员估计程序中的错误数量,但在实际应用中,由于排错人员无法确定程序中出现错误的数量和内容,可能会导致新添加的错误与原有错误重复,所以其结果不一定准确。因此,此方法的效果并不理想。

Hyman 在 Mills 提出的 Seeding 模型基础上进行了改进,其成果被软件行业广泛应用。Hyman 估算方法为设置 A、B 两组测试人员相互独立地对某个软件进行测试,记 A 组人员和 B 组人员测得的错误数分别为 i 和 j 个,两组测试人员共同测试出的错误数为 k,软件错误数的估算值 $\hat{N}$ 与这三个量的关系如下:

$$\hat{N} = \frac{i * j}{k}$$

通过理论推导证明了 Hyman 估算方法的可靠性。

2) Shooman 模型估算法

Shooman 模型是一种通过估算错误产生的频度来保证软件可靠性的方法。估算错误产生的频度主要体现为估算平均失效等待时间 MTTF。因此,Shooman 模型估算 MTTF 的公式为:

$$\mathrm{MTTF} = \frac{I_T}{K(E_T - E_c(t))}$$

其中,K 为经验常数;E_T 是测试之前程序中的原有故障总数;I_T 是程序长度(机器指令条数或简单汇编语句条数);t 是测试(包括排错)的时间;$E_c(t)$ 是在 $0 \sim t$ 期间内检出并排除的故障总数。此公式中的 K 及 E_T 可通过两次以上不同的互相独立功能测试的结果进一步估算得到。在实际应用中,此方法估算 E_T 值和 K 的值较为困难,由此可能会导致实验数据存在误差。

Shooman 模型主要应用于软件的开发阶段,而 Seeding 模型主要应用于软件的测试阶段,通过对错误数量的估算能够有效地提升软件可靠性。

3.7　黑盒测试方法的选择

测试用例的设计方法不是单独存在的,具体到每个测试项目里都会用到多种方法,每种类型的软件、每种测试用例设计的方法都有各自的特点,针对不同软件利用这些黑盒方法非常重要。在实际测试中,往往是综合使用各种方法才能有效地提高测试效率和测试覆盖度,这就需要认真掌握这些方法的原理,积累更多的测试经验,以有效地提高测试水平。

以下是各种测试方法选择的综合策略,可供读者在实际应用过程中参考。

（1）首先进行等价类划分,包括输入条件和输出条件的等价类划分,将无限测试变成有限测试,这是减少工作量和提高测试效率最有效的方法。

（2）在任何情况下都必须使用边界值分析方法。经验表明,用这种方法设计出的测试用例发现程序错误的能力最强。

（3）可以用错误推测法追加一些测试用例,这需要依靠测试工程师的智慧和经验。

（4）对照程序逻辑,检查已设计出的测试用例的逻辑覆盖程度。如果没有达到要求的覆盖标准,则应当再补充足够的测试用例。

（5）如果程序的功能说明中含有输入条件的组合情况,则一开始就可选用因果图法和决策表驱动法。

（6）对参数配置类的软件,要用正交试验法选择较少的组合方式达到最佳效果。

（7）对业务流清晰的系统,可以利用场景法贯穿整个测试案例过程,在案例中综合使用各种测试方法。

3.8　本章小结

黑盒测试又被称为功能测试,它主要关注被测软件功能的实现,而不是其内部逻辑。在黑盒测试中,被测对象的内部结构、运作情况对测试人员而言是不可见的,测试人员把被测软件系统看成一个黑盒子,并不关心盒子的内部结构和内部特性,而只关注输入数据和输出结果,以此检查软件产品是否符合它的功能说明。

本章重点介绍了几种常用的黑盒测试方法,并给出了相应的案例说明。

（1）等价类划分法。等价类划分法把程序的输入域划分为若干部分,然后从每个部分中选取少数具有代表性的数据作为测试用例,每一类代表性数据在测试中的作用等价于这一类中的其他值。

（2）边界值分析法。边界值分析法是一种补充等价类划分法的黑盒测试方法,它不是选择等价类中的任意元素,而是选择等价类边界值来编写测试用例。

（3）因果图法。因果图法是一种黑盒测试方法,它从自然语言书写的程序规格说明书中寻找因果关系,即寻找输入条件与输出和程序状态的改变,通过因果图产生决策表。

（4）决策表法。决策表是分析和表达多逻辑条件下执行不同操作情况的工具,其可以把复杂的逻辑关系和多种条件组合的情况表达得比较明确。

（5）其他黑盒测试方法,如正交实验法、场景法和错误猜测法等。

不同的黑盒测试方法有不同的应用场合,需要根据实际项目进行选择。

3.9 习　　题

1. 以下叙述中,不正确的是(　　　)。

   A. 黑盒测试可以检测软件行为、性能等特性是否满足要求

   B. 黑盒测试可以检测软件是否有人机交互上的错误

   C. 黑盒测试依赖于软件内部的具体实现,如果实现发生了变化,则需要重新设计用例

   D. 黑盒测试用例设计可以和软件实现同步进行

2. 黑盒测试不能发现(　　　)。

   A. 功能错误或者遗漏　　　　　　　　B. 输入输出错误

   C. 执行不到的代码　　　　　　　　　D. 初始化和终止错误

3. 以下关于黑盒测试方法选择策略的叙述中,不正确的是(　　　)。

   A. 首先进行等价类划分,因为这是提高测试效率最有效的方法

   B. 任何情况下都必须使用边界值分析,因为这种方法发现错误能力最强

   C. 如果程序功能说明含有输入条件组合,则一开始就需要错误推测法

   D. 如果没有达到要求的覆盖准则,则应该补充一些测试用例

4. 以下关于等价类划分法的叙述中,不正确的是(　　　)。

   A. 如果规定输入值 a 的范围为 1~99,那么可得到两个等价类,即有效等价类 $\{a \mid 1 \leqslant a \leqslant 99\}$,无效等价类 $\{a \mid a < 1$ 或者 $a > 99\}$

   B. 如果规定输入值 s 的第一个字符必须为数字,那么可得到两个等价类,即有效等价类 $\{s \mid s$ 的第一个字符是数字$\}$,无效等价类 $\{s \mid s$ 的第一个字符不是数字$\}$

   C. 如果规定输入值 x 取值为 1,2,3 三个数之一,那么可得到 4 个等价类,有效等价类 $\{x \mid x=1\}$,$\{x \mid x=2\}$,$\{x \mid x=3\}$,无效等价类 $\{x \mid x \neq 1,2,3\}$

   D. 如果规定输入值 i 为奇数,那么可得到两个等价类,即有效等价类 $\{i \mid i$ 是奇数$\}$,无效等价类 $\{i \mid i$ 不是奇数$\}$

5. 以下关于等价类划分法的叙述中,不正确的是(　　　)。

   A. 如果规定输入值 string1 必须以 '\0' 结束,那么可得到两个等价类,即有效等价类 $\{string1 \mid string1$ 以 '\0' 结束$\}$,无效等价类 $\{string1 \mid string1$ 不以 '\0' 结束$\}$

   B. 如果规定输入值 int1 取值为 1、−1 两个数之一,那么可得到 3 个等价类,即有效等价类 $\{int1 \mid int1=1\}$、$\{int1 \mid int1=-1\}$,无效等价类 $\{int1 \mid int1 \neq 1$ 并且 $int1 \neq -1\}$

   C. 如果规定输入值 int2 的取值范围为 −10~9,那么可得到两个等价类,即有效等价类 $\{int2 \mid -10 \leqslant -int2 \leqslant 9\}$,无效等价类 $\{int2 \mid int2$ 小于 −10 或者 $int2$ 大于 9$\}$

   D. 如果规定输入值 int3 为质数,那么可得到两个等价类,即有效等价类 $\{int3 \mid int3$ 是质数$\}$,无效等价类 $\{int3 \mid int3$ 不是质数$\}$

6. 以下关于边界值测试法的叙述中,不正确的是(　　　)。

   A. 边界值分析法不仅重视输入域边界,也必须考虑输出域边界

   B. 边界值分析法是对等价类划分方法的补充

   C. 发生在输入输出边界上的错误比发生在输入输出范围内部的错误要少

   D. 测试数据应尽可能选取边界上的值,而不是等价类中的典型值或任意值

7. 假设需要计算员工的奖金。它不能是负数,但计算结果可以为零。奖金基于工作年限进行计算。分类情况有：小于或等于 2 年,超过 2 年但不到 5 年,超过 5 年,但不到 10 年,10 年或更长。为计算奖金而覆盖所有有效等价类所需的最小测试用例数是( )。

    A. 3   B. 5   C. 2   D. 4

8. 健身应用程序测量每天的步数,并提供反馈以激励用户坚持健身。

不同的步数反馈如下。

最多 1000：沙发土豆。

1000 以上,最多 2000：懒汉。

2000 以上,最多 4000：坚持。

4000 以上,最多 6000：不错。

6000 以上：太棒了。

以下测试输入将获得最高的等价类划分覆盖率的是( )。

    A. 0,1000,2000,3000,4000   B. 1000,2001,4000,4001,6000

    C. 123,2345,3456,4567,5678   D. 666,999,2222,5555,6666

9. 植物的每日光照记录仪根据植物暴露在阳光下的时长(低于 3 小时、3 小时到 6 小时或高于 6 小时)以及平均日照强度(极低、低、中、高)的组合生成日照评分。

根据下面的测试用例：

	时 长	强 度	分 数
T1	1.5	极低	10
T2	7.0	中	60
T3	0.5	极低	10

为确保覆盖所有有效输入的等价类划分,至少需要增加测试用例( )。

    A. 1   B. 2   C. 3   D. 4

10. 视频应用具有以下需求,该应用允许播放以下显示分辨率的视频：

① 640×480；   ② 1280×720；   ③ 1600×1200；   ④ 1920×1080。

以下哪个测试用例表是应用等价类测试技术来测试此需求的结果( )。

    A. 验证应用是否可以在分辨率 1920×1080(1 个测试)的显示器上播放视频

    B. 验证应用是否可以在分辨率 640×480 和 1920×1080(2 个测试)的显示器上播放视频

    C. 验证应用是否可以在需求中的每个显示分辨率上播放视频(4 个测试)

    D. 验证应用是否可以在需求中的任一分辨率上播放视频(1 个测试)

11. 智能家庭应用软件可以测量上一周的平均温度,并根据这个温度向住户反馈环境的舒适性。

不同平均温度范围(最接近的 0℃)下住户提供的反馈如下。

最高 10℃：冰凉。

11℃～15℃：冷。

16℃～19℃：凉爽。

20℃～22℃：有点热。

22℃以上：热得出汗。

黑盒测试及其实例

使用两点边界值,以下测试输入提供的边界覆盖率最好的是(　　)。

  A. 0℃,11℃,20℃,22℃,23℃

  B. 9℃,15℃,19℃,23℃,100℃

  C. 10℃,16℃,19℃,22℃,23℃

  D. 14℃,15℃,18℃,19℃,21℃,22℃

12. 速度控制和报告系统具有以下特征。

如果以 50km/h 或更低的速度行驶,什么都不会发生。

如果行驶速度超过 50km/h,但速度不超过 55km/h,将收到警告。

如果行驶速度超过 55km/h,但速度不超过 60km/h,将被罚款。

如果行驶速度超过 60km/h,驾照将被暂停。

基于两点边界值分析,最可能被识别(km/h)的是(　　)。

  A. 0,49,50,54,59,60(km/h)   B. 50,55,60(km/h)

  C. 49,50,54,55,60,62(km/h)   D. 50,51,55,56,60,61(km/h)

13. 对一个超速罚款系统使用决策表判定。针对规则 R1 和规则 R4 生成两个测试用例,如下所示。

规　　则		R1	R4
条件	速度>50km/h	T	F
	学校区域	T	F
动作	罚款¥250	F	F
	坐牢	T	F

以下是额外的测试用例。

规　　则		DT1	DT2	DT3	DT4
输入	速度>50km/h	55km/h	44km/h	66km/h	77km/h
	学校区域	T	T	T	F
期望结果	罚款¥250	F	F	F	T
	坐牢	T	F	T	F

以下测试用例可以获得完整决策表的完全覆盖率(包括根据规则 R1 和 R4 生成的两个测试用例)的是(　　)。

  A. DT1,DT2   B. DT2,DT3   C. DT2,DT4   D. DT3,DT4

14. 如果公司员工在公司工作超过一年并达到个人业绩的目标,则可获得奖金。

以下决策表旨在测试支付奖金的逻辑而设计:

		T1	T2	T3	T4	T5	T6	T7	T8
条件									
COND1	合同超过 1 年?	是	没有	是	没有	是	没有	是	没有
COND2	同意目标?	没有	没有	是	是	没有	没有	是	是
COND3	实现目标?	没有	没有	没有	没有	是	是	是	是
行动									
	奖金支付?	没有	没有	没有	没有	没有	没有	是	没有

在上述的决策表中,(　　)等用例会因为在真实的情况下不会发生而被删除。

  A. T1 和 T2   B. T3 和 T4   C. T7 和 T8   D. T5 和 T6

15. 以下关于决策表测试法的叙述中,不正确的是(　　)。

  A. 决策表由条件桩、动作桩、条件项和动作项组成

  B. 决策表依据软件规格说明建立

  C. 决策表需要合并相似规则

  D. n 个条件可以得到最多 n^2 个规则的决策表

16. 根据输出对输入的依赖关系设计测试用例的黑盒测试方法是(　　)。

  A. 等价类划分法   B. 因果图法

  C. 边界值分析法   D. 场景法

17. 以下关于选择黑盒测试的测试方法的叙述中,不正确的是(　　)。

  A. 在任何情况下都要采用边界值分析法

  B. 必要时用等价类划分法补充测试用例

  C. 可以用错误推断法追加测试用例

  D. 如果输入条件之间不存在组合情况,则应采用因果图法

18. 阅读下列说明,按要求回答问题。

某商店为购买不同数量商品的顾客报出不同的价格,其报价规则如下表所示。

购 买 数 量	单价(单位:元)
头 10 件(第 1 件到第 10 件)	30
第二个 10 件(第 11 件到第 20 件)	27
第三个 10 件(第 21 件到第 30 件)	25
超过 30 件	22

  如买 11 件需要支付 $10 \times 30 + 1 \times 27 = 327$ 元,买 35 件需要支付 $10 \times 30 + 10 \times 27 + 10 \times 25 + 5 \times 22 = 930$ 元。

  现为该商家开发一个软件,输入为商品数 $C(1 \leqslant C \leqslant 100)$,输出为应付的价钱 P。

【问题1】

请采用等价类划分法为该软件设计测试用例(不考虑 C 为非整数的情况)。

【问题2】

请采用边界值分析法为该软件设计测试用例(不考虑稳健性测试,即不考虑 C 不在 1~100 或者是非整数的情况)。

【问题3】

列举除了等价类划分法和边界值分析法以外的其他常见的黑盒测试用例设计方法。

19. 阅读下列说明,按要求回答问题。

  某商店的货品价格 P 都不大于 20 元(且为整数),假设每次顾客每次付款为 20 元且每次限购一件商品,现有一个软件能在每位顾客购物后给出找零钱的最佳组合(以找给顾客货币张数最少为标准)。

  假定此商店的找零货币面值只包括:10 元(N10)、5 元(N5)、1 元(N1)等 3 种。

【问题1】

请采用等价类划分法为该软件设计测试用例(不考虑 P 为非整数的情况)并填入到下

表中(<<N1,2>>表示2张1元,若无输出或输出非法则填 N/A)。

序号	输入(商品价格 P)	输出(找零钱的组合)
1	20($P=20$)	N/A
2	18(任意 $15<P<20$)	<<N1,2>>
3		
4		
5		
6		
7		
8		
9		
10		

【问题 2】

请采用边界值分析法为该软件设计测试用例。

【问题 3】

请给出决策表法进行测试用例设计的主要步骤。

第4章　白盒测试及其实例

白盒测试技术主要关注结构,其可以是代码结构(控制流图),也可以是数据结构、菜单结构、模块间的调用结构、业务流程结构等。白盒测试可以对任何测试级别的被测对象进行分析。当然了,相对黑盒测试而言白盒测试的准备时间较长,如果要完成覆盖全部程序语句、分支的测试,需要耗费的精力也更多,耗时甚至超过编程时间,因此白盒测试对技术的要求和测试成本较大。本章将会对常见的几种白盒测试技术基本原理进行讲解,并通过案例阐述应用这些测试技术的方法。

4.1　白盒测试概述

视频讲解

白盒测试关心软件的内部设计和程序设计,是基于程序内部逻辑结构,针对程序语句、路径、变量状态等进行测试的一种方法。白盒测试的主要依据是设计文档和程序代码。一般可使用白盒测试方法检查该程序中各个分支条件是否得到满足、每条执行路径是否能按预定要求正确地工作。

白盒测试的目的是通过检查软件内部的逻辑结构,对软件中的逻辑路径进行覆盖测试,在程序的不同地方设立检查点,检查程序的状态,以确定程序的实际运行状态与预期状态是否一致。

白盒测试的特点如下。

(1) 依据软件设计说明进行。

(2) 对程序内部细节严密检验。

(3) 针对特定条件设计测试用例。

(4) 对软件逻辑路径进行覆盖测试。

白盒测试方法遵循的原则如下。

(1) 保证一个模块中的所有独立路径至少被测试一次。

(2) 所有逻辑值均需测试真和假两种情况。

(3) 检查程序的内部数据结构,保证其结构的有效性。

(4) 在上下边界及可操作范围内运行所有循环。

白盒测试主要根据被测程序的内部结构设计测试用例,根据测试方法可以将其分为静态白盒测试和动态白盒测试。静态白盒测试是在不执行程序的条件下有条理地仔细审查软件设计、体系结构和代码,从而找出软件缺陷的过程;动态白盒测试是测试运行中的程序,并利用查看代码功能和实现方法得到的信息来确定哪些需要测试,哪些不需要测试,如何开展测试,从而设计和执行测试,找出软件缺陷的过程。

进行静态白盒测试的首要目的是尽早发现软件缺陷,以找出动态黑盒测试遇到的难以揭示的软件缺陷。独立审查代码的人越多越好,特别是在开发过程初期从底层进行独立审查为佳。进行静态白盒测试的另外一个好处是能够为测试人员所应用的测试案例提供思路,有经验的人员无须了解代码的细节,根据审查备注就可以确定似乎有问题或者存在软件缺陷的特性范围。通常情况下,开发小组的程序员就是组织和执行审查的人员,但是,许多小组错误地认为这样的审查耗时太多,费用太高且没有产出。其实,与软件产品接近完工时测试及寻找仍然遗漏的软件缺陷相比,这样实施审查的效率更高、代价更低。所幸当前已经有许多公司意识到早期测试的好处,并培训程序员和测试人员进行静态白盒测试。

动态白盒测试不仅仅是查看代码,还包括直接测试和控制软件,其主要包括以下 4 个部分。

(1) 直接测试底层功能、过程、子程序和库。

(2) 以完整程序的方法从顶层测试软件,根据对软件运行的了解调整测试案例。

(3) 从软件获得读取变量和状态信息的访问权,以便确定测试与预期结果是否相符,同时,强制软件以正常测试难以实现的方式运行。

(4) 估算执行测试时覆盖的代码量和具体代码,然后调整测试,去掉多余的、补充遗漏的。

有人认为动态白盒测试和调试技术表面上很相似,因为都包含处理软件缺陷和查看代码的过程,但是它们的目标不同。动态白盒测试的目标是寻找软件缺陷,调试的目标是修复它们。软件测试人员要把问题缩减为能够演示软件缺陷的最简化的测试案例,测试时甚至包括那些值得怀疑的代码行信息;进行调试的程序员从这里继续,判断到底是什么导致软件缺陷,并将之设法修复。

典型的白盒测试用例设计方法包括逻辑覆盖测试法、基本路径测试法等,应用最为广泛的是基本路径测试法。接下来将就这些测试方法进行介绍和讨论,并给出运用的实例。

4.2 逻辑覆盖测试法

视频讲解

逻辑覆盖测试法是常用的一类白盒测试方法,其以程序内部逻辑结构为基础,通过对程序逻辑结构的遍历来实现程序测试的覆盖。逻辑覆盖测试法要求测试人员对程序的逻辑结构有清晰的了解。

逻辑覆盖测试法是一系列测试过程的总称,是使测试过程逐渐进行越来越完整的通路测试。从覆盖源程序语句的详尽程度,可以将其分为语句覆盖、判定覆盖、条件覆盖、判断/条件覆盖、条件组合覆盖和路径覆盖等。接下来将通过下面程序的逻辑覆盖测试用例——介绍这些覆盖准则,该程序的流程图如图 4-1 所示,其中,a、b、c、d、e 是控制流上的若干程序点。

```
1    main()
2    {
3      int a,b;
4      float x;
5      scanf("% d, % d, % f",&a,&b,&x);
6      if((a > 1)and(b = 0))
7        x = x/a;
8      if((a = 2)or(x > 1))
9        x = x+1
10     prinf("x= % f",x);
11   }
```

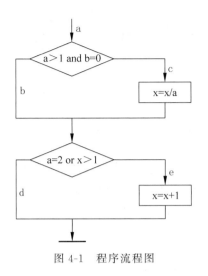

图 4-1 程序流程图

4.2.1 语句覆盖

语句覆盖的含义:选择足够多的测试数据,使被测程序中每条语句都被遍历执行到。语句覆盖需要涉及若干个测试用例,然后运行被测程序,使程序中每个可执行语句至少执行一次。针对案例,若程序按照 ace 执行,则所有的语句都可以得到执行。因此,可以选择语句覆盖测试用例如下:

$$a=2, b=0, x=3$$

这时,程序按照路径 ace 执行,程序段中的语句均得到执行,从而得到了语句覆盖。如果 a=2,b=1,x=3 作为用例,则程序只会按照路径 abe 执行,便无法达到全语句覆盖。

语句覆盖虽然使得程序中的每个语句都得到了执行,但其并不能全面地检验每一条语句。另外这种覆盖测试并不充分,无法发现程序中某些逻辑运算和逻辑条件的错误。例如,本例中第一个逻辑运算符写成了"or",第二个逻辑运算符写成了"and",即便使用测试用例 a=2,b=0,x=3,程序仍将按照路径 ace 执行,虽然测试达到了语句覆盖,但是并没有发现程序中的错误。

由此可见,语句覆盖的方法似乎能够比较全面地检验每一条语句,但是语句覆盖对程序执行逻辑的鉴别能力很低,这是其最严重的缺陷。换言之,仅仅采用语句测试覆盖全部语句,很可能完全没验证到这个流程图的左侧分支。因此一般认为语句覆盖是很弱的逻辑覆盖。

4.2.2 判定覆盖

判定覆盖的含义是:使得程序中的每个判定语句的取值都被遍历到。对于真假双值的判定来说,应通过设计测试用例使判定语句至少获得过取"真"值和取"假"值各一次;对于多值判定来说,例如 switch-case 结构,设计测试用例就要保证所有的 case 和 default 分支均要取到。

针对 4.2.1 节的案例,通过路径 ace 和 abd 或通过路径 acd 和 abe 均可达到判定覆盖标准。其中一种选择的测试用例如表 4-1 所示。

白盒测试及其实例

表 4-1　判定覆盖测试用例

测 试 用 例		a	b	x	a＞1 and b＝0	a＝2 or x＞1	执 行 路 径
第一组	用例 1	2	0	3	T	T	ace
	用例 2	1	0	1	F	F	abd
第二组	用例 1'	3	0	3	T	T	acd
	用例 2'	2	1	1	F	F	abe

表 4-1 中两组测试用例不仅满足了判定覆盖,而且还达到了语句覆盖,判定覆盖比语句覆盖的作用更强一些。但是,上例若把 x＞1 错写成 x＜1,则使用第一组测试用例仍然会按照路径 abe 执行,也不影响结果。因此,判定覆盖仍然无法确定判断内部条件的错误,无法测试程序中存在的一些缺陷。也就是说,由于程序中的不同分支都是基于判定语句的取值来划分的,判定测试与分支测试是密切相关的。当达到判定测试 100％覆盖时,所选用的测试用例同样也会达到分支测试覆盖 100％,而达到分支测试 100％覆盖时,所选用的测试用例同样也达到判定测试覆盖 100％,因此二者经常被混为一谈。

但是,在计算具体某个测试用例或用例集的覆盖率时,当覆盖率不为 100％,判定覆盖率和分支覆盖率的值就并不完全一致了。

4.2.3　条件覆盖

条件覆盖的含义:使程序中的每个分支都要被经历到——哪怕这个分支上没有语句。

条件覆盖需要设计若干测试用例,针对前文案例中的第一个判定 a＞1 为真,记为 t1;a＞1 为假,记为−t1;b＝0 为真,记为 t2;b＝0 为假,记为−t2。第二个判定:a＝2 为真,记为 t3;a＝2 为假,记为−t3;x＞1 为真,记为 t4;x＞1 为假,记为−t4。此时可选择的测试用例如表 4-2 所示。

表 4-2　条件覆盖测试用例

分　　组	测 试 用 例	a	b	x	执 行 路 径	覆 盖 条 件
第一组	用例 1	2	0	3	ace	t1,t2,t3,t4
	用例 2	1	0	1	abd	−t1,−t2,−t3,−t4
第二组	用例 1	1	0	3	abc	−t1,−t2,−t3,−t4
	用例 2	2	1	1	abe	t1,−t2,−t3,−t4

表 4-2 中第一组测试用例判定覆盖,也有条件覆盖;第二组测试用例为条件覆盖,但没有判定覆盖。可以注意到,当分支覆盖率达到 100％时,所有的语句也必然会全部被覆盖到,因为每个语句都是位于某个条件分支上的——无论是入口主分支还是下面的判定分支。由此看来,条件覆盖比语句覆盖的作用要更强一些。

4.2.4　判断/条件覆盖

判断/条件覆盖的含义:是设计足够的测试用例,使得每个判定语句的取值,以及每个判定条件的取值都能被覆盖到。也即,判断/条件覆盖要求设计足够多的测试用例,使判定中每个条件的所有可能(真/假)至少出现一次,并且每个判定本身的判定结果(真/假)至少出现一次。针对本案例,选择的测试用例如表 4-3 所示。

表 4-3　判断/条件覆盖测试用例

测试用例	a	b	x	执行路径	覆盖条件	判定(a>1 and b=0)	判定(a=2 or x>1)
用例 1	2	0	3	ace	t1,t2,t3,t4	T	T
用例 2	1	1	1	abd	−t1,−t2,−t3,−t4	F	F

表 4-3 中两组测试用例覆盖了每个条件的真假和每个判定的真假分支,达到了判定/条件覆盖。这种分支条件测试同样存在强度不够的缺陷,代码中的逻辑错误仍可能无法被发现。因此还需要寻找更强的逻辑覆盖标准。

4.2.5　条件组合覆盖

条件组合覆盖要求设计足够的测试用例,使得每个判定语句中的所有判定条件的各种可能组合都至少出现一次。显然,满足分支条件组合测试 100% 覆盖的用例集,其语句测试、条件测试、判定测试、判定/条件测试的覆盖率也一定是 100%。针对本案例的条件组合有如下几种。

(1) a>1,b=0 记为 t1,t2。

(2) a>1,b≠0 记为 t1,−t2。

(3) a≤1,b=0 记为 −t1,t2。

(4) a≤1,b≠0 记为 −t1,−t2。

(5) a=2,x>1 记为 t3,t4。

(6) a=2,x≤1 记为 t3,−t4。

(7) a≠2,x>1 记为 −t3,t4。

(8) a≠2,x≤1 记为 −t3,−t4。

以上条件组合所形成的测试用例如表 4-4 所示。

表 4-4　条件/组合覆盖测试用例

测试用例	a	b	x	覆盖组合号	执行路径	覆盖条件
用例 1	2	0	3	1,5	ace	t1,t2,t3,t4
用例 2	2	1	1	2,6	abe	t1,−t2,t3,−t4
用例 3	1	1	1	4,8	abd	−t1,−t2,−t3,−t4
用例 4	1	0	3	3,7	abe	−t1,t2,−t3,t4

但是仔细观察以上测试用例不难发现,表 4-4 中的 4 个测试用例虽然覆盖了条件组合和分支,却仅覆盖了 3 条路径,漏掉了路径 acd。

4.2.6　路径覆盖

路径覆盖需要涉及足够多的测试用例,要求覆盖程序中所有可能的路径。针对本案例共有 4 条路径,分别为:路径 1(ace),路径 2(abd),路径 3(abe),路径 4(acd),选择的测试用例如表 4-5 所示。

表 4-5　路径覆盖测试用例

测试用例	a	b	x	覆盖路径
用例 1	2	0	3	ace
用例 2	1	0	1	abd
用例 3	2	1	1	abe
用例 4	3	0	3	acd

4.2.7 逻辑覆盖测试的综合案例

上述内容讲解和说明了逻辑覆盖测试,下面再通过一个案例将相关测试方法进行一次综合应用,即设计以下程序的逻辑覆盖测试用例。

```
1    void DoWork( int x,int y,int z)
2    {
3        int k = 0,j = 0;
4        if((x > 3)&&(z < 10))
5        {
6            k = x * y - 1;
7            j = sqrt(k);
8        }//语句块 1
9        if((x == 4)||(y > 5))
10       {
11           j = x * y + 10;
12       };//语句块 2
13       j = j % 3; //语句块 3
14   }
```

图 4-2 给出了该例子的流程图,其中 a、b、c、d 和 e 是控制流上的若干程序点。

1. 语句覆盖

要测试 DoWork 函数,只需设计一个测试用例就可以覆盖程序中所有可执行语句,程序执行的路径是 abd,具体测试用例输入如下。

$$\{x=4 \quad y=5 \quad z=5\}$$

分析:语句覆盖可以保证程序中的每个语句都得到执行,但发现不了判定中逻辑运算的错误,即它不是一种充分的检验方法。例如,在第一个判定(x>3)&&(z<10)中把"&&"错误地写成"||",这时仍使用该测试用例,则程序仍会按照流程图上的路径 abd 执行,这再次说明语句覆盖是最弱的逻辑覆盖准则。

2. 判定覆盖

要实现 DoWork 函数的判定覆盖,需要设计两个测试用例,其程序执行的路径分别是 abd 和 ace,对应测试用例的输入为:

$$\{x=4 \quad y=5 \quad z=5\}; \quad \{x=2 \quad y=5 \quad z=5\}$$

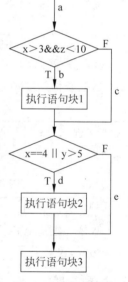

图 4-2 程序流程图

分析:上述两个测试用例不仅满足了判定覆盖,同时还做到了语句覆盖。从这点看似乎判定覆盖比语句覆盖更强一些,但其仍然无法确定判定内部条件的错误。例如,把第二个判定中的条件 y>5 错误写为 y<5,然后使用上述测试用例,照样能按原路径执行而不影响结果。因此,需要更强的逻辑覆盖准则去检验判定内的条件。

3. 条件覆盖

一个判定中通常都包含若干条件。条件覆盖的目的是设计若干测试用例,在执行被测程序后,使每个判定中每个条件的可能值至少满足一次。

对 DoWork 函数各个判定的各种条件取值加以标记。

（1）对于第一个判定(x＞3&&z＜10)：

条件 x＞3 取真值记为 t1，取假值记为－t1；

条件 z＜10 取真值记为 t2，取假值记为－t2。

（2）对于第二个判定(x＝＝4||y＞5)：

条件 x＝＝4 取真值记为 t3，取假值记为－t3；

条件 y＞5 取真值记为 t4，取假值记为－t4。

根据条件覆盖的基本思想，要使上述 4 个条件可能产生的 8 种情况至少满足一次，其设计测试用例如表 4-6 所示。

表 4-6　条件覆盖测试用例

测 试 用 例	执 行 路 径	覆 盖 条 件	覆 盖 分 支
x＝4　y＝6　z＝5	abd	t1,t2,t3,t4	bd
x＝2　y＝5　z＝15	ace	－t1,－t2,－t3,－t4	ce

分析：表 4-6 中这组测试用例不但覆盖了 4 个条件的全部 8 种情况，而且将两个判定的 4 个分支 b、c、d、e 也同时覆盖了，即同时达到了条件覆盖和判定覆盖。

虽然前面的一组测试用例同时达到了条件覆盖和判定覆盖，但是，并不是说满足条件覆盖就一定能满足判定覆盖。如果设计了如表 4-7 中的这组测试用例，则其虽然满足了条件覆盖，但也只是覆盖了程序中第一个判定的取假分支 c 和第二个判定的取真分支 d，不能满足判定覆盖的要求。

表 4-7　另一组条件覆盖测试用例

测 试 用 例	执 行 路 径	覆 盖 条 件	覆 盖 分 支
x＝2　y＝6　z＝5	acd	－t1,t2,－t3,t4	cd
x＝4　y＝5　z＝15	acd	t1,－t2,t3,－t4	cd

4. 判定/条件覆盖

根据判定/条件覆盖的基本思想，只需设计如表 4-8 中的两个测试用例便可以覆盖 4 个条件的 8 种取值以及 4 个判定分支。

表 4-8　判定/条件覆盖测试用例

测 试 用 例	执 行 路 径	覆 盖 条 件	覆 盖 分 支
x＝4　y＝6　z＝5	abd	t1,t2,t3,t4	bd
x＝2　y＝5　z＝15	ace	－t1,－t2,－t3,－t4	ce

分析：从表面上看，判定/条件覆盖了各个判定中的所有条件的取值，但实际上，编译器在检查含有多个条件的逻辑表达式时，某些情况下的某些条件将会被其他条件掩盖。例如，对第一判定(x＞3)&&(z＜10)来说，必须 x＞3 和 z＜10 这两个条件同时满足才能确定该判定为真。如果 x＞3 为假，则编译器将不再会去检查 z＜10 这个条件，那么即使这个条件有错也无法被发现。对第二个判定(x＝＝4)||(y＞5)来说，若条件 x＝＝4 满足，编译器就会认为该判定为真，这时将不会再去检查 y＞5，那么同样也无法发现这个条件中的错误。因此，判定/条件覆盖也不一定能够完全检查出逻辑表达式中的错误。

5. 条件组合覆盖

对 DoWork 函数中的各个判定的条件取值组合加以标记。

(1) x>3,z<10 记为 t1,t2,即第一个判定的取真分支。

(2) x>3,z≥10 记为 t1,−t2,即第一个判定的取假分支。

(3) x≤3,z<10 记为 −t1,t2,即第一个判定的取假分支。

(4) x≤3,z≥10 记为 −t1,−t2,即第一个判定的取假分支。

(5) x==4,y>5 记为 t3,t4,即第二个判定的取真分支。

(6) x==4,y≤5 记为 t3,−t4,即第二个判定的取真分支。

(7) x≠4,y>5 记为 −t3,t4,即第二个判定的取真分支。

(8) x≠4,y<=5 记为 −t3,−t4,即第二个判定的取假分支。

根据组合覆盖的基本思想,以上可得设计测试用例如表 4-9 所示。

表 4-9　条件组合覆盖测试用例

测 试 用 例	执 行 路 径	覆 盖 条 件	覆 盖 分 支
x=4　y=6　z=5	abd	t1,t2,t3,t4	1 和 5
x=4　y=5　z=15	acd	t1,−t2,t3,−t4	2 和 6
x=2　y=6　z=5	acd	−t1,t2,−t3,t4	3 和 7
x=2　y=5　z=15	ace	−t1,−t2,−t3,−t4	4 和 8

分析:表 4-9 中这组测试用例覆盖了所有 8 种条件取值的组合,也覆盖了所有判定的真假分支,但丢失了一条路径 abe。

6. 路径覆盖

根据路径覆盖的基本思想,在满足组合覆盖测的测试用例中修改第三个测试用例,则可以实现路径覆盖,如表 4-10 所示。

表 4-10　路径覆盖测试用例

测 试 用 例	执 行 路 径	覆 盖 条 件
x=4　y=6　z=5	abd	t1,t2,t3,t4
x=4　y=5　z=15	acd	t1,−t2,t3,−t4
x=2　y=5　z=15	ace	−t1,−t2,−t3,−t4
x=5　y=5　z=5	abe	t1,t2,−t3,−t4

分析:虽然前面一组测试用例满足了路径覆盖,但并没有覆盖程序中所有的条件组合(丢失了组合 3 和 7),即满足路径覆盖的测试用例并不一定满足条件组合覆盖。

4.3　基本路径测试法

视频讲解

4.2 节的例子是个比较简单的程序段,只有两条路径。但在实际问题中,即便是一个不太复杂的程序,其路径的组合数都是一个庞大的数字,要在测试中覆盖这样多的路径是不现实的。

为解决这一难题,需要把覆盖的路径数压缩到一定限度内,例如,程序中的循环体只执行一次。本节介绍的基本路径测试法就是这样一种测试方法,它在程序控制流图的基础上,通过分析控制流图的环路复杂性,导出基本可执行路径的集合,然后据此设计测试用例,其设计出的测试用例要保证在测试中程序的每一条可执行语句至少执行一次。

4.3.1 程序控制流图

程序控制流图是描述程序控制流的一种图示方式。其中基本的控制结构对应的图形符号如图 4-3 所示。在如图 4-3 所示的图形符号中,圆圈被称为程序控制流图的一个结点,它表示一个或多个无分支的语句或源程序语句。

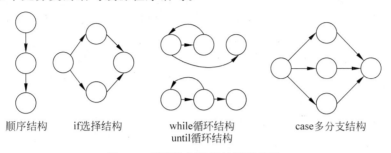

顺序结构   if选择结构   while循环结构   case多分支结构
                                 until循环结构

图 4-3   程序控制流图的图形符号

如图 4-4(a)所示的是一个程序的流程图,它可以映射成如图 4-4(b)所示的程序控制流图。

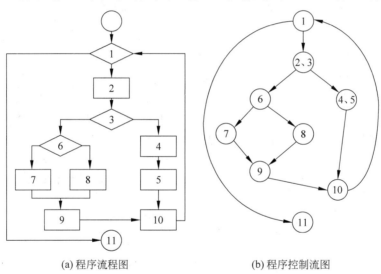

(a) 程序流程图   (b) 程序控制流图

图 4-4   程序流程图和对应的程序控制流图

这里假定在程序流程图中用菱形框表示的判定条件内没有复合条件,而一组顺序处理框可以映射为一个单一的结点。程序控制流图中的箭头(边)表示控制流的方向,类似于流程图中的流线,一条边必须终止于一个结点,但如果是在选择或者多分支结构中分支的汇聚处,即使该汇聚处没有执行语句也应该添加一个汇聚结点。边和结点圈定的部分叫区域,当对区域计数时,图形外的部分也应记为一个区域。

如果判断中的条件表达式是复合条件,即条件表达式是由一个或多个逻辑运算符(or、and、nand 和 nor)连接的逻辑表达式,则需要将复合条件的判断改变为一系列只有单个条件的嵌套的判断。例如,对应如图 4-5(a)

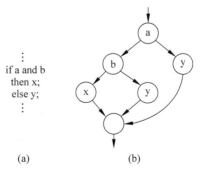

```
       :
if a and b
  then x;
  else y;
       :
```

(a)   (b)

图 4-5   复合逻辑下的程序控制流图

所示的复合条件的判定,应该画成如图4-5(b)所示的复合逻辑下的程序控制流图。条件语句 if a and b 中条件 a 和条件 b 应各有一个只有单个条件的判断结点。

4.3.2 程序的环路复杂性

程序的环路复杂性即 McCabe 复杂性度量,在进行程序的基本路径测试时,从程序的环路复杂性可导出程序基本路径集合中的独立路径条数,这是确保程序中每个可执行语句至少执行一次所必须的测试用例数目的上界。

独立路径是指包括一组以前没有处理的语句或条件的一条路径。从控制流图来看,一条独立路径是至少包含有一条在其他独立路径中从未有过的边的路径。例如,在图 4-4(b)中所示的控制流图中,几组独立的路径如下。

path1：1—11。

path2：1—2—3—4—5—10—1—11。

path3：1—2—3—6—8—9—10—1—11。

path4：1—2—3—6—7—9—10—1—11。

从此例中可知,一条新的路径必须包含有一条新边。路径 1—2—3—4—5—10—1—2—3—6—8—9—10—1—11 不能作为一条独立路径,因为它只是前面已经说明了的路径的组合,没有通过新的边。

路径 path1、path2、path3 和 path4 组成了如图 4-4(b)所示控制流图的一个基本路径集。只要设计出的测试用例能够确保这些基本路径的执行,就可以使程序中的每个可执行语句至少执行一次,每个条件的取真和取假分支也都能得到测试。基本路径集不是唯一的,对给定的控制流图来说,其可以得到不同的基本路径集。

通常环路复杂性还可以被简单地定义为控制流图的区域数。这样对于如图 4-4(b)所示的控制流图,它有 4 个区域,故环路复杂性 $V(G)=4$,它是构成基本路径集的独立路径数的上界,可以据此得到应该设计的测试用例的数目。

4.3.3 基本路径测试法的步骤

基本路径测试法适用于模块的详细设计及源程序,其主要步骤如下。

(1) 以详细设计或源代码作为基础,导出程序的控制流图。

(2) 计算得到控制流图 G 的环路复杂性 $V(G)$。

(3) 确定线性无关的路径的基本集。

(4) 生成测试用例,确保基本路径集中的每条路径都被执行。

下面以一个求平均值的过程 averagy 为例,说明测试用例的设计过程。用 PDL 语言描述的 average 过程如下所示。

1	PROCEDURE average;
2	* This procedure computes the average of 100 or fewer numbers that lie
3	bounding values; it also computes the total input and the total valid.
4	INTERFACE RETURNS average, total. input, total. valid;
5	INTERFACE ACCEPTS value, minimum, maximum;
6	TYPE value[1:100] IS SCALAR ARRAY;
7	TYPE average, total. input, total. valid, minimum, maximum, sum IS
8	SCALAR;

9	TYPE i IS INTEGER;
10	i = 1;
11	total.input = total.valid = 0;
12	sum = 0;
13	DO WHILE value[i] <> – 999 AND total.input < 100
14	increment total.input by 1;
15	IF value[i] >= minimum AND value[i] <= maximum
16	THEN increment total.valid by 1;
17	sum = sum + value[i];
18	ELSE skip;
19	ENDIF;
20	increment i by 1;
21	ENDDO
22	IF total.valid > 0
23	THEN average = sum/total.valid;
24	ELSE average = – 999;
25	ENDIF
26	END average

（1）以详细设计或源代码作为基础，导出程序控制流图。

利用如图 4-3 所示的控制流图的图形符号、如图 4-4 所示的程序流程图和对应的程序控制流图、如图 4-5 所示的复合逻辑下的程序控制流图给出的符号和构造规则等生成程序控制流图。对于上述过程，对将要映射为对应程序控制流图中一个结点的 PDL 语句或语句组，加上用数字表示的标号。加了标号的 PDL 程序如图 4-6 所示。对应的程序控制流图如图 4-7 所示。

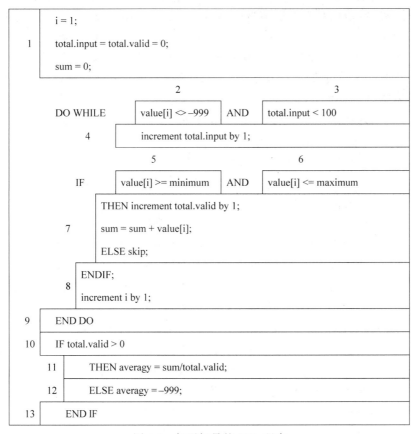

图 4-6　加了标号的 PDL 程序

（2）计算得到控制流图 G 的环路复杂性 $V(G)$。

利用在前面给出的计算程序控制流图环路复杂性的方法，算出程序控制流图 G 的环路复杂性。如果一开始就知道判断结点的个数，那么甚至不必画出整个程序控制流图，就可以计算出该图的环路复杂性的值。对于如图 4-7 所示的程序控制流图，可以算出：

$$V(G)=6(\text{区域数})=5(\text{判断结点数})+1=6$$

（3）确定线性无关的路径的基本集。

如图 4-7 所示的 averagy 过程的程序控制流图计算出的环路复杂性的值，就是该图已有的线性无关基本路径集中的路径数目。该图所有的 6 条路径如下所示。

path1：1—2—10—11—13。

path2：1—2—10—12—13。

path3：1—2—3—10—11—13。

path4：1—2—3—4—5—8—9—2……

path5：1—2—3—4—5—6—8—9—2……

path6：1—2—3—4—5—6—7—8—9—2……

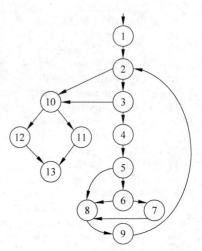

图 4-7　averagy 过程的程序控制流图

路径 4、5、6 后面的省略号（……）表示在控制结构中以后剩下的路径是可选择的。在很多情况下，标识判断结点常常能够有效地帮助导出测试用例。在上例中，结点 2、3、5、6 和 10 都是判断结点。

（4）生成测试用例，确保基本路径集中的每条路径都能被执行。

根据判断结点给出的条件，选择适当的数据以保证某一条路径可以被测试到。满足上述基本路径集的测试用例如下所示。

path1　　　输入数据：value[k]＝有效输入，限于 k＜i(i 定义如下)；
　　　　　　　　　　　value[i]＝－999，当 2≤i≤100。
　　　　　预期结果：n 个值的正确的平均值、正确的总计数。
　　　　　注意：不能孤立地进行测试，应当作为路径 4、5、6 测试的一部分来测试。

path2　　　输入数据：value[1]＝－999；
　　　　　预期结果：平均值＝－999，总计数取初始值。

path3　　　输入数据：试图处理 101 个或更多的值，而前 100 个应当是有效的值；
　　　　　预期结果：与测试用例 1 相同。

path4　　　输入数据：value[i]＝有效输入，且 i＜100；
　　　　　　　　　　　value[k]＜最小值，当 k＜i 时；
　　　　　预期结果：n 个值的正确的平均值、正确的总计数。

path5　　　输入数据：value[i]＝有效输入，且 i＜100；
　　　　　　　　　　　value[k]＞最大值，当 k≤i 时；
　　　　　预期结果：n 个值的正确的平均值、正确的总计数。

path6　　　输入数据：value[i]＝有效输入，且 i＜100；
　　　　　预期结果：n 个值的正确的平均值、正确的总计数。

在每个测试用例执行之后,应将之与预期结果进行比较。如果所有测试用例都执行完毕,则可以确信程序中所有的可执行语句已至少被执行了一次。但是必须注意的是,一些独立的路径(如此例中的路径1)往往不是完全孤立的,有时它是程序正常控制流的一部分,这时,这些路径的测试可以是另一条路径测试的一部分。

4.4　其他白盒测试方法

4.4.1　程序插桩和断言语句

1. 程序插桩

程序插桩是借助在被测程序中进行插入操作,来实现测试目的的方法。

在程序的调试过程中,常常要在程序中插入一些打印语句,希望程序执行时打印出测试者关心的信息,进而让测试者通过这些信息了解执行过程中程序的一些总体特性。例如,程序的实际执行路径,特定变量在特定时刻的取值等。从这一思想发展出的程序插桩技术能够按用户的要求获取程序的各种信息,故其已成为测试工作的有效手段。

程序插桩是在不破坏被测试程序原有逻辑完整性的前提下,在程序的相应位置插入一些探针。这些探针本质就是进行信息采集的代码段,其可以是赋值语句采集覆盖信息的函数调用。通过执行探针可以输出程序的运行特征数据。基于对这些特征数据的分析,能够揭示程序的内部行为和特征。

如果想了解一个程序在某次运行中所有可执行语句被覆盖的情况,或是每个语句的实际执行次数,最好的办法就是利用插桩技术。下面以计算 X 和 Y 的最大公约数为例,说明插桩方法的要点。图 4-8 是这一程序的流程图,图中虚线框并不是源程序的内容,而是为了记录语句执行次数而插入的探针代码。

虚线框代码可以实现计数功能,其形式为:

$$C(i) = C(i) + 1 \quad i = 1, 2, \cdots, 6$$

在程序特定部位插入记录动态特性的语句,最终是为了把程序执行过程中发生的一些重要事件记录下来,例如记录在程序执行过程中某些变量值的变化情况、变化范围等。实践表明,程序插桩方法是应用很广的技术,特别是在进行程序的测试和调试时非常有效。

设计插桩程序时需要考虑的问题包括以下 3 点。

(1) 探测哪些信息?

(2) 在程序的什么部位设置探测点?

(3) 需要设置多少个探测点?

其中前两个问题需要结合具体情况解决,本书并不能给出笼统的回答。第 3 个问题需要考虑设置最少探测点的方案。例如,在上例中的程序入口,若要记录语句 Q＝X 和 R＝Y 的执行次数,只需要插入 C(1)＝C(1)＋1 就够了,没有必要在每个语句之后都插入技术语句。具体插装的数量和位置一般需要针对程序的控制结构进行具体分析。这里列举出一些常设置计数语句的部位。

(1) 第一个可执行语句前。

(2) 函数调用之后。

(3) 循环开始后。

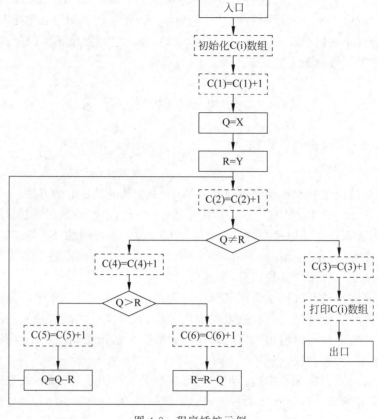

图 4-8　程序插桩示例

（4）判断分支后。

（5）输入输出后。

（6）Go to 语句之后。

2. 断言语句

在程序代码的特定位置插入某些用以判断变量特性的语句,使程序执行中的这些语句得以证实,从而使程序的运行特性得到证实。我们把插入的语句被称为断言。这一做法是程序正确性证明的基本步骤,尽管算不上严格,但其方法本身仍然是很实用的。

编写代码时,人们总是会做出一些假设,断言就是用在代码中捕捉这些假设的。通常可以将断言看作是异常处理的一种高级形式,其往往表示为一些布尔表达式,程序员相信在程序中的某个特定点位置的该表达式的值为真。程序员可以在任何时候启用或禁用断言验证,如可以在测试时启用断言而在部署时禁用断言。同样,在程序投入运行后,最终用户在遇到问题时可以重新启用断言。

使用断言可以创建更稳定、品质更好且易于除错的代码。当需要在一个值为 False 时中断当前操作的话,可以使用断言,单元测试时必须使用断言来判断实际输出与预期的结果是否一致。除了类型检查和单元测试,断言还提供了一种确定各种特性是否在程序中得到维护的极好的方法。

在 Java 程序设计中,断言可以有两种形式。

（1）assert Expression1。

（2）assert Expression1；Expression2。

其中 Expression1 应该是一个布尔值，Expression2 是断言失败时输出的失败消息的字符串。如果 Expression1 为假，则抛出一个 AssertionError 错误，并显示 Expression2 字符串。

断言在默认情况下是关闭的，要在编译时启动断言，需要使用 source1.4 标记，即 java source1.4 Test.java，在运行时启动断言需要使用-ea 参数。要在系统类中启动和禁用断言可以使用-eas 和-dsa 参数。

例如：

```
1    public class AssertExampleOne{
2      public AssertExampleOne(){}
3        public static void main(String args[]){
4          int x = 10;
5          System.out.println("Testing Assertion that x = = 100");
6          Assert x = 100:"Out assertion failed!";//设置断言,判断 x 是否为 100
7          System.out.println("Test passed!");
8          }
9    }
```

如果编译时未加-source1.4，则编译将无法通过，以上代码在执行时未加-ea 时输出为：

Testing Assertion that x = = 100
Test passed

如果 JRE(Java Runtime Environment)忽略了断言的旧代码，而使用了参数-ea 就会输出为：

Testing Assertion that x = = 100
Exception in thread "main" java.lang.AssertionError:Out assertion failed!
at AssertExampleOne.main(AssertExampleOne.java:6)

4.4.2　域测试

域测试是一种基于程序结构的测试方法。Howden 曾对程序中出现的错误进行分类，他将程序错误分为域错误、计算型错误和丢失路径错误等 3 种，但其仅是相对于执行程序的路径来说的。我们知道，每条执行路径对应输入域的一类情况，是程序的一个子计算。如果程序的控制流有错误，对某一特定的输入可能执行的是一条错误路径，这种错误被称为路径错误，也被叫作域错误。如果对特定输入执行的是正确路径，但由于赋值语句的错误致使输出结果不正确，则称此为计算型错误。

另外一类错误是丢失路径错误。它是由于程序中的某处少了一个判定谓词而引起的。域测试主要是针对域错误进行的程序测试。

域测试的"域"是指程序的输入空间。域测试的方法基于对输入空间的分析。自然，任何一个被测程序都有一个输入空间。测试的理想结果就是检验输入空间中的每一个输入元素是否都产生正确的结果。而输入空间又可分为不同的子空间，每一子空间对应一种不同的计算。在考察被测试程序的结构以后就会发现，子空间的划分是由程序中分支语句中的谓词决定的。输入空间的一个元素，经过程序中某些特定语句的执行而结束（当然也可能出现无限循环而无出口），那都满足了这些特定语句被执行所要求的条件。

域测试正是在分析输入域的基础上，选择适当的测试点以后再进行测试的。

域测试有两个致命的弱点,一是为进行域测试对程序提出的限制过多,二是当程序存在很多路径时,所需的测试点也就很多。

4.4.3　变异测试

变异测试是一种错误驱动测试。所谓错误驱动测试,是指该方法是针对某类特定程序错误的。经过多年的测试理论研究和软件测试的实践,人们逐渐发现要想找出程序中所有的错误几乎是不可能的。比较现实的解决办法是将错误的搜索范围尽可能地缩小,以专门测试某类错误是否存在。这样做的好处在于可集中于对软件危害最大的可能错误而暂时忽略对软件危害较小的可能错误。这样可以取得较高的测试效率,并降低测试的成本。错误驱动测试主要有两种,即程序强变异和程序弱变异。

变异指对被测试程序进行微小的语法修改后所形成的新版本。在原始版本和所有变异版本上运行每个测试用例,如果一个测试用例能够成功分辨原始程序和它的一个变异版本,则该变异版本就被"消灭"了。变异测试被看作是一种用于评价测试集的技术,但它本身也可以被看作是一种测试标准:随机生成测试用例,直到足够多的变异体被消灭;或者专门设计测试用例,来消灭仍幸存的变异版本[在该情况下,变异测试可被归类为基于代码的测试(白盒测试)]。变异测试的基本假设是"耦合效应",即通过寻找简单的语法错误,可以发现更复杂的、真实的错误。为了使变异测试有效,需要以一种系统化的方式来自动生成并自动执行大量的变异体。

4.4.4　Z路径覆盖

分析程序中的路径是指检验程序从入口开始,执行过程中遍历的各个语句,直到出口。这是白盒测试最为典型的问题。着眼于路径分析的测试可称为路径测试。完成路径测试的理想情况是做到路径覆盖。在比较简单的小程序中实现路径覆盖是可能做到的,但是如果程序中出现多个判断和多个循环,则其可能的路径数目将会急剧增长,达到一个天文数字,所以实现完全路径覆盖是几乎不可能做到的。

为了解决这一问题,在测试时必须舍掉一些次要因素,对循环机制进行简化,从而极大地减少路径的实际数量,使覆盖这些有限的路径成为可能。这种简化循环意义下的路径覆盖被称为Z路径覆盖。

这里所说的对循环化简,是指限制循环的次数。无论循环的形式和实际执行循环体的次数多少,一般只需考虑循环一次和零次两种情况,即只考虑执行时进入循环体一次和跳过循环体这两种情况,图4-9(a)和(b)表示两种最典型的循环控制结构。前者先作判断,循环体B可能执行(假定只执行一次),也可能不执行。这就如同如图4-9(c)所示的条件选择结构一样。后者先执行循环体B(假定也执行一次),再经判断转出,其效果也与(c)中给出的条件选择结构只执行右支的效果一样。

程序中的所有路径可以用路径树来表示,当得到某一程序的路径树后,从其根结点开始进行一次遍历,再回到根结点时把所经历的叶结点名排列起来,就会得到一个路径。如果设法遍历了所有的叶结点,就会得到所有的路径。

当得到所有的路径后,生成每个路径的测试用例,就可以做到Z路径覆盖测试。

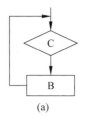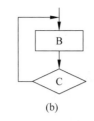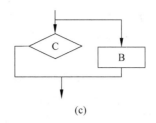

(a)   (b)   (c)

图 4-9   循环结构简化成选择结构

4.5   白盒测试方法的选择

视频讲解

白盒测试的每种测试方法都有各自的优点和不足,需要测试人员根据实际软件特点、实际测试目标和测试阶段选择合适的方法来设计测试用例,这样既能有效地发现软件错误,又能提高测试效率和测试覆盖率。以下是选择方法的几条经验。

(1) 在测试中,可采取先静态再动态的组合方式,先进行代码检查和静态结构分析,再进行覆盖测试。

(2) 利用静态分析的结果作为引导,通过代码检查和动态的方式对静态分析的结果做进一步确认。

(3) 覆盖测试是白盒测试的重点,一般可使用基本路径测试法达到语句覆盖标准,对软件的重点模块,应使用多种覆盖标准衡量测试的覆盖率。

(4) 不同测试阶段测试重点不同,在单元测试阶段,以代码检查、覆盖测试为主;在集成测试阶段,需要增加静态结构分析等;在系统测试阶段,应根据黑盒测试的结果采用相应的白盒测试方法。

4.6   白盒测试与黑盒测试的比较

视频讲解

黑盒测试方法是把被测对象看成一个黑盒子,测试人员完全不考虑程序的内部结构和处理过程,只在软件的接口处进行测试,根据需求工程规格说明书,检查程序是否满足功能要求,因此,黑盒测试又被称为功能测试或数据驱动测试。

白盒测试方法是把测试对象看作一个打开的盒子,测试人员必须了解程序的内部结构和处理过程,以检查处理过程的细节为基础,尽可能多地对程序中的逻辑路径进行测试,检验内部控制结构和数据结构是否有错,以及实际的运行状态与预期的状态是否一致。

另外,白盒测试一般是单元测试时必须做的基本测试,主要由程序开发人员执行测试;黑盒测试则贯穿单元测试、集成测试和系统测试的整个过程,一般单元阶段的黑盒测试主要由程序开发人员来进行,集成测试和系统测试阶段的黑盒测试则主要由专门的测试小组和质量保证人员进行,并由程序开发人员辅助完成。

1) 白盒测试的优点

(1) 迫使测试人员去仔细思考软件的实现。

(2) 可以检测代码中的每条分支和路径。

(3) 揭示隐藏在代码中的错误。

(4) 对代码的测试比较彻底。

白盒测试及其实例

（5）最优化。

2）白盒测试的缺点

（1）昂贵。

（2）无法检测代码中遗漏的路径和数据敏感性错误。

（3）不验证规格的正确性。

3）黑盒测试的优点

（1）对于较大的代码单元,黑盒测试的效率更高。

（2）测试人员不需要了解程序的细节。

（3）测试人员和程序人员相对独立。

（4）从用户的视角进行测试,更容易被理解和接受。

（5）有助于暴露任何规格不一致或有歧义的问题。

（6）测试用例的设计不必等待编码完成,可以在规格完成之后马上进行。

4）黑盒测试的缺点

（1）只有一小部分可能的输入被测试到,要测试每个可能的输入几乎是不可能的。

（2）没有清晰、简明的规格,测试用例很难设计。

4.7　本章小结

本章介绍白盒测试常用的方法,着重介绍了逻辑覆盖测试法、基本路径测试法以及其他白盒测试方法,并对各个技术方法附以相关实例进行详细说明。

（1）逻辑覆盖法是一系列测试过程的总称,这组测试过程逐渐进行越来越完整的通路测试。根据覆盖源程序语句的详尽程度,可以将之分为语句覆盖、判定覆盖、条件覆盖、判定/条件覆盖、条件组合覆盖和路径覆盖等几种。

（2）基本路径测试法是在程序控制流图的基础上,通过分析控制构造的环路复杂性,导出基本可执行的路径集合,从而设计测试用例的方法。在基本路径测试中,设计出的测试用例要保证待测程序的每个可执行语句至少被执行一次。

（3）其他白盒测试方法,主要包括程序插桩、域测试、变异测试和 Z 路径覆盖测试等。

4.8　习　　题

1. 以下关于白盒测试的叙述中,不正确的是(　　)。

　　A. 满足判定覆盖一定满足语句覆盖

　　B. 满足条件覆盖一定满足判定覆盖

　　C. 满足判断/条件覆盖一定满足条件覆盖

　　D. 满足条件组合覆盖一定满足判断/条件覆盖

2. 白盒测试不能发现(　　)。

　　A. 代码路径中的错误　　　　　　　　　　B. 死循环

　　C. 逻辑错误　　　　　　　　　　　　　　D. 功能错误

3. 以下几种白盒覆盖测试中,覆盖准则最强的是(　　)。

　　A. 语句覆盖　　　　B. 判定覆盖　　　　C. 条件覆盖　　　　D. 条件组合覆盖

4. 以下对语句覆盖的最佳描述是(　　)。

　　A. 用于计算和测量已执行的测试用例的百分比的度量

　　B. 用于计算和测量源代码中已执行的语句的百分比的度量

　　C. 用于计算和测量源代码中执行并已通过的测试用例所覆盖语句数的度量

　　D. 评估所有语句是否被覆盖,且给出正确/错误确认的度量

5. 关于语句覆盖的描述正确的是(　　)。

　　A. 语句覆盖是度量通过执行测试覆盖的源码(不包含注释)的行数

　　B. 语句覆盖是度量通过执行测试覆盖的源码中可执行语句的比例

　　C. 语句覆盖是度量通过执行测试覆盖的源码行的百分比

　　D. 语句覆盖是度量通过执行测试覆盖的源码中可执行语句的数量

6. 关于判定覆盖描述正确的是(　　)。

　　A. 判定覆盖是度量通过执行测试覆盖的源码中可能路径的百分比

　　B. 判定覆盖是度量通过执行测试覆盖的组件中业务流的百分比

　　C. 判定覆盖是度量同时覆盖真和假的结果的 if 语句

　　D. 判定覆盖是度量通过执行测试覆盖的源码中判定结果的比例

7. 以下语句是判定覆盖的陈述。

"当代码只包含一个 if 语句而没有循环或 CASE 语句时,在测试中运行的任何单个测试用例都将实现 50% 的判定覆盖。"

以下哪个判断是正确的?(　　)

　　A. 这句话是对的。任何单个测试用例提供 100% 的语句覆盖,因此提供 50% 的判定覆盖

　　B. 这句话是对的。任何单个测试用例都会导致 if 的取真或取假的结果

　　C. 这句话是错的。在这种情况下,单个测试用例只能保证 25% 的判定覆盖

　　D. 这句话是错的。语句过于宽泛,它可能是正确的,也可能是错误的,取决于被测试软件

8. 关于语句覆盖和判定覆盖之间关系,以下描述正确的是(　　)。

　　A. 判定覆盖强于语句覆盖

　　B. 语句覆盖强于判定覆盖

　　C. 100% 的语句覆盖保证 100% 的判定覆盖

　　D. 判定覆盖永远不会达到 100%

9. 以下关于白盒测试和黑盒测试的描述,正确的是(　　)。

① 根据测试对象选定的结构来度量覆盖率。

② 检查测试对象内部的处理。

③ 检查与需求之间的偏差。

④ 使用用户故事作为测试依据。

　　A. 黑盒③,④;白盒①,②　　　　　　　B. 黑盒③;白盒①,②,④

　　C. 黑盒④;白盒①,②,③　　　　　　　D. 黑盒①,③,④;白盒②

10. 对于逻辑表达式(a&&(b|c)),需要(　　)个测试用例才能完成条件组合覆盖。

　　A. 2　　　　　　　　B. 4　　　　　　　　C. 6　　　　　　　　D. 8

11. 对于逻辑表达式 $((a\&\&b)||c)$，需要（　　）个测试用例才能完成条件组合覆盖。

A. 2　　　　　　B. 4　　　　　　C. 8　　　　　　D. 16

12. 对于逻辑表达式 $((a||(b\&\&c))||(c\&\&d))$，需要（　　）个测试用例才能完成条件组合覆盖。

A. 4　　　　　　B. 8　　　　　　C. 16　　　　　　D. 32

13. 一个程序的控制流图中有 6 个节点，10 条边，在测试用例数最少的情况下，确保程序中每个可执行语句至少执行一次所需要的测试用例数的上限是（　　）。

A. 2　　　　　　B. 4　　　　　　C. 6　　　　　　D. 8

14. 阅读下列说明，回答问题。

逻辑覆盖法是设计白盒测试用例的主要方法之一，它是通过对程序逻辑结构的遍历实现对程序语句执行的覆盖。针对以下由 C 语言编写的程序，按要求回答问题。

```
1   struct _ProtobufCIntRange{
2     int start_value;
3     unsigned orig_index;
4   };
5   typedef struct _ProtobufCIntRange ProtobufCIntRange;
6   int int_range_lookup(unsigned n_ranges,const
7   ProtobufCIntRange * ranges, int value){
8     unsigned start,n;                                    //1
9     start = 0;
10    n = n_ranges;
11    while(n > 1){                                         //2
12      unsigned mid = start + n/2;
13      if(value < ranges[mid].start_value){                //3
14        n = mid - start;                                  //4
15      }else
16  if(value >= ranges[mid].start_value + (int)(ranges[mid+1].orig_index
17  - ranges[mid].orig_index)){                             //5
18        unsigned new_start = mid+1;                       //6
19        n = start + n - new_start;
20        start = new_start;
21      }else                                               //7
22        return
23  (value - ranges[mid].start_value) + ranges[mid].orig_index;
24    }
25    if(n > 0){                                            //8
26      unsigned start_orig_index = ranges[start].orig_index;
27      unsigned
28  range_size = ranges[start + 1].orig_index - start_orig_index;
29
30  if(ranges[start].start_value <= value&&value<(int)(ranges[start].
31  start_value + range_size))
32                                                          //9,10
33    return (value - ranges[start].start_value) + start_orig_index;
34                                                          //11
35    }
36      return -1;                                          //12
37  }                                                       //13
```

【问题1】

请给出满足 100%DC(判定覆盖)所需的逻辑条件。

【问题2】

请画出上述程序的控制流图,并计算其控制流图的环路复杂度 $V(G)$。

【问题3】

请给出【问题2】中控制流图的线性无关路径。

15. 阅读下列 Java 程序,按要求回答问题。

```
1    public int addAppTask(Activity activity, Intent intent, TaskDescription
2    description, Bitmap thumbnail){
3      Point size = getSize();                        //1
4      final int tw = thumbnail.getWidth();
5      final int th = thumbnail.getHeight();
6      if(tw!= size.x || th!= size.y){                //2,3
7        Bitmap bm = Bitmap.createBitmap(size.x, size.y,
8    thumbnail.getConfig());                          //4
9        float scale;
10       float dx = 0, dy = 0;
11       if(tw * size.x > size.y * th){               //5
12         scale = (float)size.x/(float)th;           //6
13         dx = (size.y - tw * scale) * 0.5f;
14       }else{                                       //7
15         scale = (float)size.y/(float)tw;
16         dy = (size.x - th * scale) * 0.5f;
17       }
18       Matrix matrix = new Matrix();
19       matrix.setScale(scale, scale);
20       matrix.postTranslate((int)(dx + 0.5f),0);
21       Canvas canvas = new Canvas(bm);
22       canvas.drawBitmap(thumbnail, matrix, null);
23       canvas.setBitmap(null);
24       thumbnail = bm;
25     }
26     if(description == null){                        //8
27       description = new TaskDescription();          //9
28     }
29   }                                                //10
```

【问题1】

请简述基本路径测试法的概念。

【问题2】

请画出上述程序的控制流图,并计算其控制流图的环路复杂度 $V(G)$。

【问题3】

请给出【问题2】中控制流图的线性无关路径。

第 5 章　单 元 测 试

　　单元测试又称模块测试,是对软件设计的最小单元的功能、性能、接口和设计约束等的正确性进行检验,检查程序在语法、格式和逻辑上的错误,并验证程序是否符合规范,以发现单元内部可能存在的各种缺陷。

　　单元测试的对象是软件设计的最小单位——模块、函数或者类。在传统的结构化程序设计语言(如 C 语言)中,单元测试的对象一般是函数或者过程。在面向对象设计语言(如Java、C♯)中,单元测试的对象可以是类,也可以是类的成员函数/方法。由此可见,单元测试与程序设计和编码密切关联,测试者需要根据详细设计说明书和源程序清单来了解模块的 I/O 条件和逻辑结构。

5.1　单元测试概述

视频讲解

　　单元测试是在软件测试过程中的最早期进行的测试活动。一般而言,可以把单元测试看成软件开发的一部分,也就是说开发人员每编写一段代码,便可将单元测试用于检测这段代码的某一个功能是否正确。开发人员负责编写功能代码,同时也有责任保证代码的正确性,所以单元测试是开发人员在完成一个功能模块之后,为了检测它的正确性而自行进行的测试过程。

5.1.1　单元测试的概念

　　单元测试是针对程序单元模块(软件设计的最小单位)来进行正确性检验的测试工作。程序单元是应用功能的最小可测试部件。在面向对象编程中,最小单元就是方法,包括基类、抽象类或者派生类(子类)中的方法。按照通俗的理解,一个单元测试判断某个特定场景条件下某个特定方法的行为,如斐波那契序列算法、冒泡排序算法。

　　单元测试可将被测试应用程序细分为一个个足够小的基本单元,各个单元间相互独立,互不影响。开发者能通过单元测试证明被测试单元的行为确实和开发者期望的一致。

　　单元测试最基本的一个功能是能够快速定位代码中的错误。从项目一开始,开发者就应该对所有的单元模块进行测试,一方面能够尽早发现问题,另一方面为项目的持续开发提供保障。

　　搭建起一个良好的单元测试环境后开发者就可以对所有的基本单元进行测试,这样单元测试既可以为项目提供一份 API 文档,也可以随时查阅方法相关参数、返回值以及运行情况。

　　单元测试的过程也是开发者重构和进一步优化代码的过程,并且其能够确保单元工作正常。这个过程就是为所有函数和方法编写单元测试。在连续的单元测试环境中,只要设计出了良好的验证手段,单元测试就可以延续用于准确反映当任何变更发生时可执行程序和代码的表现,帮助开发者优化代码逻辑和代码结构。

进行单元测试时,开发者可以站在一个观察调试的角度。无论是开发先于测试,还是测试先于开发,单元测试都可以帮助项目将模块设计成易测试、易调试、易重构的状态。在这个过程中,开发者的编码能力和对业务的理解能力也将得到锻炼。

单元测试应该在项目一开始的时候进行。不可否认,项目开始就编写单元测试常常要多花费几倍的代码量,但是随着项目进行,当把基础方法都测试过以后,高层功能需要的代码量反而会大大减少。这时候单元测试也在往集成测试迁移,这是一个自然而然的过程,同时其也能为集成测试的简化提供极大的便利。

5.1.2 单元测试的内容

单元测试的主要内容如下。

1. 接口测试

对通过被测模块接口传输的数据进行测试,以检查数据能否正确输入和输出。其主要是对模块接口的以下方面进行测试。

(1) 输入的实参与形参在个数、属性、量纲和顺序上是否匹配。

(2) 被测模块调用其他模块时,传递的实参在个数、属性、量纲和顺序上与被调用模块的形参是否匹配。

(3) 调用标准函数时,传递的实参在个数、属性、量纲和顺序上是否正确。

(4) 是否存在与当前入口点无关的参数引用。

(5) 是否修改了只作输入用的只读形参。

(6) 全局变量在各个模块中的定义是否一致。

(7) 是否将某些约束条件作为形参来传递。

2. 局部数据结构测试

局部数据结构是最常见的缺陷来源,检查局部数据结构可以保证临时存储于模块内的数据在代码执行过程中是完整和正确的。检查局部数据结构应考虑如下方面。

(1) 是否存在不正确、不一致的数据类型说明。

(2) 是否存在未初始化或未赋值的变量。

(3) 变量是否存在初始化或默认值错误。

(4) 是否存在变量名拼写或书写错误。

(5) 是否存在不一致的数据类型。

(6) 是否出现上溢、下溢或地址异常。

除了检查局部数据,还应注意全局数据对模块的影响。

3. 重要执行路径测试

应对模块中的重要执行路径进行测试。对重要执行路径和循环的测试是最常用和最有效的测试技术,可用以发现因错误而导致的错误计算,错误的比较和不适当的控制流而导致的缺陷。

常见的错误计算如下。

（1）操作符的优先次序被错误理解。

（2）存在混合模式的计算。

（3）存在被零除的风险。

（4）运算精度不够。

（5）变量的初值不正确。

（6）表达式的符号不正确。

常见的比较和控制流错误如下。

（1）存在不同数据类型的变量之间的比较。

（2）存在错误的逻辑运算符或优先次序。

（3）存在因计算机表达的局限性，导致浮点运算精度不够，致使期望值与实际值不相等的两值比较。

（4）关系表达式中存在错误的变量和比较符。

（5）存在不可能的循环终止条件，导致死循环。

（6）存在迭代发散，导致不能退出。

（7）错误修改了循环变量，导致循环次数多一次或少一次。

4. 错误处理测试

完善的设计应能预见各种出错条件，并设置适当的出错处理，以提高系统容错能力，保证逻辑正确性。错误处理测试主要测试程序处理错误的能力，检查是否存在以下问题。

（1）输出的出错信息是否难以理解。

（2）出错描述提供的信息是否不足，从而导致无法对发生的错误进行定位和确定出错原因。

（3）显示错误是否与实际遇到的缺陷不符合。

（4）对错误条件的处理是否正确，即是否存在不当的异常处理。

（5）在程序自定义的出错处理运行之前，缺陷条件是否已经引起系统干预，即无法按照预先自定义的出错处理方式来处理。

5. 边界条件测试

程序最容易在边界上出错，应该注意对它们进行测试。

（1）输入/输出数据的等价类边界。

（2）选择条件和循环条件的边界。

（3）复杂数据结构（如表）的边界。

5.2 单元测试的过程

视频讲解

单元测试环境应包括测试的运行环境和经过认可的测试工具环境。测试的运行环境一般应符合软件测试合同(或项目计划)的要求，通常是开发环境或仿真环境。

单元测试的实施步骤包括以下4步。

（1）测试策划，在详细设计阶段完成单元测试计划。

（2）测试设计，建立单元测试环境，完成测试设计和开发。

（3）测试执行，执行单元测试用例，并详细记录测试结果。

（4）测试总结，判定测试用例是否通过并提交测试文档。

1. 进入单元测试的条件

进入单元测试必须满足一定的条件，这些条件是测试实施的基础，其通常包含以下4方面。

（1）满足规定的文档要求。

（2）软件单元源程序已无错误地通过编译或汇编。

（3）被测试软件单元已被纳入到配置管理中，并已确定所提交的版本为本阶段最终版本。

（4）已具备了满足要求的测试环境和测试工具。

2. 测试策划

当确认上述4个条件都满足后，测试分析人员应根据测试合同（或项目计划）以及被测试软件的设计文档来对被测试软件的各模块进行分析，并确定以下内容。

（1）确定测试充分要求根据软件单元的重要性、测试目标和约束条件，确定测试应覆盖的范围及每一范围所要求的覆盖程度，如分支覆盖率、语句覆盖率、功能覆盖率等，单元的每一个软件特性应至少被一个正常的测试用例和一个异常的测试用例覆盖。

（2）确定测试终止的要求。指定测试过程正常终止的条件（如是否达到测试的充分性要求），并确定导致测试过程异常终止的可能情况（如软件编码错误）。

（3）确定用于测试的资源要求。包括软件（如操作系统、编译软件、静态分析软件、测试驱动软件等）、硬件（如计算机、设备接口等）、人员数量、人员技能等。

（4）确定需要测试的软件特征。根据软件设计文档的描述确定软件单元的功能、性能、状态、接口、数据结构、设计约束等内容和要求，并对其标识。若有需要可将其分类，并从中确定需测试的软件特性。

（5）确定测试需要的技术和方法，如测试数据生成和验证技术等。

（6）根据测试合同（或项目计划）的要求和被测试软件的特点确定测试准出条件。

（7）对测试工作进行风险分析与评估，并制定应对措施。

（8）确定由资源和被测试软件决定的软件单元测试活动的进度。

根据上述分析研究结果，按照测试规范要求编写软件单元测试计划。单元测试计划在软件详细设计阶段完成，其制订的主要依据是"软件需求说明书""软件详细设计说明书"等。同时，还要参考并符合软件的整体测试计划。

单元测试计划的主要内容包括测试时间表、资源分配使用表、测试的基本策略和方法，如是否需要执行静态测试，是否需要测试工具，是否需要编制驱动模块和桩模块等。

应对软件单元测试计划进行评审。评审测试的范围和内容、资源、进度、各方责任等是否明确，测试方法是否合理、有效和可行，风险的分析、评估与对策是否准确可行，测试文档是否符合规范，测试活动是否独立等都属于评审范围。一般情况下，由软件的供方自行组织评审，在单元测试计划通过评审后，进入下一步工作。

单元测试计划完成后并不是立刻进入单元测试，这个时候代码可能还未完成。在代码编制时，软件详细设计文档有可能发生变化，要及时根据最新的详细设计文档来更新"单元测试计划"，并对其进行评审。

3. 测试设计

软件单元测试的设计工作由测试设计人员和测试程序员完成,一般根据单元测试计划完成以下工作。

（1）设计测试用例。将需要测试的软件特性进行分解,针对分解后的每种情况设计测试用例。

（2）获取测试数据。包括获取现有的测试数据和生成新的数据,并按照要求验证所有数据。

（3）确定测试顺序。可从资源约束、风险以及测试用例失效造成的影响或后果等几个方面考虑。

（4）获取测试资源。支持测试的软件和硬件,有的需要从现有的工具中选定,有的需要另行开发。

（5）编写测试程序。包括开发测试支持工具、单元测试的驱动模块和桩模块。

（6）建立和校准测试环境。

（7）按照测试规范的要求编写软件单元测试说明。

（8）应对软件单元测试说明进行评审,评审测试用例是否正确、可行、充分,测试环境是否正确、合理,测试文档是否符合规范。通常由软件测试方自行组织单元测试的评审,通过评审后进入下一步工作。

4. 测试执行

执行测试的工作由测试员和测试分析员完成。

测试员的主要工作是按照单元测试计划和单元测试说明的内容和要求执行测试。单元测试计划是整个单元测试的核心,在执行过程中,应认真观察并如实地记录测试过程、测试结果和发现的差错,填写测试记录。

测试分析员的工作有以下两方面。

（1）根据每个测试用例的期望测试结果、实际测试结果和评审准则判定该测试用例是否通过。如果不通过,测试分析员应认真分析情况,并根据情况采取相应措施。

（2）当所有的测试用例都执行完毕,测试分析员要根据测试的充分性要求和失效记录确定测试工作是否充分,是否需要增加新的测试。当测试过程正常终止时,如果发现测试工作不足,测试分析员应对软件单元进行补充测试,直到测试达到预期要求,并将附加的内容记录在单元测试报告中。当测试过程异常终止时,应记录导致终止的条件、未完成的测试和未被修改的差错等。

测试员依据需求定义、"详细设计说明书"等来完成单元测试用例的执行。并对测试中发现的错误或缺陷进行记录,生成"缺陷跟踪报告",将该报告及时反馈给开发人员,以便开发人员及时修改。

如果需要进行静态测试,还要用到相应的标准及规范文档,编制"代码审查检查表"。

5. 测试总结

测试分析员应根据被测软件的设计文档、单元测试计划、单元测试说明、测试记录和软件问题报告单等分析和评价测试工作,一般应在单元测试报告中记录以下内容。

（1）总结单元测试计划和单元测试说明的变化情况及其原因。

（2）对测试异常终止情况,确定未能被测试活动充分覆盖的范围。

（3）确定未能解决的软件测试时间以及不能解决的理由。

（4）总结测试所反映的软件单元与软件设计文档之间的差异。

（5）将测试结果连同所发现的出错情况同软件设计文档对照,评价单元的设计与实现,提出软件改进建议。

（6）按照测试规范要求编写软件单元测试报告,内容包括测试结果分析、对单元的评价和建议。

（7）根据测试记录和软件问题报告单编写测试问题报告。

应对单元测试执行活动、软件单元测试报告、测试记录和测试问题报告进行评审。评审测试执行活动的有效性、测试结果的正确性和合理性、测试目的是否达到、测试文档是否符合要求。一般情况下,评审由软件测试方自行组织。

软件单元测试完成后形成的文档一般应有软件单元测试计划、软件单元测试说明、软件单元测试报告、软件单元测试记录和软件单元测试问题报告等。可以根据需要对以上文档及文档的内容进行裁剪。

5.3 单元测试的分析

5.3.1 单元测试的策略

单元测试通常在编码阶段进行。在源程序代码编制完成,经过评审和验证,确认没有语法错误之后,便可以开始设计单元测试用例。

由于模块并不是一个独立程序,在考虑测试模块时,同时要考虑与其有关的外界联系,因此可以使用一些辅助模块去模拟与被测试模块相关的其他模块。辅助测试模块分为以下两种。

（1）驱动模块（Driver）：用来模拟被测模块的上级调用模块,功能要比真正的上级模块简单得多,仅仅是接受测试数据,并向被测试模块传递测试数据,启动被测模块,回收并输出测试结果。

（2）桩模块（Stub）：用来模拟被测模块在执行过程中调用的模块。它接受被测模块输出的数据并完成它被指派的任务。

图 5-1(a)表示被测软件的结构,图 5-1(b)表示用驱动模块和桩模块建立的测试模块 B 的环境。

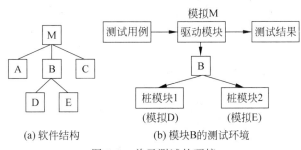

(a) 软件结构   (b) 模块B的测试环境

图 5-1 单元测试的环境

驱动模块和桩模块的编写会给软件开发带来额外开销,并且它们不需要和最终的软件一起提交。因此,应在保证测试质量的前提下尽量避免开发驱动模块和桩模块,以降低测试工作量。当需要模拟的单元比较简单的时候（如代码段很短、代码结构简单、不含有复杂的循环和逻辑判断、不涉及复杂的动态内存分配和释放等），则无须专门设计驱动模块和桩模块，可以直接将测试代码与被测单元放在一起执行测试。但当被测单元较为复杂时，最好利用驱动模块或桩模块构建测试环境来运行程序。设计桩模块时，最好结合已有的测试用例来设计测试数据，使桩模块在最重要的功能和数据上实现对原始模块的正确模拟，而设计驱动模块时也应结合已有的测试用例，利用用例的测试数据来驱动被测单元，从而降低设计和编写驱动程序的工作量。

5.3.2 单元测试的用例设计

测试用例设计遵循与软件设计相同的工程原则。单元测试用例设计的具体阶段如下。

（1）测试策略。

（2）测试计划。

（3）测试描述。

（4）测试过程。

上述 4 个设计阶段适用于从单元测试到系统测试各个层面的测试。测试设计由软件设计说明驱动。单元测试用于验证模块单元实现了模块设计中定义的规格，一个完整的单元测试说明应该包含正面测试（Positive Testing）和负面的测试（Negative Testing）。正面测试验证程序应该执行的工作，负面测试则验证程序不应该执行的工作。

设计富有创造性的测试用例是测试设计的关键。本节将介绍测试说明的一般设计过程，描述一些结构化程序设计单元测试时采用的用例设计技术，同时也将增加介绍面向对象编程中对类进行单元测试采用的测试用例设计技术，这些可作为软件测试人员的参考阅读资料。

一旦模块单元设计完毕，下一个开发阶段就是设计单元测试。值得注意的是，如果在编写代码之前设计测试，测试设计就会显得更加灵活。一旦代码完成，对软件的测试可能会倾向于测试该段代码在做什么（这根本不是真正的测试），而不是测试其应该做什么。单元测试说明实际上由一系列单元测试用例组成，每个测试用例应该包含 4 个关键元素。

（1）被测单元模块的初始状态声明，即测试用例的开始状态（仅适用于被测单元维持调用前状态的情况）。

（2）被测单元的输入，包含由被测单元读入的任何外部数据值。

（3）该测试用例实际测试的代码，用被测单元的功能和测试用例设计中使用的分析来说明，如单元中哪一个决策条件将被测试。

（4）测试用例的期望输出结果。测试用例的期望输出结果总是应该在测试进行之前在测试说明中定义。

下面描述进行测试用例设计的 7 步通用步骤。

1）首先使被测单元运行

任何单元测试说明的第一个测试用例都应该以一种可能的简单方法执行被测单元。看到被测单元第一个测试用例的运行成功可以增强人的自信心。如果其不能被正确执行，最好选择一个尽可能简单的输入对被测单元进行测试/调试。

这个阶段适合的技术有以下两种。

（1）模块设计导出的测试。

（2）对等区间划分。

2）正面测试

正面测试的测试用例用于验证被测单元能否执行应该完成的工作。测试设计者应该查阅相关的设计说明,使每个测试用例测试模块设计说明中的一项或多项陈述。如果涉及多个设计说明,最好使测试用例的序列对应一个模块单元的主设计说明。

正面测试适合使用的技术如下。

（1）设计说明导出的测试。

（2）对等区间划分。

（3）状态转换测试。

3）负面测试

负面测试用于验证软件是否执行其不应该完成的工作。这一步骤主要依赖于错误猜测,需要依靠测试设计者的经验来判断可能出现问题的位置。

适合负面测试的技术如下。

（1）错误猜测。

（2）边界值分析。

（3）内部边界值测试。

（4）状态转换测试。

4）设计需求中其他测试特性用例设计

如果需要,应该针对性能、余量、安全需要、保密需求等来设计测试用例。在有安全保密需求的情况下,重视安全保密分析和验证是方便的。针对安全保密问题的测试用例应该在测试说明中进行标注,同时应该加入更多的测试用例来测试所有的保密和安全风险问题。

适合这一阶段使用的技术主要是设计说明导出的测试。

5）覆盖率测试用例设计

应该增加更多的测试用例到单元测试说明中以达到特定测试的覆盖率目标。一旦覆盖测试设计好,就可以构造测试过程和执行测试。覆盖率测试一般要求语句覆盖率和判断覆盖率达到一定水准。

适合应用于这一阶段的技术如下。

（1）分支测试。

（2）条件测试。

（3）数据定义—使用测试。

（4）状态转换测试。

6）测试执行

使用上述 5 个步骤设计的测试说明在大多数情况下可以实现一个比较完整的单元测试。到这一步,就可以使用测试说明来构造实际用于执行测试的测试过程。该测试过程可能是特定测试工具的一个测试脚本。

测试过程的执行可以查出模块单元的错误,然后进行修复和重新测试。在测试过程中的动态分析可以产生代码覆盖率测量值,以指示覆盖目标已经达到指定的要求。因此需要在测试设计说明中增加一个完善代码覆盖率的步骤。

7）完善代码覆盖率

由于模块单元的设计文档规范不一,故在测试设计中可能引入人为的错误,测试执行后,复杂的决策条件、循环和分支的覆盖率目标可能并没有达到,这时就需要进行分析找出原因。导致一些重要执行路径没有被覆盖的原因可能有以下几个。

(1) 不可行路径或条件。应该在测试说明中标注证明该路径或条件没有测试的原因。

(2) 不可到达或冗余代码。正确处理方法是删除这种代码。这种分析容易出错,特别是使用防卫式程序设计技术(Defensive Programming Techniques)时,如有疑义,这些防卫性程序代码就不要删除。

(3) 测试用例不足。应该重新提炼测试用例,设计更多的测试用例并将其添加到测试说明中,以覆盖没有执行过的路径。

理想情况下,完善代码覆盖率这一步骤应该在不阅读实际代码的情况下进行。然而,为达到覆盖率目标,看一下实际代码也是需要的。该步骤重要程度相对小一些。最有效的测试来自分析和说明,而不是来自试验,依赖这个步骤补充一份好的测试设计。

适合这一阶段的技术如下。

(1) 分支测试。

(2) 条件测试。

(3) 设计定义—试验测试。

(4) 状态转换测试。

注意到前面产生测试说明的 7 个步骤可以用下面的方法完成。

(1) 通常应该避免依赖先前测试用例的输出,在测试用例的执行序列早期发现的错误可能导致其他的错误,这些错误的出现会产生判定跳转,从而造成测试执行时实际测试代码量的减少。

(2) 测试用例设计过程中,包括作为试验执行这些测试用例时,常常可以在软件构建前就发现 Bug,还有可能在测试设计阶段比测试执行阶段发现更多的 Bug。

(3) 在整个单元测试设计中,主要的输入应该是被测单元的设计文档。在某些情况下,需要将试验实际代码作为测试设计过程的输入,测试设计者必须意识到不是在测试代码本身。从代码构建出来的测试说明只能证明代码执行完成的工作,而不是代码应该完成的工作。

5.4 单元测试的案例

本节利用风靡全球的"俄罗斯方块游戏排行榜"的程序作为案例来串讲本章的内容。

5.4.1 测试策划

1. 目的

俄罗斯方块游戏(Tetris)的排行榜功能经过编码后,在与其他模块进行集成之前,需要经过单元测试,测试其功能点的正确性和有效性。以便在后续的集成工作中不会引入更多的问题。

2. 背景

俄罗斯方块是一款风靡全球的电视游戏机和掌上游戏机游戏,它由俄罗斯人阿列克谢·帕基特诺夫发明,故得此名。俄罗斯方块的基本规则是移动、旋转和摆放游戏自动输出的各种方块,使之排列成完整的一行或多行并且消除得分。

排行榜功能是俄罗斯方块游戏中不可或缺的一部分,其用于将当前用户的得分与历史得分记录进行比较并重新排序。

该程序主要涉及的功能点有历史记录文件的读取、分数排名的计算与排序、新记录文件的保存、新记录的显示等。这些功能将在一局游戏结束,并获取到该局游戏的得分后启动。

3. 待测源代码

```
1    private void_gameOver (int_score)//游戏结束
2    {//Display game over
3        string s = "您的得分为: ";
4        string al = "";
5        char[] A = {};
6        int i = 1;
7        _blockSurface.FontStyle = new Font(FontFace,BigFont); //设置基本格式
8        _blockSurface.FontFormat.Alignment = StringAlignment.Near;
9        _blockSurface.DisplayText = "GAME OVER!!";
10       string sc = Convert.ToString(_score); //得到当前玩家的分数
11        //write into file;
12       string path = "D:\test2.txt"; //文件路径
13       try{
14       FileStream fs = new FileStream
15               (path,FileMode.OpenOrCreate,FileAccess.ReadWrite);
16       StreamReader strmreader = new StreamReader(fs); //建立读文件流
17       String[] str = new String[5];
18       String[] split = new String[5];
19       while(strmreader.Peek()!= -1)
20         {
21           for(i = 0;i < 5;i++)
22           {
23             str[i] = strmreader.ReadLine();    //以行为单位进行读取,赋予数组
24                                                //str[i]
25             //按照": "将文字分开,赋予数组 split [i]
26             split[i] = str[i].split(':')[1];
27           }
28         }
29       person1 = Convert.ToInt32(split[0]); //split[0]的值赋予第一名
30       person2 = Convert.ToInt32(split[1]); //split[1]的值赋予第二名
31       person3 = Convert.ToInt32(split[2]); //split[2]的值赋予第三名
32       person4 = Convert.ToInt32(split[3]); //split[3]的值赋予第四名
33       person5 = Convert.ToInt32(split[4]); //split[4]的值赋予第五名
34       strmreader.Close(); //关闭流
35       fs.Close();
36       FileStream ffs = new
37               FileStream(path,   FileMode.OpenOrCreate,
38   FileAccess.ReadWrite));
39       StreamWriter sw = new StreamWriter(ffs)//建立写文件流
40       if(_score > person1)//如果当前分数大于第一名,排序
41       { person5 = person4; person4 = person3; person3 = person2; person2 = person1; p
42         erson1 = _score;}
43       else if(_score > person2)//如果当前分数大于第二名,排序
44       { person5 = person4; person4 = person3; person3 = person2; person2 =
45       _score;}
46       else if(_score > person3)//如果当前分数大于第三名,排序
```

47	{ person5 = person4; person4 = person3; person3 = _score;}
48	else if(_score > person4)//如果当前分数大于第四名,排序
49	{ person5 = person4; person4 = _score; }
50	else if(_score > person5)//如果当前分数大于第五名,排序
51	{ person5 = _score;}
52	//在文件中的文件内容
53	string pp1 = "第一名: " + Convert.ToString(person1);
54	string pp2 = "第二名: " + Convert.ToString(person2);
55	string pp3 = "第三名: " + Convert.ToString(person3);
56	string pp4 = "第四名: " + Convert.ToString(person4);
57	string pp5 = "第五名: " + Convert.ToString(person5);
58	string
59	ppR = pp1 + "\r\n" + pp2 + "\r\n" + pp3 + "\r\n" + pp4 + "\r\n" + pp5 + "\r\n";
60	byte[ ] info = new UTF8Encoding(true).GetBytes(ppR);
61	sw.Write(ppR); //将内容写入文件
62	sw.Close();
63	ffs.Close();
64	}
65	Catch(Exception ex)
66	{
67	Console.WriteLine(ex.ToString());
68	}
69	s = s + "" + sc;
70	//Draw surface to display text;
71	MessageBox.Show(s); //在界面中显示排行榜内容
72	}

5.4.2 测试设计

下面将利用相关静态和动态(白盒测试、黑盒测试)方法对案例进行相应的测试,得到测试报告与错误列表,在实际项目中可进一步反馈给开发方进行 Bug 的确认与修复。

1. 代码走查

利用代码走查的方法检查该模块的代码,对代码质量进行初步评估。具体实现如表 5-1 所示。

表 5-1 代码走查情况记录

序号	项目	发现的问题
1	程序结构	① 代码结构清晰,具有良好的结构外观 ② 函数定义清晰 ③ 结构设计能够满足机能变更 ④ 整个函数组合合理 ⑤ 所有主要的数据构造描述清楚、合理 ⑥ 模块中所有的数据结构都定义为局部的 ⑦ 为外部定义了良好的函数接口
2	函数组织	① 函数都有一个标准的函数头声明 ② 函数组织:头、函数名、参数、函数体 ③ 函数都能够在最多两页纸上打印 ④ 所有变量声明每行只声明一个 ⑤ 函数名小于 64 个字符

序号	项目	发现的问题
3	代码结构	① 每行代码都小于 80 个字符 ② 所有的变量名都小于 32 个字符 ③ 所有的行每行最多只有一句代码或一个表达式 ④ 复杂的表达式具备可读性 ⑤ 续行缩进 ⑥ 括号在合适位置 ⑦ 注解在代码上方,注释的位置不太好
4	函数	① 函数头清楚地描述函数及其功能 ② 代码中几乎没有相关注解 ③ 函数的名字清晰地定义了它的目标以及函数所做的事情 ④ 函数的功能清晰定义 ⑤ 函数高内聚;只做一件事情并做好 ⑥ 参数遵循一个明显的顺序 ⑦ 所有的参数都被调用 ⑧ 函数的参数个数小于 7 个 ⑨ 使用的算法说明清楚
5	数据类型与变量	① 数据类型不存在数据类型解释 ② 数据结构简单,以便降低复杂性 ③ 每一种变量都没有明确分配正确的长度、类型和存储空间 ④ 每一个变量都初始化了,但并不是每一个变量都在接近使用它的地方才初始化 ⑤ 每一个变量都在最开始的时候初始化 ⑥ 变量的命名不能完全、明确地描述该变量代表什么 ⑦ 命名不与标准库中的命名相冲突 ⑧ 程序没有使用特别的、易误解的、发音相似的命名 ⑨所有的变量都用到了
6	条件判断	① 条件检查和结果在代码中清晰 ② if/else 使用正确 ③ 普通的情况在 if 下处理而不是 else ④ 判断的次数降到最小 ⑤ 判断的次数不大于 6 次,无嵌套的 if 链 ⑥ 数字、字符、指针和 0/null/false 判断明确 ⑦ 所有的情况都考虑到 ⑧ 判断体足够短,使得一次可以看清楚 ⑨ 嵌套层次小于 3 次 ⑩ 条件比较的常量没有写到前面
7	循环	① 循环体不空 ② 循环之前做好代码初始化 ③ 循环体能够一次看清楚 ④ 代码中不存在无穷次循环 ⑤ 循环的头部进行循环控制 ⑥ 循环索引没有有意义的命名 ⑦ 循环设计得很好,它只干一件事情

107

第 5 章

序号	项目	发现的问题
7	循环	⑧ 循环终止的条件清晰 ⑨ 循环体内的循环变量起到指示作用 ⑩ 循环嵌套的次数小于 3 次
8	输入输出	① 所有文件的属性描述清楚 ② 所有 OPEN/CLOSE 调用描述清楚 ③ 文件结束的条件进行检查 ④ 显示的文本无拼写和语法错误
9	注释	① 注释不清楚,主要的语句没有注释 ② 注释过于简单 ③ 看到代码不一定能明确其意义

从表 5-1 的分析中可以看出,本模块的代码基本情况如下。

(1) 代码直观。

(2) 代码和设计文档对应。

(3) 无用的代码已经被删除。

(4) 注释过于简单。

2. 基本路径测试法

基本路径测试法是在程序控制流图的基础上,通过分析控制构造的环路复杂性,导出可执行的路径集合,从而设计测试用例的方法。首先需要简化程序模块,绘制程序模块如图 5-2 所示。接着按照模块图的设计路径来覆盖策略。主要可分为以下 4 步执行。

1) 绘制程序的控制流图

基本路径测试法的第一步是绘制控制流图,根据程序模块图的逻辑关系,获得该程序块的控制流图,如图 5-3 所示。

2) 计算环路复杂度

其次是根据控制流图计算环路复杂度,环路复杂度是一种为程序逻辑复杂性提供定量测度的软件度量,该度量将用于计算程序基本的独立路径数目,为确保所有语句至少执行一次的测试数量的上界。

$$V(G) = P + 1 = 5 + 1 = 6$$

根据以上公式确定至少要覆盖 6 条路径。

3) 导出独立路径

根据控制流图可以方便地得到以下 6 条路径。

path1:1—2—11。

path2:1—3—4—11。

path3:1—3—5—6—11。

path4:1—3—5—7—8—11。

path5:1—3—5—7—9—10—11。

path6:1—3—5—7—9—11。

4) 设计测试用例

最后设定一组初始参数,以此来设计测试用例。令:

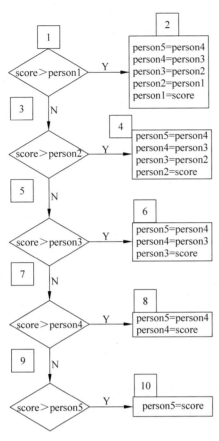

图 5-2　程序模块图

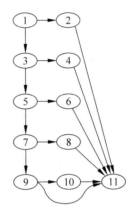

图 5-3　程序模块的控制流图

person1＝23

person2＝20

person3＝10

person4＝6

person5＝4

作为测试输入,可设计测试用例如表 5-2 所示。

表 5-2　基本路径法测试用例

编号	输入数据	输出数据					路径覆盖	判断覆盖
	score	person1	person2	person3	person4	person5		
1	24	24	23	20	10	6	1-2-11	T
2	21	23	21	20	10	6	1-3-4-11	FT
3	15	23	20	15	10	6	1-3-5-6-11	FFT
4	8	23	20	10	8	6	1-3-5-7-8-11	FFFT
5	5	23	20	10	6	5	1-3-5-7-9-10-11	FFFFT
6	0	23	20	10	6	4	1-3-5-7-9-11	FFFFF

3. 边界值分析

边界值分析法利用输入变量的最小值、略大于最小值、输入范围内任意值、略小于最大值、最大值等来设计测试用例。

由于输入的只会是数据,且数据均大于 0,因此可令:

person1 = 23

person2 = 20

person3 = 10

person4 = 6

person5 = 4

采用边界值法设计测试用例如表 5-3 所示。

表 5-3　边界值法测试用例

序号	测试内容	输入数据(score)	期 望 结 果				
1	从大到小排序	23	person1=23	person2=23	person3=20	person4=10	person5=6
2	从大到小排序	24	person1=24	person2=23	person3=20	person4=10	person5=6
3	从大到小排序	4	person1=23	person2=20	person3=10	person4=6	person5=4
4	从大到小排序	3	person1=23	person2=20	person3=10	person4=6	person5=4
5	从大到小排序	12	person1=23	person2=20	person3=12	person4=10	person5=6

5.4.3　测试执行

将设计的测试用例整理合并为测试用例集合,必要时需要开发相应的驱动模块和桩模块。本次测试需要开发一个驱动模块,用于初始化相应的参数,并调用待测模块以达到测试效果。驱动模块代码如下。

```
1    import java.io.BufferedReader;
2    import java.io.IOException;
3    import java.io.InputStreamReader;
4     public class Main(){
5      public static void main(String[] args)throws IOException{
6         int person1 = 23,person2 = 20,person3 = 10,person4 = 6,person5 = 4;
7         int score;
8         String s;
9         BufferedReader bf = new BufferedReader(new
10   InputStreamReader(System.in));
11        s = bf.readLine();
12        score = Integer.valueOf(s);
13        _gameOver(score);
14      }
15   }
```

5.4.4　测试总结

测试结果可利用 Bug 记录平台进行记录,在实际项目中则可反馈给开发人员,由开发人员确认并修复。

测试结束后,形成测试报告。

5.5　本　章　小　结

通过单元测试可以验证开发人员编写的代码是否能按照设想的方式执行,并确保其产生符合预期值的结果,这就实现了单元测试的目的。相比后面阶段的测试,单元测试的创建更简单,维护更容易,并且可以更方便地重复进行。从全程的费用来考虑,比起那些复杂且旷日持久的集成测试,对一些不稳定的软件系统来说,单元测试所需的费用是很低的。

模块单元设计完毕之后的开发阶段就是单元测试。值得注意的是,如果在编写代码之前就进行单元测试,那么测试设计就会显得更加灵活。因为一旦代码完成,对软件的测试可能就会受制于代码,倾向于测试该段代码完成什么功能,而不是测试这段代码应该做什么。因此,应该把单元测试的设计放在详细设计阶段而非代码完成阶段。

5.6　习　　　题

1. 以下关于单元测试的叙述,不正确的是(　　　)
    A. 单元测试是指对软件中的最小可测试单元进行检查和验证
    B. 单元测试是在软件开发过程中要进行的最低级别的测试活动
    C. 结构化编程语言中的测试单元一般是函数或子过程
    D. 单元测试不能由程序员自己完成
2. 单元测试的测试内容包括(　　　)。
① 模块接口。
② 局部数据结构。
③ 模块内路径。
④ 边界条件。
⑤ 错误处理。
⑥ 系统性能。
    A. ①②③④⑤⑥　　　B. ①②③④⑤　　　C. ①②③④　　　　D. ①②③
3. 单元测试主要针对的是模块的几个基本特征,故该阶段不能完成的测试是(　　　)。
    A. 系统功能　　　　　　　　　　B. 局部数据结构
    C. 重要的执行路径　　　　　　　D. 错误处理

第 6 章　集 成 测 试

　　将经过单元测试的模块按照设计要求连接起来,组成规定的软件系统的过程被称为"集成"。集成测试也被称为组装测试、联合测试、子系统测试或部件测试等,其主要用于检查各个软件单元之间的接口是否正确。集成测试同时也是单元测试的逻辑扩展,即在单元测试基础之上将所有模块按照概要设计的要求组装成为子系统或系统,然后进行测试。但是,不同的集成策略会导致集成测试方法的选择不同。在实际工作中,时常有这样的情况发生:每个模块都能单独工作,但是这些模块集成在一起后就不能正常工作。其主要原因是模块间相互调用时会引入许多新的问题:数据经过接口可能丢失;一个模块对另一个模块可能造成不应有的影响;单个模块可以接受的误差在组装后不断累积,达到了不可接受的程度等。所以,单元测试后必须进行集成测试,发现并排除这些单元在集成后可能发生的问题,最终构成符合要求的软件系统。

　　集成测试主要关注的问题:应该测试哪些构件和接口? 以什么样的次序进行集成? 有哪些集成测试策略?

6.1　集成测试概述

视频讲解

　　集成是多个待测单元的聚合,许多单元组合成模块,而这些模块又聚合成程序的更大部分,如子系统和系统。集成测试主要使用黑盒测试方法来测试集成单元的功能,并且还要对以前的集成进行回归测试。当集成后的某单元发生了修改,则此时就需要进行回归测试,验证与该单元组装在一起的其他单元(尤其是上层单元)能否正常工作。

6.1.1　集成测试的原则

　　为了做好集成测试,需要遵循以下原则。

　　(1)集成测试应当尽早开始,并以概要设计规约为基础。

　　(2)集成测试应当根据集成测试计划和方案进行,排除测试的随意性。

　　(3)在模块和接口的划分上,测试人员应当和开发人员进行充分的沟通。

　　(4)项目管理者保证测试用例经过了审核。

　　(5)集成测试应当按照一定的层次进行。

　　(6)选择集成测试的策略应当综合考虑质量、成本和进度三者之间的关系。

　　(7)所有公共的接口都必须被测试到。

　　(8)关键模块必须进行充分的测试。

　　(9)测试结果应该被如实记录。

（10）当接口发生修改时，涉及的相关接口都必须进行回归测试。

（11）当满足测试计划中的结束标准时，集成测试结束。

6.1.2 集成测试的必要性

集成测试主要用于识别组合单元之间的问题。在集成测试前要求确保每个单元具有一定质量，即单元测试应该已经完成。因此集成测试是检测单元交互问题，一个集成测试的策略必须回答以下 3 个问题。

（1）哪些单元是集成测试的重点？

（2）单元接口应该以什么样的顺序进行检测？

（3）应该使用哪种测试技术来检测每个接口？

单元范围内的测试是寻找单元内的错误，系统范围内的测试则是在查找导致不符合系统功能的错误。大多数互操作的错误不能通过孤立地测试一个单元而发现，所以集成测试是必要的。集成测试的首要目的是揭示单元互操作性的错误，这样系统测试就可以在最少可能被中断的情况下进行。

在实践中，集成是指多个单元的聚合，许多单元组合成模块，而这些模块又聚合成程序，如分系统或系统。集成测试采用的方法是测试软件单元的组合能否正常工作，以及与其他组的模块能否集成起来工作。最后，其还要测试构成系统的所有模块组合能否正常工作。集成测试依据的测试标准是软件概要设计规格说明，任何不符合该说明的程序模块行为都应该被称为缺陷。

所有的软件项目都不能跨越集成测试这个阶段。不管采用什么开发模式，具体的开发工作总得从一个一个的软件单元做起，软件单元只有经过集成才能形成一个有机的整体。

具体的集成过程可能是显性的也可能是隐性的。只要有集成，总是会出现一些常见问题，工程实践中几乎不存在软件单元组装过程中不出任何问题的情况。集成测试需要花费的时间远远超过单元测试，直接从单元测试过渡到系统测试是极不妥当的做法。

集成测试的必要性还体现在一些模块虽然能够单独地工作，但并不能保证其被连接起来后也能正常工作。程序在某些局部反映不出来的问题，有可能在全局上暴露出来，并进一步影响功能的实现。此外，在某些开发模式，如迭代式开发，其设计和实现是迭代进行的，在这种情况下，集成的意义还在于能间接地验证概要设计是否具有可行性。

集成测试的目的是确保各单元组合在一起后能够按既定意图协作运行，并确保增量的行为正确。集成测试的内容包括单元间的接口测试以及集成后的功能测试等。

6.1.3 集成测试的内容

软件集成测试一般采用静态测试和动态测试两种方法结合进行，静态测试方法常采用静态分析、代码走查等。进行静态测试时，所选择的静态测试方法与测试的内容有关。动态测试方法常采用白盒测试方法和黑盒测试方法，静态测试通常先于动态测试进行。

当动态测试时，可以从全局数据结构及软件的适合性、准确性、互操作性、容错性、时间特性、资源利用性等这几个软件质量子特性方面考虑，确定测试内容。应根据软件测试合同、软件设计文档的要求及选择的测试方法来确定测试的具体内容，具体如下。

（1）全局数据结构。测试全局数据结构的完整性，包括数据的内容、格式等，并从内部数据结构对全局数据结构的影响这一角度入手进行测试。

（2）适合性。应对软件设计文档分配给已集成软件的每一项功能逐项进行测试。

（3）准确性。可对软件中具有准确性要求的功能和精度要求的项（如数据处理精度、时间控制精度、时间测量精度）进行测试

（4）互操作性。可考虑测试以下两种接口：所加入的软件单元与已集成软件之间的接口；已集成软件与支持其运行的其他软件、例行程序或硬件设备的接口。对输入和输出接口的数据之格式、内容、传递方式、接口协议等进行测试。

（5）容错性。可考虑测试已集成软件对差错输入、差错中断、漏中断等情况的容错能力，并考虑通过仿真平台或硬件测试设备形成一些人为条件，以测试软件功能、性能的降级运行情况。

（6）时间特性。可考虑测试已集成软件的运行时间，算法的最长路径下的计算时间等。

（7）资源利用性。可考虑测试软件运行占用的内存空间和外存空间。

软件集成的总体计划和特定的测试描述应该在测试规格说明中实现文档化。这项工作的产出物包含测试计划和测试规程，并应属于软件配置的一部分。测试可以分为若干个阶段和处理软件特定功能、行为特征的若干个构造来实施。

由于集成测试不是在真实环境下进行，而是在开发环境或是一个独立的测试环境下进行的，所以集成测试所需人员一般会从开发组中选出，在开发组长的监督下进行，开发组长负责保证在合理的质量控制和监督下使用合适的测试技术执行充分的集成测试。在集成测试中，测试过程应由一个独立测试观察员来监控。

集成测试的主要任务是解决以下 5 个问题。

（1）将各模块连接起来，检查模块相互调用时数据在经过接口的过程中是否丢失。

（2）将各个子功能组合起来，检查能否达到预期要求的各项功能。

（3）某个模块的功能是否会对另一个模块的功能产生不利的影响。

（4）全局数据结构是否有问题，会不会被异常修改。

（5）单个模块的误差积累起来是否会被放大，从而达到不可接受的程度。

6.1.4　集成测试的过程

1. 集成测试计划的编制

集成测试是一项必须完成的任务，因此需要精心计划，并与单元测试的完成时间协调起来。在制定测试计划时，应考虑如下因素。

（1）系统集成方式。

（2）集成过程中连接各个模块的顺序。

（3）模块代码编制和测试进度是否与集成测试的顺序一致。

（4）测试过程中是否需要专门的硬件设备。

解决了上述问题之后，就可以列出各个模块的编制、测试计划表，标明每个模块单元测试完成的日期、首次集成测试的日期、集成测试全部完成的日期以及需要的测试用例和所期望的测试结果。

2. 集成测试过程

集成测试的一般步骤如下。

（1）制订集成测试计划。

（2）设计集成测试。

（3）实施集成测试。

（4）执行集成测试。

（5）评估集成测试结果。

集成测试主要由系统设计人员和软件评测人员配合完成，开发人员也可参与集成测试。集成测试相对来说是较为复杂的，而且不同技术、平台和应用的差异也较大，这些差异更多的是和开发环境融合在一起。集成测试确定的测试内容主要来源于设计模型。集成测试人员的工作过程如表 6-1 所示。

表 6-1　集成测试人员的工作过程

过　　程	工 作 内 容	工 作 结 果	人 员 和 职 责
制订集成测试计划	设计模型、集成构建计划	集成测试计划	测试设计人员负责制订集成测试计划
设计集成测试	集成测试计划、设计模型	集成测试用例、集成过程	测试设计人员负责设计集成测试用例和测试过程
实施集成测试	集成测试用例、测试过程、工作版本	驱动模块或桩模块、测试脚本、测试过程	测试设计人员负责设计驱动模块和桩模块，编制测试脚本，更新测试过程；实施员负责实施驱动模块和桩模块
执行集成测试	工作版本、测试脚本	测试结果	测试人员负责执行测试并记录测试结果
评估集成测试	集成测试计划、测试结果	测试评估报告	测试设计人员负责与集成员、编码员等共同进行具体评估测试，并产生测试评估报告

3. 集成测试的完成标准

判定集成测试过程是否完成，可从以下几个方面着手检查。

（1）成功地执行了测试计划中规定的所有集成测试。

（2）修正了所发现的错误。

（3）测试结果通过了专门小组的评审。

在完成预定的集成测试工作之后，测试人员应负责对测试结果进行整理、分析，然后形成测试报告。测试报告中要记录实际的测试结果、在测试中发现的问题、解决这些问题的方法以及解决之后再次测试的结果。此外还应提出目前不能解决、还需要管理人员和开发人员注意的一些问题，提供测试评审和最终决策，以提出处理意见。

6.2　集成测试策略

集成测试策略直接关系到测试的效率、结果等，一般要根据具体的系统来决定采用哪种模式。集成测试策略大部分是独立于应用领域的，基本可以概括为以下两种：非增量式测试方法和增量式测试方法。非增量式测试方法采用一步到位的方法来进行测试，对所有模块进行个别的单元测试后，按程序结构图将各模块连接起来，把连接后的程序当作一个整体来进行测试，如大爆炸集成便是如此；增量式测试方法即把下一个要测试的模块同已经测试好的模块结合起来进行测试，测试完以后再把下一个应该测试的模块与已完成测试的模块结合起来测试。增量测试方法包括自顶向下测试、自底向上测试、混合策略集成测试、三明治集成测试等。

6.2.1 大爆炸集成

大爆炸集成是典型的非增量式测试方法,其在整个系统已经建立后能够在系统范围内进行测试以证实系统具有最低限度的可操作性。若程序模块层次结构图如图 6-1 所示,则大爆炸式集成策略如图 6-2 所示。

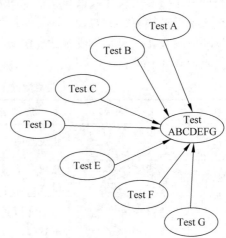

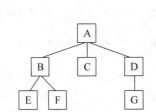

图 6-1　程序模块层次结构图　　　　图 6-2　大爆炸集成

大爆炸集成的优点有如下几个。

(1) 可以并行测试所有模块。

(2) 需要的测试用例数目较少。

(3) 测试方法简单、易行。

大爆炸集成的缺点有如下几个。

(1) 由于不可避免地存在模块间接口、全局数据结构等方面的问题,所以这种测试一次运行成功的可能性不大。

(2) 如果一次集成的模块数量过多,集成测试后可能会出现大量的错误。另外,修改了一处错误之后,很可能会新增更多的错误,新旧错误混杂会给程序的错误定位与修改带来很大的麻烦。

(3) 即使集成测试通过,也很容易遗漏很多错误。

6.2.2 自顶向下集成

自顶向下集成测试策略指导的逐步集成和逐步测试是按照结构图自上而下进行的,即模块集成顺序是首先集成主模块,然后按照软件控制的层次结构向下进行集成。从属于主控模块的子模块按照深度优先策略或广度优先策略依次集成到结构中。一个典型的程序模块层次图如图 6-3 所示。

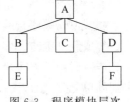

深度优先策略:首先测试结构中的一个主控路径下的所有模块,主控路径的选择是任意的,一般根据问题的特性来确定。

图 6-3　程序模块层次
结构图

广度优先策略:首先沿着水平方向,把每一层中所有直接隶属于上一层的模块集成起来,直至最底层。

自顶向下的集成方式具体测试步骤如下。

(1) 以主模块为被测模块,主模块的直接下属模块则用桩模块来代替。

(2) 采用深度优先策略(图 6-4)或广度优先策略(图 6-5),用实际模块替换相应的桩模块(每次仅替换一个或少量几个桩模块,视模块接口的复杂程度而定),它们的直接下属模块则又用桩模块代替,与已测试模块或子系统集成为新的子系统。

(3) 对新形成的子系统进行测试,发现和排除模块集成过程中引发的错误,并做回归测试。

(4) 若所有模块都已集成到系统中,则结束集成;否则转到步骤(2)。

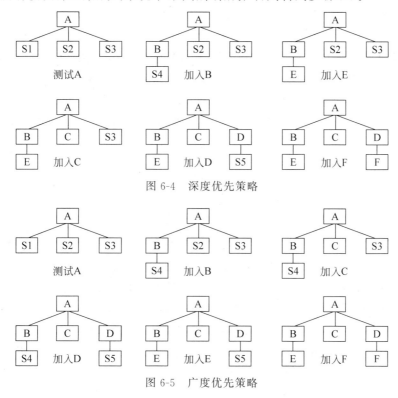

图 6-4　深度优先策略

图 6-5　广度优先策略

自顶向下集成方法的主要优点如下。

(1) 可以尽早地发现和修复模块结构图中主要控制点存在的问题,以减少之后的返工,因为在一个划分合理的模块结构图中,主要的控制点多出现在较高的控制层次上。

(2) 能较早地验证功能的可行性。

(3) 最多只需要一个驱动模块,驱动模块的开发成本较低。

(4) 支持故障隔离。若模块 A 通过了测试,而集成了模块 B 后测试中出现错误,则可以确定错误处于模块 B 内部或 A、B 两个模块之间的接口上。

自顶向下的集成方法的主要缺点如下。

(1) 需要开发和维护大量的桩模块。桩是进行测试的必要部分,实现一个测试需要编写大量的桩。复杂测试的测试用例要求的桩模块是各有不同的,随着桩模块数量的增加,对其管理和维护需要的工作量也会增加。

(2) 如果对已经测试过的单元进行修改,相应地测试该部分的驱动器和桩也要进行修改并重新测试。而且这种修改还会影响到其他相关的单元,这个过程易于出错、成本高昂而且费时。直到最后一个构件代替了它的桩并且通过了测试用例,被测试软件中所有构件的互操作性才会被测试。

为了有效地进行集成测试,软件系统的控制结构应具有较高的可测试性。

随着测试的逐步推进,组装的系统愈加复杂,这将易导致对底层模块测试的不充分,尤其是那些被复用的模块,牵一发而动全身。

在实际应用中,自顶向下的集成方式很少被单独使用,这是因为该方法需要开发大量的桩模块,这将极大地增加集成测试的成本,违背了应尽量避免开发桩模块的原则。

6.2.3 自底向上集成

自底向上集成使用相依性来交错进行集成测试。在迭代或增量开发中,自底向上集成通常用于子系统集成,也就是说,在每个构件编码的同时对其进行测试,然后再将其与已测试的构件集成。自底向上集成很适合具有健壮的、稳定的接口定义的构件系统。自底向上增量式集成策略是从最底层的模块开始,按结构图自下而上逐步进行集成并逐步进行测试工作。由于是从最底层开始集成,测试到较高层模块时,所需的下层模块功能已经具备,因此不需要再使用被调用的模拟子模块来辅助测试。

因为是自底向上进行组装,对于一个给定层次的模块而言,它的所有下属模块已经组装并测试完成,所以不再需要额外开发桩模块。

自底向上集成的步骤如下。

(1)由驱动模块控制最底层模块的并行测试,也可以把最底层模块组合成实现某一特定软件功能的簇,由驱动模块控制它进行测试。

(2)用实际模块代替驱动模块,与它已测试的直属子模块组装成为子系统。

(3)为子系统配备驱动模块,进行新的测试。

(4)判断是否已组装到达主模块,是则结束测试,否则执行步骤(2)。

以图 6-3 所示的系统结构为例,可用图 6-6 的流程来说明自底向上集成测试的顺序。自底向上进行集成和测试时,需要为所测模块或子系统编制相应的测试驱动模块。

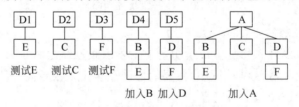

图 6-6 自底向上集成测试策略

自底向上集成方式的主要优点在于,其大大减少了桩模块的开发,虽然需要开发大量驱动模块,但其开发成本要比开发桩模块小;涉及复杂算法和真正输入输出的模块往往在底层,它们是最容易出错的模块,先对底层模块进行测试将大概率减少回归测试成本;在集成的早期实现对底层模块的并行测试,提高了集成的效率;支持故障隔离。

自底向上集成方式的主要缺点在于,其需要大量的驱动模块,主要控制点存在的问题要到集成后期才能修复,需要花费较大成本。故此类集成方法不适合那些控制结构对整个体系至关重要的软件产品。随着测试的逐步推进,组装的系统愈加复杂,底层模块的异常将很难被测试。

在实际应用中,自底向上集成方式比自顶向下集成方式应用更为广泛,尤其是在软件的高层接口变化比较频繁、可测试性不强、软件的底层接口较稳定的场合,更应使用自底向上的集成方式。

6.2.4　三明治集成

三明治集成测试是将自顶向下测试与自底向上测试这两种模式有机结合起来,采用并行的自顶向下、自底向上集成方式所结合形成的方法。三明治集成测试更重要的是采取持续集成的策略,由于软件开发中各个模块往往不是同时完成的,所以根据进度将完成的模块尽可能早地进行集成,有助于尽早发现缺陷,避免集成阶段集中涌现大量缺陷。同时,自底向上集成时,前期完成的模块将是后期模块的驱动模块,这将使后期模块的单元测试和集成测试出现部分交叉,不仅能节省测试代码的编写,也有利于提高工作效率。大多数软件开发项目都可以采用这种集成测试方法。

该策略将系统划分为三层,中间一层为目标层,测试时,对目标层的上面一层采用自顶向下的集成测试方法,而对目标层下面一层则采用自底向上的集成测试方法,最后测试工作在目标层会合,如图 6-7 所示。三明治集成适用于迭代开发的稳定系统。

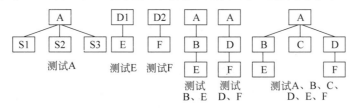

图 6-7　三明治集成

三明治集成方法优点在于,其将自顶向下和自底向上的集成方法有机地结合起来,能够减少桩模块和驱动模块的开发。

三明治集成方法主要缺点则在于,在真正集成之前程序的每一个独立的模块都没有被完全测试过,因此,三明治集成测试可能会面临与大爆炸集成类似的问题,在一定程度上这将增加缺陷定位的难度。

6.2.5　混合集成

混合集成是指对软件结构中较上层的模块,使用的是"自顶向下"法;对软件结构中较下层的模块使用的是"自底向上"法,将两者相结合的方法。以图 6-1 的结构图为例,混合集成策略如图 6-8 所示。

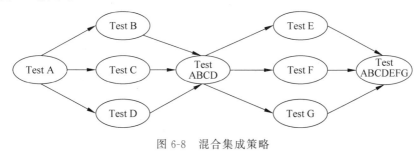

图 6-8　混合集成策略

6.3 集成测试的案例

本节将利用一个实际的集成测试案例——"气象探测库存管理系统"的集成测试计划的制订来介绍集成测试相关内容。

6.3.1 测试前的准备

1. 目的

气象探测库存管理系统经过编码、单元测试后已形成待集成单元,本集成测试计划主要描述如何进行集成测试活动、如何控制集成测试活动、集成测试活动的流程以及集成测试活动的工作安排等。最终确保程序连接起来也能正常工作,确保程序的完整运行。

2. 范围

本次测试计划主要是针对软件的集成测试,不含硬件、系统测试以及单元测试(需要已经完成单元测试)。

主要的任务如下。

(1)测试在把各个模块连接起来的时候,穿越模块接口的数据是否会丢失。

(2)测试各个子功能组合起来后能否达到父功能的预期要求。

(3)测试某个模块的功能是否会对另一个模块的功能产生不利的影响。

(4)测试全局数据结构是否有问题。

(5)测试单个模块的误差积累起来,是否会放大,从而达到不可接受的程度。

主要测试方法是使用黑盒测试方法测试集成的功能,并且迭代地对之前的集成进行回归测试。

3. 术语

入库:气象装备入库是仓储管理业务的第一阶段,是指采购的气象设备进入仓库储存时进行的设备接收、检验检测、搬运、清点数量、检查质量和办理入库手续等一系列活动的总称。气象装备入库管理包括装备接运、装备检验检测、开具合格证和建立装备档案等4方面,其基本要求:保证入库气象装备数量准确、质量符合要求、包装完整无损、手续完备清楚,入库迅速。

出库:气象装备出库业务是仓库根据相关业务部门或装备保障部门开出的气象装备出库凭证(提货单、调拨单),按其所列气象装备编号、名称、规格、型号、数量等项目,组织气象装备出库的一系列工作的总称。出库发放的主要任务:所发放的气象装备必须准确、及时、保质保量地发给收货单位,包装必须完整、牢固、标记正确清楚,核对必须仔细。

盘存:盘存就是定期或不定期地对在库气象装备进行全部或部分清点,以确实掌握该所属周期内的气象装备应用情况,并对此加以改善,加强管理。掌控气象装备的"进(进货)、销(领货)、存(存货)",可避免囤积太多气象装备或缺失气象装备的情况发生,其所得数据对计算成本及损失将是不可或缺的。

软件测试:软件测试是根据软件开发各阶段的规格说明和程序的内部结构而精心设计一批测试用例,并利用这些测试用例运行软件,以发现软件错误的过程。

测试计划:测试计划是指对软件测试的对象、目标、要求、活动、资源及日程进行整体规划,以确保软件系统的测试能够顺利进行的计划性文档。

测试用例：测试用例指对一项特定的软件产品进行测试任务的描述,体现具体测试方案、方法、技术和策略的文档。其内容包括测试目标、测试环境、输入数据、测试步骤、预期结果、测试脚本等。

测试对象：测试对象是指特定环境下运行的软件系统和相关的文档。作为测试对象的软件系统可以是整个业务系统,也可以是业务系统的一个子系统或一个完整的部件。

测试环境：测试环境指对软件系统进行各类测试所基于的软、硬件设备和配置。一般包括硬件环境、网络环境、操作系统环境、应用服务器平台环境、数据库环境以及各种支撑环境等。

6.3.2　测试策划

本系统的集成测试采用自底向上的集成方式。自底向上的集成方式将从程序模块结构中最底层的模块开始组装和测试。因为模块是自底向上进行组装的,对于一个给定层次的模块,由于它的子模块(包括子模块的所有下属模块)事前已经完成组装并经过测试,所以不再需要编制桩模块(一种能模拟真实模块,给待测模块提供调用接口或数据的测试用软件模块)。选择这种集成方式是因为管理方便,且测试人员能较好地锁定软件故障所在位置。

软件集成顺序采用自底向上的集成方式,先子系统,再顶系统。

子系统集成顺序上,功能集成采用先查找,后增加、删除、修改的顺序。

模块集成采用先入库出库模块,后盘点和管理员界面的顺序。

集成测试的主要步骤如表6-2所示,主要有以下几步。

(1) 制订集成测试计划。

(2) 设计集成测试。

(3) 实施集成测试。

(4) 执行集成测试。

(5) 评估集成测试。

表 6-2　集成测试的主要步骤

活　　动	输　　入	输　　出	职　　责
制订集成测试计划	设计模型 集成构建计划	集成测试计划	制订测试计划
设计集成测试	集成测试计划 设计模型	集成测试用例 测试过程	集成测试用例 测试过程
实施集成测试	集成测试用例 测试过程 工作版本	测试脚本 测试过程 测试驱动(自底向上)	编制测试代码 更新测试过程 编制驱动或桩
执行集成测试	测试脚本 工作版本	测试结果	测试并记录结果
评估集成测试	集成测试计划 测试结果	测试评估摘要	会同开发人员评估测试 结果,得出测试报告

其中,集成元素包括子系统集成、功能集成、数据集成、函数集成等。

1. 子系统集成

(1) 入库模块。气象装备入库是仓储管理的第一阶段,其包括装备接运、装备检验检测、开具合格证和建立装备档案等 4 方面。

(2) 出库模块。气象装备出库业务是仓库根据相关业务部门或装备保障部门开出的气象装备出库凭证(提货单、调拨单),按其所列气象装备编号、名称、规格、型号、数量等项目,组织气象装备出库的一系列工作总称。

(3) 盘存模块。盘存就是定期或不定期地对在库气象装备进行全部或部分清点。

2. 功能集成

有关增加、删除、修改、查询各个数据的操作。

3. 数据集成

数据传递是否正确,传入值的控制范围是否一致等。

4. 函数集成

函数是否调用正常。

6.3.3 测试设计与执行

在本项目中,集成测试主要涉及以下几个过程。

1. 设计集成测试用例

(1) 采用自底向上集成测试的步骤,按照概要设计规格的说明,明确有哪些被测模块。在熟悉被测模块性质的基础上对被测模块进行分层,在同一层次上的测试可以并行进行,然后排出测试活动的先后关系,制订测试进度计划。

(2) 在步骤(1)的基础上,按时间线序关系将软件单元集成为模块,并测试在集成过程中出现的问题。这个步骤可能需要测试人员开发一些驱动模块来驱动集成活动中形成的被测模块。对于比较大的模块而言,可以先将其中的某几个软件单元集成为子模块,然后再集成为一个较大的模块。

(3) 将各软件模块集成为子系统(或分系统)。检测各子系统是否能正常工作。同样,可能需要测试人员开发少量的驱动模块来驱动被测子系统。

(4) 将各子系统集成为最终用户系统,测试各分系统能否在最终用户系统中正常工作。

2. 实施测试

(1) 测试人员按照测试用例逐项进行测试活动,并且将测试结果填写在测试报告(测试报告必须覆盖所有测试用例)上。

(2) 测试过程中发现 Bug,将 Bug 填写在使用的管理平台上(Bug 状态为 NEW)发给集成部门经理。

(3) 对应责任人接到管理平台发过来的 Bug(Bug 状态为 ASSIGNED)。

(4) 对明显的并且可以立刻解决的 Bug,将其发给开发人员;对不是 Bug 的提交,集成部经理通知测试设计人员和测试人员,对相应文档进行修改(Bug 状态为 RESOLVED,决定设置为 INVALID);对目前无法修改的,将其放到下一轮次进行修改(Bug 状态为 RESOLVED,决定设置为 REMIND)。

3. 问题反馈与跟踪

（1）开发人员接到发过来的 Bug 后应立刻修改（Bug 状态为 RESOLVED，决定设置为 FIXED）。

（2）测试人员接到管理平台发过来的错误更改信息后应该逐项复测，填写新的测试报告（测试报告必须覆盖上一次测试中所有 REOPENED 的测试用例）。

4. 回归测试

（1）重新测试修复 Bug 后的系统。重复步骤 3，直到本步骤回归测试结果达到系统验收标准。

（2）如果测试有问题则返回步骤 2（Bug 状态为 REOPENED），否则关闭这项 Bug（Bug 状态为 CLOSED）。

5. 测试总结报告

完成以上 4 步后，综合相关资料生成测试报告。

整个集成过程如图 6-9 所示。

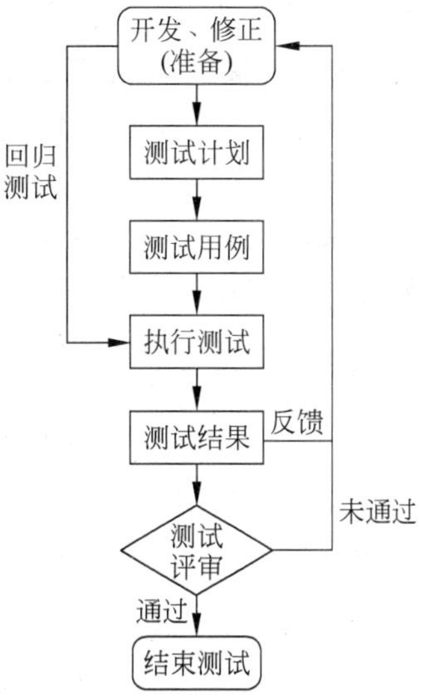

图 6-9　气象探测库存管理系统
集成测试过程

6.3.4　集成测试的验收标准

1. 模块验收标准

接口：接口提供的功能或者数据正确。

功能点：验证程序与产品描述、用户文档中的全部功能点相对应。

流程处理：验证程序与产品描述、用户文档中的全部流程相对应。

外部接口：验证程序与产品描述、用户文档中的全部外部接口相对应。

2. 集成测试验收标准

集成测试设计用例中所设计的功能测试用例必须全部通过，性能及其他类型测试用例通过 90% 以上。在未通过的测试用例中，不能含有"系统崩溃"和"严重错误"之类的错误，"一般错误"应小于 5%。

达到以上条件后可申请本轮集成测试结束，提交集成部测试经理，集成部测试经理召集本组人员开会讨论，决定下一轮测试工作。

当且仅当某次回归测试后测试结果符合软件质量的要求后，方可结束集成测试。

6.3.5　测试总结

记录问题：利用 Bug 管理平台记录 Bug，并指定到相关责任人。把 Bug 管理平台和需求设计文档、开发文档、测试文档、测试用例等联系起来，做成一个软件研发工具套件，之后即可通过一个 Bug 找到对应的文档、代码、测试用例等。

解决问题：小组会议以及开发人员协调负责人，协调测试开发之间的工作。

测试结束后，形成测试报告。

6.4　本章小结

本章首先对集成测试进行了概述，介绍了集成测试的概念，给出了集成测试时应遵守的原则，论述了集成测试的必要性，介绍了集成测试的内容，然后介绍了集成测试的过程以及非增量式与增量式这两种集成测试策略。

集成测试是在单元测试的基础上,测试将所有的软件单元按照概要设计规约要求组装成模块、子系统或系统的过程中,各部分功能能否达到或实现相应技术指标及要求的活动。

集成测试主要从全局数据结构及软件的适合性、准确性、互操作性、容错性、时间特性、资源利用性这几个软件质量子特性方面考虑,确定其内容。

非增量集成是先分别测试每个模块,再将所有模块按照设计要求放在一起结合成所要的程序;增量集成是将下一个要测试的模块同已经测试好的那些模块结合起来进行测试,测试完后再将下一个待测试的模块结合起来进行测试。

本章最后利用一个"气象探测库存管理系统"的集成测试计划的制定来展示在实际项目中集成测试是如何安排和展开的。

6.5 习　　题

1. 以下关于集成测试的叙述中,不正确的是(　　　)。

A. 在完成软件的概要设计后,即开始制定集成测试计划

B. 实施集成测试时需要设计所需驱动和桩

C. 桩函数是所测函数的主程序,它接收测试数据并把数据传送给所测试的函数

D. 常见的集成测试方法包括自顶向下、自底向上、大爆炸集成等

2. 集成测试关注的问题不包括(　　　)。

A. 模块间的数据传递是否正确

B. 一个模块的功能是否会对另一个模块的功能产生影响

C. 所有模块组合起来的性能是否能满足要求

D. 函数内局部数据结构是否有问题,会不会被异常修改

3. 下面关于集成测试的描述,不正确的是(　　　)。

A. 集成测试的范围越大,从特定组件或系统中分离出失效就越困难

B. 集成测试只有自顶向下或自底向上两种集成方法

C. 为了减少软件在生命周期后期发现缺陷而产生的风险,集成程度应该逐步增加

D. 集成测试时,测试人员应该重点关注组件之间的接口

4. 以下属于集成测试的是(　　　)。

A. 系统功能是否满足用户要求

B. 系统中一个模块的功能是否会对另一个模块的功能产生不利的影响

C. 系统的实时性是否能被满足

D. 函数内局部变量的值是否为预期值

5. (　　　)主要对与设计相关的软件体系结构的构造进行测试。

A. 单元测试　　　　B. 集成测试　　　　C. 确认测试　　　　D. 系统测试

6. 软件测试过程中的集成测试主要是为了发现(　　　)阶段的错误。

A. 需求分析　　　　B. 概要设计　　　　C. 详细设计　　　　D. 编码

7. 集成测试时,能较早发现高层模块接口错误的测试方法为(　　)。

  A. 自顶向下渐增式测试　　　　　　　B. 自底向上渐增式测试

  C. 非渐增式测试　　　　　　　　　　D. 系统测试

8. (　　)方法需要考察模块间的接口和各模块之间的联系。

  A. 单元测试　　　　B. 集成测试　　　　C. 确认测试　　　　D. 系统测试

9. 对下图进行自顶向下集成测试,并给出测试过程。

10. 对下图进行自底向上集成测试,并给出测试过程。

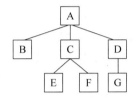

第6章

集成测试

第7章 系统测试

集成测试通过之后,各个模块已经被组装成了一个完整的软件包,这时就需要进行系统测试了。传统的系统测试指的是通过集成测试的软件系统,作为计算机系统的一个重要组成部分,其将与计算机硬件、外部设备、支撑软件等其他系统元素组合在一起进行测试,目的在于通过与系统需求定义作比较,发现软件与需求规格不符合或者相矛盾的地方,从而提出更加完善的解决方案。这里特别提出需要软硬件支撑的虚拟现实(Virtual Reality,VR)项目测试的特殊性。

7.1 系统测试的概述

视频讲解

在软件测试中,系统测试是将已经确认的软件、计算机硬件、外设、网络等其他元素结合在一起,进行信息系统的各种组装测试和确认测试。系统测试是针对整个产品系统进行的测试,系统测试需测试的不仅包括软件,还包含软件所依赖的硬件、外设,甚至包括某些数据、某些支持软件及其接口等。

7.1.1 系统测试概念

系统测试是对已经集成好的软件系统进行彻底的测试,以验证软件系统的正确性和性能等是否满足需求分析所指定的要求。

系统测试通常是消耗测试资源最多的地方,一般可能会在一个相当长的时间段内由独立的测试小组进行。计算机软件是计算机系统的一个组成部分,软件设计完成后应与硬件、外设等其他元素结合在一起,对软件系统进行整体测试和有效性测试。此时,较大的工作量集中在软件系统的某些模块与计算机系统中有关设备打交道时的默契配合方面。例如,当在软件系统中调用打印机这种常见的输出外设时,软件系统如何通过计算机系统平台的控制去合理地驱动、选择、设置、使用打印机。又如,新的软件系统如何通过计算机系统平台的控制去合理驱动、选择、设置、使用打印机。又如,新的软件系统中的一些文件和计算机系统中别的软件系统中的一些文件完全同名时,两种软件系统之间如何实现互不干扰、协调操作。再如,新的软件系统和别的软件系统对系统配置和系统操作环境有矛盾时如何相互协调。由于一个已经集成完整的计算机系统,测试人员还要根据原始项目需求对软件产品进行确认,测试软件是否满足需求规格说明的要求,即验证软件功能与用户要求的一致性。在软件需求说明书的有效性标准中,通常会详细定义用户对软件的合理要求,其中包含的信息是有效性测试的基础和依据。此外,还必须对文件资料是否完整正确和软件的移植性、兼容性、出错自动恢复功能、易维护性进行确认,这些问题都是系统测试要解决的。在使用测试用例完成有效性测试以后,如果发现软件的功能和性能与软件需求说明有差距时,需要列出缺陷表。在软件工程的这个阶段若发现与需求不一致,其修改所需的工作量往往是很大的,不大可能在预定进度完成期限之前得到改正,往往要与用户协商解决。

由于系统测试的目的是验证软件系统是否满足产品需求和遵循系统设计,所以在完成产品需求和系统设计文档之后,系统测试小组不必等到集成测试阶段结束就可以提前开始制定测试计划和设计测试用例。这样也可以提高系统测试的效率。整个系统测试的流程如图 7-1 所示。

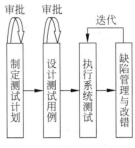

图 7-1   系统测试流程图

系统测试过程中发现的所有缺陷必须用统一的缺陷管理工具来管理,开发人员应当及时消除缺陷(改错)。

7.1.2   系统测试的目标

系统测试的目标主要有以下 4 方面。

(1) 确保系统测试的活动是按计划进行的。

(2) 验证软件产品是否与系统需求用例不符或矛盾。

(3) 建立完善的系统测试缺陷记录跟踪库。

(4) 确保软件系统测试活动及其结果能及时通知给相关小组和个人。

7.1.3   系统测试的方针

系统测试的方针主要体现在以下 6 方面。

(1) 为项目指定一个测试工程师,负责贯彻和执行系统测试活动。

(2) 测试组向各事业部总经理/项目经理报告系统测试的执行状况。

(3) 系统测试活动遵循文档化的标准和过程。

(4) 向外部用户提供经系统测试验收通过的项目。

(5) 建立相应的缺陷库,用于系统测试阶段项目不同生命周期的缺陷记录和缺陷状态跟踪。

(6) 定期对系统测试活动及结果进行评审,向各事业部经理/项目办总监/项目经理汇报项目的产品质量信息及数据。

7.1.4   系统测试的原则

系统测试的原则主要体现在以下 4 方面。

(1) 设计系统测试用例时,应该依据需求规格来发现外部输入层的测试空间,在寻找测试空间的过程中,要按照测试用例设计原则,以可变数据的表现形式为线索。如果未找全测试空间,将导致遗漏测试用例,最后使软件产品质量得不到保证。

(2) 系统测试时不仅要测试设计空间,更多的应该是测试异常空间。在软件业发现的大部分问题不是出在设计空间里,而是出在异常空间里,因此对异常空间的测试是系统测试的重要内容。

(3) 要在计划阶段定好做哪些形式的测试。系统测试的内容非常丰富,测试的形式也多样,具体要做哪些形式的测试需要在计划阶段事先定义好。例如是否要做性能测试、安全性测试、可靠性测试等，并制定好测试的范围，如性能测试时测试哪些性能指标等。

（4）系统测试是所有类型测试活动中难度最高的测试。很多人误以为系统测试只是简单操作软件，像使用软件一样，相对于白盒测试，大部分时候都不需要写测试代码，是一种难度最低的测试。其实不然，系统测试不仅仅是测试执行，还涉及测试用例设计，很多专门的测试如压力测试、性能测试、安全性测试等不论是测试用例设计还是专门测试的难度都高于编写代码的难度。

视频讲解

7.2 系统测试的类型

系统测试的测试类型包括。

（1）功能测试（Functional Testing）。

（2）性能测试（Performance Testing）。

（3）安全性测试（Security Testing）。

（4）稳健性测试（Robust Testing）。

（5）可靠性测试（Reliability Testing）。

（6）配置测试和兼容性测试（Configuration Testing and Compatibility Testing）。

（7）用户界面测试（GUI Testing）。

（8）文档测试（Documentation Testing）。

（9）安装测试和卸载测试（Installation Testing and Uninstallation Testing）。

其中，功能测试、性能测试、配置测试、安装测试在一般情况下是必需的，而其他的测试类型则需要根据软件项目的具体要求进行选择。

7.2.1 功能测试

功能测试又被称为正确性测试，它检查被测试软件的功能是否符合规格说明的要求，侧重于所有可直接被追踪到的功能描述或业务功能和业务规则的测试需求。功能测试的目标是核实数据的接收、处理和检索是否正确以及业务规则的实施是否恰当。按照软件系统的需求规格说明书所规定的系统功能说明，功能测试将通过系统测试用例的实施以验证被测试软件是否满足需求。功能测试主要采用黑盒测试技术来设计系统测试用例。

7.2.2 性能测试

性能测试对响应时间、事务处理速率和其他与时间相关的需求进行评测和评估，以检查系统是否满足需求规格说明书中规定的性能。压力测试、负载测试、疲劳测试、强度测试、容量测试等都是常见的性能测试类型。

对软件性能的测试通常表现在对资源利用（如内存、CPU 等）进行的精确度量，对响应时间、吞吐量、辅助存储区（例如缓冲区、工作区的大小等）、处理精度的测试等几方面。

1. 压力测试和负载测试

压力测试和负载测试是改变应用程序的输入，以对应用程序施加越来越大的负载，通过综合分析事务执行指标和资源监控指标，评测和评估应用系统在不同负载条件下的性能的行为。

压力测试的目的主要体现在以下 3 方面。

（1）以真实的业务为依据，选择有代表性的、关键的业务操作来设计测试案例，以评价系统的当前性能。

（2）当扩展应用程序的功能或新的应用程序将要被部署时，压力测试能够帮助确定系统是否还能够处理期望的用户负载，以预测系统的未来性能。

（3）通过模拟成百上千个用户重复执行和运行测试，可以确定系统的性能瓶颈，获得系统能提供的最大服务级别，并调整应用以优化其性能。例如，测试一个 Web 站点在大量负荷下，系统的响应何时会退化或失败。

压力测试是测试在一定的负荷条件下，长时间连续运行系统给系统性能造成的影响；负载测试则是测试在一定工作负荷下给系统造成的负荷及系统响应的时间。

负载测试可以采用手动和自动两种方式。手动测试会遇到很多问题，如无法模拟太多用户、测试者很难精确记录相应时间、连续测试和重复测试的工作量特别大等。因此在进行负载测试时，手动方式通常用于初级的负载测试。目前，绝大多数的负载测试都是通过自动化工具来完成的。

负载测试主要的测试指标包括交易处理性能指标和资源指标。其中，交易处理性能指标包括交易结果、每分钟交易数、交易响应时间（有最小、平均和最大服务器响应时间等）和虚拟并发用户数等。

2. 疲劳测试

疲劳测试采用系统稳定运行情况下能够支持的最大并发用户数，持续运行业务一段时间，通过综合分析交易执行指标和资源监控卡指标可以确定系统处理最大业务量时的性能。疲劳测试的主要目的是测试系统的稳定性，同时它也是对应用系统并发性能的测试。

3. 强度测试

强度测试的目的是找出由于资源不足或资源争用而导致的错误。如果内存或磁盘不足，测试对象就可能会表现出一些在正常条件下并不明显的缺陷；而其他缺陷则可能是由于争用共享资源而造成的。强度测试还可用于确定测试对象能够处理的最大工作量。

4. 容量测试

容量测试通常与数据库有关，其目的在于使系统承受超额的数据容量来确定系统的容量瓶颈（如同时在线的最大用户数），进而优化系统的容量处理能力。

7.2.3　安全性测试

安全性测试的目的在于检测软件系统对非法入侵的防范能力，它是通过模拟软件真实运行环境下攻击者的操作行为，如通过力图截取或破译系统的口令，破坏系统的保护机制，导致系统出现故障并在系统恢复过程中企图非法进入，通过浏览非保密数据以试图推导所需的保密信息等来寻找软件架构中不合理之处和编码的安全隐患。

安全性测试非常灵活，往往需要测试者像黑客一样思考，有时候也需要一点灵感，因此这类测试往往没有固定的步骤可以遵循，下面列举出一些通用的思路和方法。

（1）畸形的文件结构：畸形的 Word 文档结构、畸形的 MP3 文件结构等都可能触发软件中的漏洞。

（2）畸形的数据包：软件中存在客户端和服务器端的时候，往往会遵守一定的协议进行通信。程序员在实现时往往会假定用户总是使用官方的软件，数据结构总是遵守预先设计的格式。在测试时,测试者可以试着自己实现一个伪造的客户端,更改协议中的一些约定,向服务器发送畸形的数据包,也许能发现不少问题;反之,客户端在收到"出人意料"的服务器端的数据包时,也可能会遇到问题。

(3) 用户输入的验证:所有的用户输入都应该受到限制,如长字符串的截断、转义字符的过滤等。在 Web 应用中应该格外注意 SQL 注入和 XSS 注入问题,SQL 命令、空格、引号等敏感字符都需要得到恰当的处理。

(4) 验证资源之间的依赖关系:程序员往往会假设某个 DLL 文件是存在的,某个注册表项的值符合一定格式等。当这些依赖关系无法满足时,软件往往会做出意想不到的事情。例如,某些软件把身份验证函数放在一个 DLL 文件中,当程序找不到这个文件时,身份验证过程将被跳过。

(5) 伪造程序输入和输出时使用的文件:包括 DLL 文件、配置文件、数据文件、临时文件等。检查程序在使用这些外部的资源时是否采取了恰当的文件校验机制。

(6) 古怪的路径表达方式:有时软件会禁止访问某种资源,程序员在实现这种功能时可能会简单地禁用该资源所在路径。但是,Windows 的路径表示方式多种多样,很容易漏掉一些路径。例如,表 7-1 列出的是一些在 Windows 7 操作系统下计算机程序访问的路径表达方式。在使用了 UTF-8 编码之后的 URL 路径更五花八门,在做安全测试时应该确认被禁止使用的资源能够彻底被禁用。

表 7-1　计算机程序访问路径

路径表达形式	路径类型
C:\windows\system32\calc.exe	普通的绝对路径
C:/windows/system32/calc.exe	UNIX 的路径格式
\\? \C: \windows\system32\calc.exe	通过浏览器或 run 访问
file:// C: \windows\system32\calc.exe	通过浏览器或 run 访问
%windir%\system32\calc.exe	通过环境变量访问
\\127.0.0.1\c $ \windows\system32\calc.exe	需要共享 C 盘
C:\windows\.. \windows\. \system32\calc.exe	路径回溯
C:\windows\. \system32\calc.exe	路径回溯

(7) 异常处理:确保系统的异常能够得到恰当的处理。

7.2.4　稳健性测试

稳健性是指在异常情况下,软件能继续正常运行的能力。稳健性有两层含义:一是容错能力,二是恢复能力。因而稳健性测试包括容错性测试和恢复性测试。

1. 容错性测试

进行容错性测试时,通常需要构造一些不合理的输入来引诱软件出错,然后观察其能否继续正常工作。例如,输入不合理的月份,输入与数据类型要求不符的数据;又如在测试 C/S 模式的软件时,把网络线拔掉造成通信异常中断等。

2. 恢复性测试

恢复性测试的含义是将系统置于极端条件下(或者是模拟的极端条件下),迫使其发生故障(如设备 I/O 故障或无效的数据库指针和关键字),检查系统恢复正常工作状态的能力。

若系统能自动进行恢复,应检查的项目包括:重新初始化、检查点设置结构、数据恢复及重新启动;若需要人工干预进行恢复,还需要测试系统的修复时间,判定其是否在限定的时间范围内。

恢复性测试还需对系统的故障转移能力进行评判。故障转移指当主机软硬件发生故障时,备份机器能及时启动,使系统继续正常运行,以避免丢失任何数据或事务。这对通信、金融等领域处理重要事务的软件而言是十分重要的。

7.2.5　可靠性测试

可靠性是指在一定的环境下系统不发生故障的概率。由于软件不像硬件那样会加速老化,软件的可靠性测试可能会花费很长时间。

为解决这一问题,比较实用的方法是让用户使用系统,记录每一次发生故障的时刻以及计算出相邻故障的时间间隔(注意去除非工作时间)。这样便可以方便地统计出不发生故障的最小时间间隔、最大时间间隔和平均时间间隔。其中,平均时间间隔也可被称为平均无故障时间,其在很大程度上代表了软件系统的可靠性。

7.2.6　配置测试和兼容性测试

兼容性测试有时也被称为配置测试,但它们略有不同。一般来说,配置测试的目的是保证软件在其相关的硬件上能够正常运行,而兼容性测试主要是指测试软件能否与其他软件协作运行。

配置测试和兼容性测试通常对开发系统类软件比较重要,如驱动程序、操作系统、数据库管理系统等。

配置测试的核心内容就是使用各种硬件来测试软件的运行情况,一般包括如下几种。

(1) 软件安装在不同类型 CPU 的机器上的运行情况。

(2) 软件安装在不同厂商的浏览器时的运行情况。

(3) 软件在不同组件上的运行情况,例如要测试开发的拨号程序在不同厂商生产的 Modem 上的运行情况。

(4) 不同的外设。

(5) 不同的接口。

(6) 不同的可选项,如不同的内存容量等。

兼容性测试的核心内容如下。

(1) 软件是否能在不同的操作系统平台上兼容。

(2) 软件是否能在同一操作系统平台的不同版本上兼容。

(3) 软件本身能否向前或向后兼容。

(4) 软件能否与其他相关的软件兼容。

(5) 数据兼容测试,即测试软件能否与其他软件共享数据。

7.2.7　用户界面测试

目前,大多数软件都具有图形化用户界面(Graphic User Interface,GUI)。因为 GUI 开发环境有可复用的构件,开发用户界面更加省时而且更加准确,但使用这些构件后,GUI 的复杂性也同时增加了,从而加大了设计和执行测试用例的难度。GUI 测试的重点是图形用户界面的正确性、易用性和视觉效果。因为现在的 GUI 设计和实现有了越来越多的相似之处,所以也就产生了一系列测试标准。下列问题可以作为常见的 GUI 测试的指南。

1. 窗体的测试

(1) 窗体的大小:窗体的大小要合适,使内部控件布局合理,不宜过于密集,也不宜过于空旷。

(2) 窗体的位置:主窗体正中应该与显示器屏幕正中一致;子窗体一般应在父窗体显示区的中间。

(3) 移动窗体:快速或慢速移动窗体,背景及窗体本身刷新必须正确。

(4) 缩放窗体:鼠标拖动、最大化、还原、最小化按钮。

(5) 显示分辨率。

(6) 宽屏和普屏:宽屏和普屏的显示器,界面显示效果可能不一样。

2. 标题栏的测试

(1) 标题图标:不同窗体的图标要易于分辨。

(2) 标题内容:标题的内容要简明扼要,不能有错别字。

3. 菜单栏的测试

(1) 菜单深度最好不超过 3 层。

(2) 菜单通常使用 5 号字体。

(3) 菜单前的图标不宜太大,能与字体高度保持一致最好。

(4) 各项菜单是否能完成相应功能。

(5) 各菜单与其完成的功能是否一致。

(6) 有无错别字。

(7) 有无中英文混合。

(8) 快捷键或热键。

(9) 鼠标右键菜单。

(10) 不可用菜单是否真的不可用(特别是在不同权限的情况下)。

4. 工具栏的测试

(1) 工具栏中通常使用 5 号字体,工具栏一般比菜单栏略宽。

(2) 相近功能的工具栏放在一起。

(3) 工具栏的按钮要有即时提示信息,图标要能直观地表达要完成的操作。

(4) 一条工具栏的长度最长不能超过屏幕宽度。

(5) 系统常用的工具栏设置默认放置位置。

(6) 工具栏太多时可以考虑使用工具箱,由用户根据自己的需求定制。

5. 状态栏的测试

(1) 显示用户切实需要的信息,如目前的操作、系统的状态、当前位置、时间、用户信息、提示信息、错误信息等,如果某一操作需要的时间比较长,还应该显示进度条和进程提示。

(2) 状态条的高度以能刚好放置下 5 号字为宜。

6. 控件的测试

(1) 控件自身的测试,包括大小、位置、字体等。

（2）控件的功能测试，包括文本框、Up-Down 控件文本框、组合列表框（下拉列表框）、列表框、命令按钮、单选按钮（单选框）、复选框、滚动条等。

（3）各种控件混合使用时的测试，包括控件间的相互作用、Tab 键的顺序、热键的使用、Enter 键和 Esc 键的使用、控件组合后功能的实现等。

7.2.8 文档测试

文档测试主要是指对提交给用户的文档所进行的测试。这是一项十分重要的测试，其测试的对象主要包括：包装文字和图形，市场宣传材料、广告及其他插页，授权、注册登记表，最终用户许可协议，安装和设置向导，用户手册，联机帮助，样例、示例和模板等。

文档测试的目的是提高软件产品的易用性和可靠性，降低技术支持费用，尽量使用户通过文档自行解决问题。因此，文档测试主要包括如下检查内容。

（1）文档的内容是否能让不同理解水平的读者理解。

（2）文档中的术语是否适合读者。

（3）内容和主题是否合适。

（4）图表的准确度和精确度如何。

（5）样例和示例是否与软件功能一致。

（6）拼写和语法是否准确。

（7）文档是否与其他相关文档的内容一致，例如是否与广告信息一致。

7.2.9 安装测试和卸载测试

1. 安装测试

安装测试的目的是确认如下方面能否实现。

（1）安装程序能够正确运行。

（2）软件安装正确。

（3）软件安装后能够正常运行。

安装测试应着重关注如下方面。

（1）安装手册中的所有步骤都应得到验证。

（2）安装过程中所有默认选项都应得到验证。

（3）安装过程中典型选项都应得到验证。

（4）测试各种不同的安装组合，并验证各种不同组合的正确性，包括参数组合、控件执行顺序组合、产品安装组件组合、产品组件安装顺序组合等。

（5）对安装过程中出现的异常配置或状态（非法和不合理配置）情况进行测试，例如断电、网络失效、数据库失效等。

（6）安装后是否能生成正确的目录结构和文件。

（7）安装后软件能否正常运行。

（8）安装后是否会形成多余的目录结构、文件、注册表信息、快捷方式等。

（9）安装测试是否在所有的运行环境上进行了验证，例如各种操作系统、数据库、硬件环境、网络环境等。

（10）能否在笔记本电脑上进行安装（很多产品在笔记本电脑上安装时会出现问题，尤其是系统级产品)。

(11) 安装软件后是否会对操作系统或某些应用程序造成不良影响。

(12) 是否可以识别大部分硬件。

(13) 确认打包程序的特性,不同的打包发布程序支持的系统是不一样的。

(14) 空间不足(如安装过程中向安装盘放入大量文件)时安装情况如何。

2. 卸载测试

卸载测试应重点关注如下方面。

(1) 在不同的卸载方式下卸载。例如程序自带的卸载程序、系统的控制面板其他自动卸载工具等。

(2) 软件在运行、暂停、终止等各种状态时的卸载。

(3) 非正常卸载情况,如在卸载过程中取消卸载进程,然后观察软件能否继续正常使用。

(4) 冲击卸载。即在卸载的过程中中断电源,启动计算机后,重新卸载软件。

(5) 在不同的运行环境(如操作系统、数据库、硬件环境、网络环境等)下进行卸载。

(6) 能否在笔记本电脑上进行卸载。

(7) 卸载后是否对操作系统或其他应用程序造成不良影响。

(8) 卸载过程中是否删除了系统应保留的用户数据。

(9) 卸载后系统能否恢复到软件安装前的状态,包括快捷方式、目录结构、动态链接库、注册表、系统配置文件、驱动程序、文档关联情况等。

7.3 Web系统的测试方法

视频讲解

在Web工程过程中,基于Web系统的测试、确认和验收是一项重要而富有挑战性的工作。基于Web的系统测试与传统的软件测试不同,它不但需要检查和验证软件是否按照设计的要求运行,而且还要测试系统在不同用户的浏览器端显示是否合适。重要的是,还要从最终用户的角度进行安全性和可用性测试。然而,Internet和Web媒体的不可预见性使测试基于Web的系统变得更困难。因此,必须为测试和评估复杂的基于Web的系统研究新的方法和技术。

一般软件的发布周期以月或以年计算,而Web应用的发布周期往往以天计算甚至以小时计算。Web测试人员必须应对更短的发布周期,测试人员和测试管理人员面临着从测试传统的C/S结构和框架环境到测试快速改变的Web应用系统的转变。

7.3.1 Web系统的功能测试

1. 链接测试

链接是Web应用系统的一个主要特征,它是在页面之间切换和指导用户去一些不知道地址的页面的主要手段。链接测试可分为3方面。首先,测试所有链接是否按指示的那样确实链接到了该链接的页面;其次,测试所链接的页面是否存在;最后,保证Web应用系统上没有孤立的页面,所谓孤立页面是指没有被其他页面的链接指向,只有知道正确的URL地址才能访问的页面。

链接测试可以自动进行,现在已经有许多工具可以使用。链接测试必须在集成测试阶段完成,也就是说,在整个Web应用系统的所有页面开发完成之后进行。

2. 表单测试

当用户通过表单提交信息的时候都希望表单能正常工作。如果使用表单来进行在线注册,要确保提交按钮能正常工作,注册完成后应向用户反馈注册成功的消息。如果使用表单收集配送信息,应确保程序能够正确处理这些数据,最后能让客户收到包裹。要测试这些程序,需要首先验证服务器能正确保存这些数据,而且后台运行的程序能正确解释和使用这些数据。

当用户使用表单进行注册、登录、信息提交等操作时,必须测试提交操作的完整性,并校验提交给服务器的信息的正确性。例如:用户填写的出生日期与职业是否恰当,填写的所属省份与所在城市是否匹配等。如果使用了默认值,还要检验默认值的正确性。如果表单只能接受指定的某些值,则也要进行测试。例如:只能接受某些字符,测试时可以跳过这些字符,看系统是否会报错。

3. 数据校验

如果系统根据业务规则需要对用户输入的数据进行校验,则需要保证这些校验功能正常工作。例如,省份的字段可以用一个有效列表进行校验。在这种情况下,需要验证列表完整而且程序正确地调用了该列表(例如在列表中添加一个测试值,确定系统能够接受这个测试值)。

4. Cookies测试

Cookies通常用来存储用户信息和用户在某应用系统的操作,当一个用户使用Cookies访问了某一个应用系统时,Web服务器将发送关于用户的信息,把该信息以Cookies的形式存储在客户端计算机上,这可用来创建动态和自定义页面或者存储登录等信息。

如果Web应用系统使用了Cookies,就必须检查Cookies是否能正常工作。测试的内容可包括Cookies是否起作用,是否能按预定的时间进行保存,刷新页面对Cookies有什么影响等。如果在Cookies中保存了注册信息,请确认该Cookie能够正常工作而且已对这些信息加密。如果使用Cookie来统计次数,需要验证次数累计结果正确。

5. 数据库测试

在Web应用技术中,数据库起着重要的作用,数据库为Web应用系统的管理、运行、查询和实现用户对数据存储的请求等提供空间。在Web应用中,最常用的数据库类型是关系型数据库,可以使用SQL语句对信息进行处理。

在使用了数据库的Web应用系统中,一般情况下可能发生两种错误,分别是数据一致性错误和输出错误。数据一致性错误主要是由于用户提交的表单信息不正确造成的,而输出错误则主要是由于网络速度或程序设计问题等引起的,针对这两种情况,可分别进行测试。

6. 应用程序特定的功能需求

测试人员需要对应用程序特定的功能需求进行验证。例如,在线购物网站测试人员就应该尝试用户可能进行的所有操作:下订单、更改订单、取消订单、核对订单状态、在货物发送之前更改送货信息、在线支付等。这是用户使用网站的原因,一定要确认网站能像需求说明文档中所描述的那样为用户提供服务。

7. 设计语言测试

Web 设计语言版本的差异可能会引起客户端或服务器端的严重问题,例如使用哪种版本的 HTML 等。当在分布式环境中开发时,开发人员都不在一起,这个问题就显得尤为重要。除了 HTML 的版本问题,不同的脚本语言,例如 Java、JavaScript、ActiveX、VBScript 或 Perl 等也要进行验证。

7.3.2 Web 系统的性能测试

1. 连接速度测试

用户连接到 Web 系统的速度会根据上网方式的变化而变化,他们或许是电话拨号,或是宽带上网。当下载一个程序时,用户可以等较长的时间,但如果仅仅访问一个页面就不会这样。如果 Web 系统响应时间太长(例如超过 5 秒),用户就会因没有耐心等待而离开。

另外,有些页面有超时的限制,如果响应速度太慢,用户可能还没来得及浏览内容就需要重新登录了。连接速度太慢还可能引起数据丢失等问题,导致用户得不到真实的页面。

2. 负载测试

负载测试是为了测量 Web 系统在某一负载级别上的性能,以保证 Web 系统在需求范围内能正常工作的测试。负载级别可以是某个时刻同时访问 Web 系统的用户数量,也可以是在线数据处理的吞吐量。例如:Web 应用系统能允许多少个用户同时在线?如果超过了这个数量会出现什么现象?Web 应用系统能否处理大量用户对同一个页面的请求?

3. 负载测试

负载测试应该安排在 Web 系统发布以后,在实际的网络环境中进行测试。因为一个企业内部员工数量,特别是项目组人员数量总是有限的,而一个 Web 系统能同时处理的请求数量将远远超出这个限度,所以,只有放在 Internet 上接受负载测试,其结果才是正确可信的。

4. 压力测试

进行压力测试是指实际破坏一个 Web 应用系统并测试系统的反映。压力测试是测试系统的限制和故障恢复能力,也就是测试 Web 应用系统会不会崩溃,在什么情况下会崩溃。黑客常常提供错误的数据负载,直到 Web 应用系统崩溃,接着当系统重新启动时非法地获得存取权。

压力测试的区域包括表单、登录和其他信息传输页面等。

7.3.3 Web 系统的用户界面测试

1. 导航测试

导航描述了用户在一个页面内操作的方式,在不同的用户接口控制之间,例如按钮、对话框、列表和窗口等,或在不同的连接页面之间。通过考虑下列问题,可以决定一个 Web 系统是否易于导航:导航是否直观?Web 系统的主要部分是否可通过主页获取?Web 系统是否需要站点地图、搜索引擎或其他的导航帮助?

在一个页面上放太多的信息往往会起到与预期相反的效果。Web 应用系统的用户趋向于目的驱动,他们很快地扫描一个系统界面,看是否有满足自己需要的信息,如果没有就会很快地离开。很少有用户愿意花时间去熟悉 Web 应用系统的结构。因此,Web 应用系统的导航帮助要尽可能准确。

导航测试的另一个重要方面是检查 Web 应用系统的页面结构、导航、菜单、连接的风格是否一致,确保用户凭直觉就知道 Web 应用系统里面是否还有内容,内容在什么地方。

Web 应用系统的层次一旦被决定,测试者就要着手测试用户导航功能,让最终用户参与这种测试效果将更加明显。

2. 图形测试

在 Web 应用系统中,适当的图片和动画既能起到广告宣传的作用,又能起到美化页面的功能,还能增强用户体验。一个 Web 应用系统的图形内容包括图片、动画、边框、颜色、字体、背景、按钮等。图形测试的内容有如下几个。

(1) 要确保图形有明确的用途,图片或动画不要胡乱地堆在一起,以免浪费传输时间。Web 应用系统的图片尺寸要尽量小,并且要能清楚地说明某件事情,一般都链接到某个具体的页面。

(2) 所有页面字体的风格一致。

(3) 背景颜色应该与字体颜色和前景颜色相搭配。

(4) 图片的大小和质量也是一个很重要的因素,一般需要对图片采用 JPG 或 GIF 格式压缩处理,最好能使图片的大小减小到 30KB 以下。

(5) 需要验证文字的环绕是否正确。如果说明文字指向右边的图片,应该确保该图片出现在右边。不要因为使用图片而使窗口和段落排列古怪或者出现孤行。

(6) 通常来说,使用少许或尽量不使用背景是个不错的选择。如果想用背景,那么最好使用单色的,和导航条一起放在页面的左边。另外,图案和图片可能会转移用户的注意力,影响用户使用系统功能的效率。

3. 内容测试

内容测试用来检验 Web 系统提供信息的正确性、准确性和相关性。

信息的正确性是指信息是可靠的还是误传的,例如,在商品价格列表中,错误的价格可能引起财物损失甚至导致法律纠纷;信息的准确性是指是否有语法或拼写错误,这种测试通常使用一些文字处理软件来进行,例如使用 Microsoft Word 的"拼音与语法检查"功能;信息的相关性是指是否在当前页面可以找到与当前浏览信息相关的信息列表或入口,也就是一般 Web 站点中的所谓"相关文章列表"。

对开发人员来说,可能先有功能然后才对这个功能进行描述。大家坐在一起讨论一些新的功能,然后开始开发。在开发的时候,开发人员可能不注重文字表达,他们添加文字可能只是为了对齐页面。不幸的是,这样出来的产品可能令用户产生严重的误解。因此测试人员和公关部门需要一起检查内容的文字表达是否恰当,否则,公司可能陷入麻烦之中,也可能引起法律方面的问题。测试人员应确保站点看起来更专业些。

过分地使用粗体字、大字体和下画线可能会让用户感到不舒服。在进行用户可用性方面的测试时,最好先请图形设计专家对站点进行评估,制定统一的文字书写规范。你可能不希望看到一篇到处是黑体字的文章,所以相信您也希望自己的站点能更专业一些。

最后,需要确定是否列出了相关站点的链接。很多站点希望用户将邮件发到一个特定的地址,或者从某个站点下载浏览器。但是如果用户无法点击这些地址,他们可能会觉得很迷惑。

4. 表格测试

需要验证表格是否设置正确。用户是否需要向右滚动页面才能看见产品的价格？把价格放在左边,而把产品细节放在右边是否更有效？每一栏的宽度是否足够？表格里的文字是否都有折行？是否有因为某一格的内容太多而将整行的内容拉长？

5. 整体界面测试

整体界面是指整个 Web 系统的页面结构设计,是给用户的一个整体感。例如:当用户浏览 Web 应用系统时是否感到舒适？是否凭直觉就知道要找的信息在什么地方？整个 Web 应用系统的设计风格是否一致？

对整体界面的测试过程其实是一个对最终用户进行调查的过程。一般 Web 应用系统采取在主页上做一个调查问卷的形式来得到最终用户的反馈信息。

对所有的用户界面测试来说,其测试都需要有外部人员(与 Web 应用系统开发没有联系或联系很少的人员)的参与,最好是最终用户的参与。

7.3.4 Web 系统的兼容性测试

1. 浏览器测试

浏览器是 Web 客户端最核心的构件,目前的浏览器测试主要针对的是浏览器内核(即 Web 排版引擎)和 JavaScript 引擎。浏览器内核目前有两大阵营,即 Safari 系的 Webkit 内核(Apple Safari、Microsoft Edge、Opera 等所使用)和 Netscape 系的 Gecko(Mozilla Firefox 使用),绝大多数的测试针对这些内核的不同版本进行测试。另外,框架和层次结构风格在不同的浏览器中也有不同的显示,甚至根本不显示。测试浏览器兼容性的一个方法是创建一个兼容性矩阵。在这个矩阵中,测试不同内核、不同版本的浏览器对某些构件和设置的适应性。

2. 分辨率测试

当前主流的屏幕分辨率一般低分辨率为 $1280 \times 720px$,中分辨率为 $1600 \times 900px$,高分辨率为 $1920 \times 1080px$,更有 2K 分辨率($2560 \times 1440px$)乃至 4K 分辨率($3840 \times 2160px$)。在各类分辨率模式下是否显示正常？字体是否太小以至于无法浏览？或者是太大？文本和图片是否对齐？

3. FTTH/FTTP 连接速率

针对目前主流的上网方式 FTTH/FTTP 测试网页的打开、加载和跳转速度进行测试。主要测试链接是否有效、加载时间是否过长、下载文章或演示是否卡顿、图片和视频是否不全或难以显示等情况。

4. 打印机

用户可能会需要将网页打印下来。因此在设计网页的时候要考虑到打印问题,注意设置页面内容以节约纸张和油墨。有不少用户喜欢阅读而不是盯着屏幕,因此需要验证网页打印是否正常。有时在屏幕上显示的图片和文本的对齐方式可能与打印出来的页面不一样。测试人员至少需要验证订单确认页面的打印效果是正常的。

5. 组合测试

最后需要进行组合测试。$1280 \times 720px$ 的分辨率在 MAC 机上可能不错,但是在其他类型的机器上却很难看。在某台机器上使用 Netscape 能正常显示,但却无法使用 Firefox

来浏览。如果是内部使用的 Web 站点,测试可能会轻松一些。如果公司指定使用某个类型的浏览器,那么只需在该浏览器上进行测试。

7.3.5 Web 系统的安全测试

即使站点不接受信用卡支付,安全问题也是非常重要的。Web 站点收集的用户资料只能在公司内部使用。如果用户信息被黑客盗取而泄露,客户在进行交易时就不会有安全感。

1. SSL

当前软件对 SSL 的支持,测试人员需要确定用户浏览器对 SSL 技术的支持情况,以及出现异常时的处理。当用户进入或离开安全站点的时候,确认有相应的提示信息,是否有连接时间限制?超过限制时间后出现什么情况?

2. 登录

有些站点需要用户进行登录,以验证其的身份。这样对用户而言是方便的,使之不再需要每次都输入个人资料。但是系统需要验证并阻止非法的用户名/口令登录,保障只让用户有效登录。用户登录是否有次数限制?是否限制从某些 IP 地址登录?允许登录失败的次数为多少?在最后一次登录的时候输入正确的用户名和口令能通过验证吗?口令选择有规则限制吗?是否可以不登录而直接浏览某个页面?

Web 应用系统是否有超时的限制,也就是说,用户登录后在一定时间内(例如 15 分钟)没有点击任何页面,是否需要重新登录才能正常使用?

3. 日志文件

在后台,要注意验证服务器日志工作是否正常。日志是否记录所有的事务处理?是否记录失败的注册企图?是否记录被盗信用卡的使用?是否在每次事务完成的时候都进行保存?记录 IP 地址吗?记录用户名吗?

4. 脚本语言

脚本语言是常见的安全隐患,但每种脚本语言的细节有所不同。有些脚本允许访问根目录,而其他脚本则通常只允许访问邮件服务器,但是经验丰富的黑客可以将服务器用户名和口令发送给自己,找出站点使用了哪些脚本语言,并研究该语言的缺陷。还有需要测试在没有经过授权时,是否不能在服务器端放置和编辑脚本的问题。

7.3.6 Web 系统的接口测试

在很多情况下,Web 站点不是孤立的软件系统。Web 站点可能会与外部服务器通信,请求和验证数据或提交订单。

1. 服务器接口

第一个需要测试的接口是浏览器与服务器的接口。测试人员可提交事务,然后查看服务器记录,并验证在浏览器上看到的正好是服务器上发生的。测试人员还可以查询数据库,确认事务数据已被正确保存。

2. 外部接口

有些 Web 系统有外部接口。例如,网上商店可能要实时验证信用卡数据以防止欺诈行为的发生。测试的时候,要使用 Web 接口发送一些事务数据,分别对有效信用卡、无效信用卡和被盗信用卡进行验证。如果商店只使用 Visa 卡、Mastercard 卡和银联卡,可以尝试使用 Discover 卡的数据。测试人员需要确认软件能够处理外部服务器返回的所有可能的消息。

3. 错误处理

最容易被测试人员忽略的地方是接口错误处理。通常开发者总是试图确认系统能够处理所有错误,但无法预期系统所有可能的错误。尝试在处理过程中中断事务,看看会发生什么情况。订单是否完成? 尝试中断用户到服务器的网络连接,或尝试中断 Web 服务器到信用卡验证服务器的连接,在这些情况下,系统能否正确处理这些错误? 是否已对信用卡进行收费? 如果用户自己中断事务处理,在订单已保存而用户没有返回网站确认的时候,通常需要在流程上设计由客户代表致电用户进行订单确认。

7.3.7 结论

无论测试 Internet、Intranet,还是 Extranet 应用程序,Web 测试相对于非 Web 测试来说都是更具挑战性的工作。用户对 Web 页面质量通常会有很高的期望。在很多情况下,页面就像业务功能一样,用于维护和发展公共关系,所以非常重要。

基于 Web 的系统测试与传统的软件测试既有相同之处,也有不同的地方,其对软件测试提出了新的挑战。基于 Web 的系统测试不但需要检查和验证 Web 系统是否按照设计的要求运行,而且还要评价系统在不同用户的浏览器端显示得是否合适。重要的是,还要从最终用户的角度进行安全性和可用性测试。

7.4 VR 项目测试

VR 是一个新兴的媒介,对 VR 项目进行系统测试,需要结合软硬件设备进行,所以对于大多数人来说相对陌生,需要条件也相对苛刻,测试相应的设计、工具、流程、方法等都要随之改变,不能再沿用原来 PC 或移动端的思路,而且 VR 改变了传统应用的操作方式,因此对于 VR 项目进行软件测试,重点关注其可用性,这也是最直接了解用户操作反馈和心理感受的方式。

VR 项目的可用性测试与其他应用的测试的不同主要存在于实际测试过程中,如邀请测试对象、测试准备、测试注意点等。

1. 邀请测试对象上的不同

VR 测试难以把握测试对象的范围。例如购物 App 要做可用性测试,只要划定有线上购物经验的用户即可,不用费心考虑没有手机或者没有购物经验的人。不同的是,VR 目前还不是大众消费级的设备,这会影响到邀请测试对象的范围。例如测试对象是不是目标用户,需要邀请什么类型的测试对象。

2. 测试准备上的不同

(1)需要考虑场地的大小。因为 VR 测试任务会需要测试对象走动,例如体验 Tilt brush(谷歌一款绘画产品),不可能坐着完成空间绘画,为了让戴上眼镜的用户不碰到其他物品,至少需要提供一定大小的实验空间。这里主要给出几个常见实验的空间大小作为参考。

① 客厅实验室(约 4m×4m),客厅实验主要是为了给用户营造家的感觉,通过模拟用

户真实使用产品的场景,从而观察用户最真实最自然的测试状态,不过最好的方式是用户日志记录(另一种用户研究方法)。

② 一对一实验室(约 3m×3m),这是最常见的实验室设置,一个测试人员负责测试一个用户,其他人则通过单向玻璃观察用户。

③ 自适应空间(约 4m×5m),没有用户研究员在旁边引导,这时需要提供用户自适应的空间。这种测试方式有利于发现更多的产品问题,但测试过程较难以控制。

(2) 确保用户在感应区内。VR 设备都有一个最佳操作区域,当用户离开这个区域时,数据传送容易失败,导致任务无法进行。而在可用性测试中发生这样的情况时,没有经验的用户会很惊慌,不知道视野突然黑了是怎么回事,是不是断电了? 用户应该怎么做? 因此在测试前最好通过地面图标引导,并告知用户可能发生的情况以及解决办法。

(3) 不要让测试仪器干扰 VR 设备。这里指的是通过红外线传感器定位的 VR 头盔。在可用性测试实验室中较常见单向玻璃观察房室,而在 VR 可用性测试中,这种单向玻璃会引起红外光源重复,造成位置跟踪的干扰,这可能会影响可用性测试过程。

(4) 需要更多记录用的摄像机。这是为了多角度的记录用户的行为操作和表情,尤其在虚拟环境中,用户极易旋转身体方向,如果没有多个方向的摄像机跟踪,回顾用户操作记录时会存在很多死角。为了预防视频资料太多不便查询,建议给摄影资料标注方位,并设立主要的摄像机位。

(5) 需要一个屏幕同步用户所看到的虚拟环境,便于分析用户这么操作的原因。例如用户重复大幅度地摇头,这时就能结合屏幕所同步的虚拟环境,分析原因可能是屏幕里一直有个小物体若隐若现,用户为了看清楚那个小物体而不停摇头。

3. 测试注意点上的不同

(1) 关注用户的安全性。VR 中用户可以在不同方向上转动头部和四肢,以及小范围地行走。这时需要密切关注用户,是否因为设计而导致用户不舒服的或潜在有害的运动,若存在潜在危害,设计师应该及时调整方案。例如体验 VR 跑酷游戏时,用户容易对着墙挥动手臂。

(2) 关注用户的交互操作。在虚拟现实中,用户与之交互的是虚拟对象和空间,不再是平面设备的点击操作。因此 VR 新的操作方式需要不断关注和探索,例如是否让用户沉浸在虚拟环境里,用户是否能无障碍地进行交互操作,等等。

(3) 关注用户的舒适性。因为技术的不成熟,VR 产品目前存在很多舒适上的问题,例如让人恶心、图像延迟、设备太重、绕线等软件或硬件问题。但是这些问题多是因人而异,所以分析测试结果时,需要结合不同类型用户进行分析。

(4) 头盔和焦距的问题。可能需要帮助用户戴头盔和调焦距,因为大多数人都没有 VR 产品的使用经验,所以很多事情必须帮助他,这虽然不是测试的重点,但会影响可用性结果。可以通过编写指导说明帮助用户正确戴上头盔;可以通过具体的评估标准作为测试,如通过观看文字,要求他们告知文本是否出现尖锐或模糊。

(5) 更长的测试时间。用户无法看到测试人员或者听到测试人员声音,以至于让测试任务不那么容易进行,可能会要加长测试时间。可以通过确保测试过程不中断,等测试完成一个阶段再进行访谈;与测试对象一起观看视频,并及时记录当时行为的原因和想法,以便访谈询问;可以将测试人员的声音传达到测试对象的耳机中,以辅助测试顺利进行,而不是不停地拍其肩膀。

总之,VR 项目的系统测试相比较其他平台的测试难度更大,对测试人员个人素质的要求更高。测试难度主要集中在邀请用户、搭建测试环境、排查测试状况、记录测试过程等方面。测试人员个人素质要求具备更深入的行业知识,如 VR 硬件、VR 技术、空间交互、人体工程、神经学等方面。

7.5　系统测试的案例

本节以"某教务管理平台系统"的系统测试总结报告为例,介绍软件项目的系统测试活动是如何组织安排的。

7.5.1　测试前的准备

1. 测试目的

进行系统测试主要有以下 4 个目的。

(1) 通过分析测试结果,得到对软件质量的评价。

(2) 分析测试的过程、产品、资源、信息,为以后制订测试计划提供参考。

(3) 评估测试执行和测试计划是否符合产品需求。

(4) 分析系统存在的缺陷,为修复和预防 Bug 提供建议。

2. 术语定义

出现以下缺陷,测试将会把问题定义为严重 Bug。

(1) 系统无响应,处于死机状态,需要人工修复才可复原。

(2) 选择某个菜单后出现"页面无法显示"或者返回异常错误。

(3) 进行某个操作(增加、修改、删除等)后,出现"页面无法显示"或者返回异常错误。

(4) 当对必填字段进行校验时,未输入必填字段,却出现"页面无法显示"或者返回异常错误。

(5) 系统定义为不能重复的字段,在输入重复数据后,出现"页面无法显示"或者返回异常错误。

7.5.2　测试概要

该软件系统测试共持续 22 天,测试功能点 124 个,执行 1780 个测试用例,平均每个功能点执行测试用例 14.3 个,测试共发现 244 个 Bug,其中严重级别的 Bug42 个,无效 Bug35 个,平均每个测试功能点 1.8 个 Bug。

本软件共发布了 9 个测试版本,其中,V1～V4 为计划内迭代开发版本(针对项目计划的基线标识),V5～V9 为回归测试版本。计划内测试版本 V1～V4 测试进度依照项目计划时间晚 2 天完成并提交报告。V5～V9 为计划外回归测试版本,总体比计划晚 5 天完成测试。

本软件测试通过项目管理工具中的缺陷管理进行缺陷跟踪管理,V1～V4 测试阶段都有详细的 Bug 分析表和阶段测试报告。

1. 功能性测试用例

(1) 系统实现的主要功能,包括各实体内容的查询、添加、修改、删除。

(2) 系统实现的次要功能,包括学期自动切换,为用户分配权限,课程教师与班级绑定,大纲与课程绑定,权限控制菜单按钮等。

(3) 需求规定的输入输出字段,以及需求规定的输入限制。

2. 易用性测试用例

(1) 操作按钮提示信息的正确性、一致性、可理解性。

(2) 限制条件提示信息的正确性、一致性、可理解性。

(3) 必填项的标识。

(4) 输入方式的可理解性。

(5) 中文界面下数据语言与界面语言的一致性。

7.5.3 测试环境

1. 软硬件环境

本次系统测试的软硬件环境如表 7-2 所示。

表 7-2 系统测试软硬件环境配置

环境配置	应用服务器	数据库服务器	测试客户端
硬件配置	CPU:Intel® Xeon® Platinum 8380 Processor（60M Cache, 2.30 GHz） Memory:4TB DDR4-3200 HD:100G SATA	CPU:Intel® Xeon® Platinum 8380 Processor（60M Cache, 2.30 GHz） Memory:4TB DDR4-3200 HD:100G SATA	CPU:Intel® Core i5-11300H Memory:16GB HD:800G SATA
软件配置	OS:Ubuntu18.04 JDK 1.8 Tomcat 8.0	OS:Ubuntu18.04 MySql 6.0.7 Linux	Windows 10 Professional Google Chrome 90.0.4430（64bit）
网络配置	20Mbps LAN	20Mbps LAN	20Mbps LAN

2. 网络环境

本次系统测试的网络拓扑结构如图 7-2 所示。

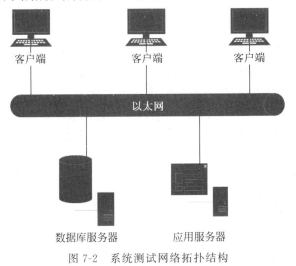

图 7-2 系统测试网络拓扑结构

143

第 7 章

系统测试

7.5.4 测试结果

1. Bug 趋势图

此次系统测试共发布 9 个测试版本,其中,V1~V4 为计划内迭代开发版本,V5~V9 为回归测试版本,Bug 版本趋势图如图 7-3 所示。

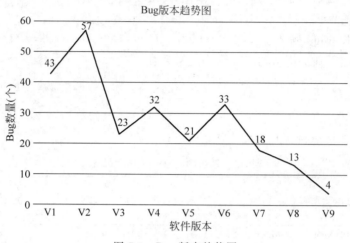

图 7-3 Bug 版本趋势图

(1) 第一阶段(V1~V4):增量确认测试。

V1:从图 7-3 中看到 V1 共有 43 个 Bug,因为 V1 版本有一个功能模块在 V2 版本才开始测试,故 V1 测试模块相对较少,该版本 Bug 相对较少。

V2:由于 V1 中的一个功能模块增加到 V2 中进行测试,这一版本除了对 V1 中的 Bug 进行验证,同时对 V1 进行了回归测试,所以 V2 中的 Bug 数相对 V1 出现了明显的增长趋势。

V3:V3 版本因为有 V2 版本的 Bug 验收测试,以及 V1、V2 的回归测试,共发现 23 个 Bug,有了明显的下降,说明前期测试的工作及程序开发人员的修正的效率和质量都比较高。

V4:V4 版本 Bug 数有一个小幅回升增加的趋势,是因为提出了新的开发功能模块,该版本需求定义又有变动。

(2) 第二阶段(V5~V9):Bug 验证及功能回归确认测试。

V5 和 V6 进行了回归测试,V7 对之前的 Bug 进行了验证。

V5:进行第一轮回归测试,发现 Bug 数量为 21 个。

V6:进行第二轮回归测试,第一次回归测试没有涉及权限控制菜单按钮的测试,在本次回归测试时重点进行这个方面的测试,又发现了大量与权限相关的 Bug。

V7:没有进行全面的回归测试,只验证了 V1~V6 未通过验证的 Bug,所以 Bug 数明显比较少。

V8:V8 版本进行了全面的回归测试,同时重点测试了权限控制、业务流程以及前后关联映射,所以本次发现的 Bug 有 7 个是严重级别的,说明最后冲刺阶段系统测试的功能及业务控制还存在一定问题。

V9:V9 版本经过程序开发人员较为精密的修改验证,为延期 4 天后提交的版本,本次对重新发布的版本进行了全面的回归测试,特别是对严重级别的 Bug 进行了重点测试,没有发现问题,只有个别功能性的问题存在操作便捷性的修正。总体说明系统功能已经稳定。

2. Bug 严重程度

如图 7-4 所示,测试发现的 Bug 主要集中在"一般"和"次要"级别,属于一般性的缺陷,但是测试时出现了 42 个严重级别的 Bug,严重级别的 Bug 主要表现在以下 4 方面。

(1) 系统主要功能没有实现。

(2) 添加数据代码重复后,出现找不到页面的错误。

(3) 学校学期自动切换控制这一功能未能有效形成约束,部分排课数据出现查询异常的问题。

(4) 所设计的数据库角色管理及控制混乱,出现部分角色找不到页面,或页面不具备操作权限等问题。

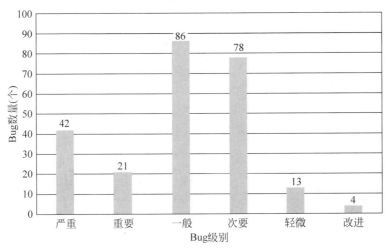

图 7-4 Bug 严重程度图

3. Bug 引入阶段

如图 7-5 所示,此次系统测试发现的 Bug 主要为后台编码阶段和前台编码阶段的 Bug,甚至接近全部 Bug 总数的 80%。

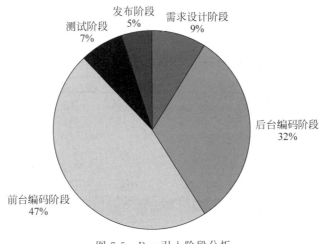

图 7-5 Bug 引入阶段分析

4. Bug 引入原因

如图 7-6 所示,此次系统测试发现的 Bug 主要源于前台编码、后台编码和易用性的不合要求,其占到全部 Bug 的 78%。

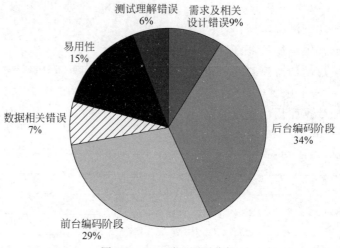

图 7-6　Bug 引入原因分析

5. Bug 状态分布

如图 7-7 所示 Bug 状态图可以看出,未得到有效解决的 Bug 有 3 个,这是因为后期毕业设计流程的需求部分有变动,需要重新设计,所以暂时没有处理,其他部分都已经解决。

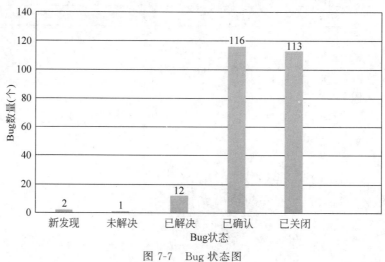

图 7-7　Bug 状态图

7.5.5　测试结论

1. 功能性

系统正确地实现了基于学期管理的教务功能,实现了培养方案、课程及大纲等的自动获取和初始化,实现了学期教学安排、实验排课安排、毕业设计管理等功能,同时也实现角色及权限管理的查询、添加、修改、删除等操作,系统还实现了将权限控制细化到部分菜单按钮的功能。

系统在实现毕业设计管理功能的同时,存在毕业生学生志愿选择以及教师审核过程权限控制不严密的问题,权限设计有可以进一步补充完善的地方。

2. 易用性

现有系统实现了以下易用性。

(1) 查询、添加、删除、修改操作相关提示信息的一致性、可理解性。

(2) 输入限制的正确性。

(3) 输入限制提示信息的正确性、可理解性、一致性。

现有系统存在以下易用性缺陷。

(1) 界面排版不美观,部分页面功能按钮操作不符合大众习惯。

(2) 输入、输出字段的可理解性差。

(3) 输入缺少解释性说明。

(4) 中英文对应信息不完全正确。

3. 可靠性

现有系统的可靠性控制不够严密,很多控制是通过页面控制实现的,如果页面控制失效,用户有可能向数据库直接插入数据,引发错误。

现有系统的容错性不高,如果系统出现错误,返回错误类型为找不到页面错误,无法恢复到出错前的状态。

4. 兼容性

现有系统主要在 Windows 下测试,对 IE11 浏览器、Chrome84 浏览器和 Firefox88 浏览器兼容,但未进行其他平台浏览器的兼容性测试。

5. 安全性

现有系统控制了以下安全性问题。

(1) 把某一个登录后的页面保存下来后,在本地打开并不能在不登录的情况下单独对其进行操作。

(2) 直接输入某一页面的 URL 不能打开页面并进行操作,会跳转到登录页面。

现有系统未实现以下安全功能。

(1) 用户名和密码对大小写敏感。

(2) 登录错误次数未作限制。

7.5.6 分析与度量

1. 覆盖率

此次测试中,所有测试用例都在中文界面下执行,测试不包括英文界面下的测试,只对英文界面的翻译进行了简单校验。

此次测试中,部分页面的需求描述无明确的定义,其对输入限制无详细定义,无明确的测试依据。在测试过程中,具体测试依据是根据输入字段含义,测试人员理解以及和项目经理、开发人员沟通获得的,故无法保证测试依据的绝对客观正确性和完整性。也因此没有进行完整的、正确的无效数据的测试,这导致测试覆盖率不够,可能无法保证测试的有效性和正确性。测试用例覆盖率分析如图 7-8 所示。

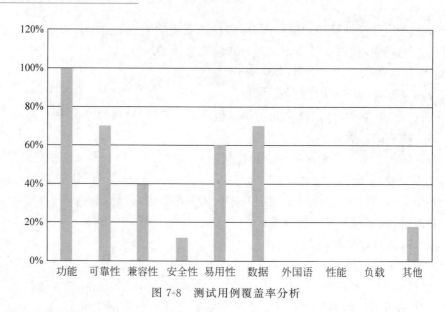

图 7-8　测试用例覆盖率分析

2. 遗留缺陷的影响

1）缺陷 1

缺陷描述：Tomcat 日志有乱码,具体日志项缺项目名称。

缺陷影响:其他项目日志都有项目名称,此日志无项目名称,查看不方便。

推迟原因:目前的日志为了调试方便额外显示了很多其他信息,在项目正式发布时需要统一处理。

2）缺陷 2

缺陷描述:数据字典种类在修改默认值设置后,再调用该数据字典种类的具体某条数据字典,默认值无显示。

缺陷影响:数据字典种类的默认值设置后,不能显示该次设置的默认值,相当于数据字典和类默认值设置功能未实现。

推迟原因:该功能暂时不好实现,需要和系统的默认语种一起处理。

3）缺陷 3

缺陷描述:添加多媒体,上传文件功能有错误。

缺陷影响:上传文件功能约束及显示不完善。

推迟原因:该功能与开发平台的基础构件功能有关,将在下个版本中完善。

4）缺陷 4

缺陷描述:教师审核学生志愿后学生端显示不明显。

缺陷影响:学生志愿状态管理功能不完善。

推迟原因:需求优化及调整,将在下个版本完善。

3. 典型缺陷引入原因

测试过程中发现的缺陷主要有以下 6 方面。

1）需求定义不明确

需求文档中存在功能定义错误、输入输出字段描述错误、输入输出字段限制定义错误、输入输出限制定义缺失这几种类型的缺陷。这使得开发人员根据需求进行设计时没有考虑相关功能的关联性以及需求中出现错误的地方。在测试过程中,需求相关的问题暴露出来。此时若需求做改正,设计必须跟着做改动,这样浪费了时间影响了开发人员的积极性,降低了开发人员对需求的信任,可能会导致开发人员不按照需求而是根据自己的经验来进行设计。

2) 功能性错误

功能没有实现导致无法测试需求规定的功能。这主要是因为课程培养方案初始化流程过久,在排课安排中无法较为方便地选出课程或课程信息有变动但是未能及时反馈及更新到系统。

功能实现产生偏差,实现了需求未定义的功能,执行需求定义的功能时系统出现错误主要是因为角色拥有不属于自己的权限,或有些权限应该授予却没有授予等。

3) 页面设计和需求不一致

页面设计没有根据需求进行,输入、输出字段文字错误,用户无法理解字段含义。页面设计没有完成需求规定的输入限制验证,导致用户可以输入错误的或者无效的数据,这些数据有可能会引起系统的功能性错误。

4) 数据字典显示问题

系统中很多输入字段是通过调用数据字典的方式输入的,但是现有系统中很多数据字典的默认信息并没有被设置,这导致使用基础码表信息时显示了空白字段,由此引发了基础码表信息无法显示的缺陷。

5) 页面设计易用性缺陷

(1) 页面设计不友好。系统中很多页面的输入字段无明确的输入提示,用户无法理解导入何种数据是正确的,但是用户输入错误信息后,系统会提示出错,这直接增加了用户负担。

(2) 提示信息错误。不同模块相同结果的提示信息不一致,用户操作后,相应的提示信息不明确,容易引起用户误解。

(3) 提示信息一致性问题。用户在不同页面执行相同的操作,收到的提示信息不同。

6) 开发人员疏忽引起的缺陷

因为开发人员的疏忽导致系统需要验证的地方调用了错误的验证,同时系统需要进行输入控制的地方却没有受到相应的控制。

4. 建议

(1) 在项目开始时应该制定编码标准、数据库标准、需求变更标准,开发和测试人员都应严格按照标准进行,这样可以在后期减少因为开发、测试不一致而导致的问题,同时也可以降低沟通成本。

(2) 发布版本时正确布置测试环境,减少因为测试环境、测试数据库数据的问题而出现的无效 Bug。

(3) 开发人员解决 Bug 时应填写 Bug 原因以及解决方式,方便对 Bug 的跟踪。

(4) 开发人员在开发版本上发现 Bug 后,可以通知测试人员,因为开发人员发现的 Bug 很有可能在测试版本上出现,而测试人员和开发人员的思路不同,有可能测试人员没有发现该 Bug,而且这样可以保证发现的 Bug 都能够被跟踪到。

5. 资源消耗

本次测试的资源消耗情况如表 7-3 所示。

表 7-3　系统测试资源消耗

测试时间	2020 年 5 月 10 日至 2020 年 6 月 5 日
测试人力	有效人天：1 人×7 天＋1 人×15 天＝22 人天
硬件资源	服务器：2 台 客户端：PC2 台

7.6　本章小结

本章首先对系统测试进行了概述,主要讲述了系统测试的概念、系统测试的目标、系统测试的方针以及系统测试的原则 4 方面的内容。然后讲述了系统测试的类型及较为常见的 Web 系统测试方法,同时针对当前逐渐流行起来的 VR 项目在测试中注意的问题做了说明。最后通过实际案例"某教务管理平台系统"的系统测试报告,全面介绍了系统测试在实际项目中如何开展实施,方便读者掌握测试的实际技巧。

7.7　习　　题

1. 以下关于系统测试的叙述,不正确的是(　　　)。

    A. 系统测试是针对整个产品系统进行的测试

    B. 系统测试的对象不包含软件所依赖的硬件、外设和数据

    C. 系统测试的目的是验证系统是否满足了需求规格的定义

    D. 系统测试是基于系统整体需求说明书的黑盒类测试

2. 以下测试内容中,属于系统测试的是(　　　)。

① 单元测试；② 集成测试；③ 安全性测试；④ 可靠性测试；⑤ 兼容性测试；⑥ 可用性测试。

    A. ①②③④⑤⑥　　　　B. ②③④⑤⑥　　　　C. ③④⑤⑥　　　　D. ④⑤⑥

3. 系统测试的主要关注点是(　　　)

    A. 某个独立功能组件是否正确地被实现

    B. 某个功能组件是否能满足设计要求

    C. 所定义的整个系统或者产品的行为

    D. 组件之间接口的一致性

4. 一个 Web 信息系统所需要进行的测试包括(　　　)。

① 功能测试；② 性能测试；③ 可用性测试；④ 客户端兼容性测试；⑤ 安全性测试。

    A. ①②　　　　　　B. ①②③　　　　　　C. ①②③④　　　　　　D. ①②③④⑤

5. 以下关于 Web 测试的叙述中,不正确的是(　　　)。

    A. Web 软件的测试贯穿整个软件生命周期

    B. 按系统架构划分,Web 测试可被分为客户端测试、服务端测试和网络测试

C. Web 系统测试与其他系统测试的测试内容基本不同但测试重点相同

D. Web 性能测试可以采用工具辅助

6. 为检验某 Web 系统的并发用户数是否满足性能要求,应进行(　　)。

    A. 负载测试　　　　　B. 压力测试　　　　C. 疲劳强度测试　　D. 大数据量测试

7. 压力测试不会使用到以下哪种测试手段?(　　)。

    A. 重复　　　　　　　B. 注入错误　　　　C. 增加量级　　　　D. 并发

8. 以下不属于文档测试之测试范围的是(　　)。

    A. 软件开发计划　　　B. 数据库脚本　　　C. 测试分析报告　　D. 用户手册

第 8 章   验 收 测 试

近年来,随着软件行业技术和市场环境的变化,越来越多的企业选择将软件项目外包。在外包的软件项目日益增长的情况下,如何对这些外包的项目进行质量控制已成为许多企业的一个关键问题。在软件的众多质量控制手段中,验收测试是其中主要的方法之一,它是验证软件是否满足需求的一种测试,也是测试验收人员对质量最后一关的把控手段,直接影响客户对产品好坏的感知。怎样做好验收测试是一门学问,本章将由浅入深地全面解读验收测试,介绍如何做好收尾工作,顺利地完成交付。

8.1   验收测试概述

视频讲解

如同任何产品离不开质量检验一样,软件验收测试是在软件投入运行前对需求分析、设计规格说明和编码实现的最终审定,其在软件生命周期中占据着非常突出的重要地位。

软件验收测试就是让系统用户决定是否接收系统,是一项确定产品是否能够满足合同规定,用户需求的测试,这是管理性和防御性控制的重要步骤。

软件验收测试的前提是软件系统已通过了系统测试。

软件验收测试的结果有两种可能,一种是功能和性能指标满足软件需求说明的要求,用户可以接受;另一种是软件不满足软件需求说明的要求,用户无法接受。项目进行到这个阶段才发现严重错误和偏差,一般很难在预定的工期内改正,因此必须与用户协商,寻求一个妥善解决问题的方法。

8.2   验收测试的内容

验收测试是部署软件之前的最后一个测试操作,其目的是确保软件已准备就绪,并且可以让最终用户将其用于执行既定功能和任务。验收测试的主要任务就是向未来的用户表明软件能够像预期的那样工作,也就是验证软件的有效性,即验证软件的功能和性能如用户所合理期待的那样。

验收测试的主要内容有以下两方面。

8.2.1   制定验收标准

实现对软件的确认要通过一系列测试。验收测试同样需要制定测试计划和过程,测试计划应规定测试的种类和测试进度,测试过程则定义一些特殊的测试用例,为的是说明软件与合同要求是否一致。

无论是计划还是过程,都应该着重考虑以下几方面。

(1) 软件是否满足合同规定的所有功能和性能。

(2) 文档资料是否完整。

(3) 人机界面是否准确。

(4) 其他方面(例如可移植性、兼容性、错误恢复能力和可维护性等)是否能令用户满意。

8.2.2 配置项复审

验收测试的另一个重要环节是软件配置项(一组为独立的配置管理而设计的并且能满足最终用户功能的软件,包括文档和程序,以及其他配置项)复审。在进行验收测试之前,必须保证所有软件配置项都能进入验收测试,只有这样才能保证最终交付给用户的软件产品的完整性和有效性。复审的目的就是要保证软件配置齐全、分类有序,并且包括软件维护所必需的细节。

8.3 验收测试的过程

进行验收测试时必须要了解验收测试的过程。只有按照验收过程的步骤进行,才能保证验收测试的顺利实施。

验收测试过程的主要内容包括以下 7 方面。

(1) 软件需求分析:了解软件功能和性能要求、软硬件环境要求等,并要特别了解软件的质量要求和验收要求。

(2) 编制"验收测试计划"和"项目验收准则":根据软件需求和验收要求编制测试计划,制定需测试的测试项,制定测试策略及验收通过准则,并组织包括客户参与的计划评审。

(3) 测试设计和测试用例设计:根据《验收测试计划》和《项目验收准则》编制测试用例,并提交客户评审。

(4) 测试环境搭建:建立测试的硬件环境、软件环境等(可在委托客户提供的环境中进行测试)。

(5) 测试实施:测试并记录测试结果。

(6) 测试结果分析:根据验收通过准则分析测试结果,做出验收是否通过的决定及测试评价。

(7) 测试报告:根据测试结果编制缺陷报告和验收测试报告,并提交给客户。

验收测试的主要步骤如下。

(1) 验收测试的项目洽谈。双方就测试项目及合同进行洽谈。

(2) 签订测试合同。

(3) 开发方提交测试样品和相关资料。开发方需提交的文档有以下两类。

① 基本文档(验收测试必需的文档):用户手册、安装手册、操作手册、维护手册、软件开发合同、需求规格说明书、软件设计说明、软件样品(可刻录在光盘)。

② 特殊文档(根据测试内容不同,委托方所需提交下列相应的文档):软件产品开发过程中的测试记录、软件产品源代码。

(4) 编制测试计划并通过评审。

(5) 进行项目相关知识培训。

(6) 测试设计。评测中心编制测试方案和设计测试用例集。

(7) 方案评审。评测中心测试组成员、委托方代表一起对测试方案进行评审。

(8) 实施测试。评测中心对测试方案进行整改,并实施测试。在测试过程中每日提交测试事件报告给委托方。

(9) 编制验收测试报告并组织评审。

(10) 提交验收测试报告。评测中心提交验收测试报告。

完整的验收测试过程流程图可参考图 8-1 所示。

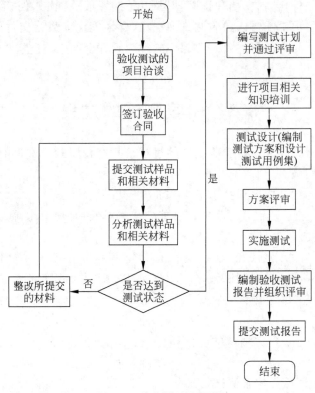

图 8-1 验收测试流程图

8.4 验收测试的常用策略

视频讲解

实施验收测试的常用策略有 3 种,分别是正式验收测试、α 测试和 β 测试。从 3 个策略中作出选择通常需要建立在合同需求、组织和公司标准以及应用领域的基础上。

1. 正式验收测试

正式验收测试是一项管理严格的过程,它通常是系统测试的延续。计划和设计这些测试的周密和详细程度不亚于系统测试。正式验收测试所选择的测试用例应该是系统测试中所执行测试用例的子集。

在某些组织中,开发组织(或其独立的测试小组)将与最终用户组织的代表一起执行验收测试。而在其他一些组织中,验收测试则完全由最终用户自行组织执行,或者由最终用户组织所选择的人员组成一个客观公正的小组来执行。

正式验收测试的优点包括以下几点。

(1) 要测试的功能和特性都是已知的。

(2) 测试的细节是已知的并且可以对其进行评测。

(3) 这种测试可以自动执行,支持回归测试。

(4) 可以对测试过程进行评测和监测。

(5) 可接受性标准是已知的。

正式验收测试的缺点包括以下几点。

(1) 要求大量的资源和计划。

(2) 这些测试可能是系统测试的再次实施。

(3) 可能无法发现软件中由于主观原因造成的缺陷,这是因为在此测试过程中往往只查找预期要发现的缺陷。

2. α 测试

α 测试,也称为非正式测试。在 α 测试中,执行测试过程的限定不像正式验收测试中那样严格。在此测试中往往会确定并记录要研究的功能和业务任务,但没有可以遵循的特定测试用例,测试内容由各测试员决定。

(1) 这种验收测试方法不像正式验收测试那样组织有序,更为主观。

(2) 大多数情况下,非正式验收测试是由最终用户组织执行的。

α 测试的优点包括以下几点。

(1) 要测试的功能和特性都是已知的。

(2) 可以对测试过程进行评测和监测。

(3) 可接受性标准是已知的。

(4) 与正式验收测试相比,可以发现更多由于主观原因造成的缺陷。

α 测试的缺点包括以下几点。

(1) 要求资源、计划和管理资源。

(2) 无法控制所使用的测试用例。

(3) 最终用户可能沿用系统工作的方式,并可能无法发现缺陷。

(4) 最终用户可能专注于比较新系统与遗留系统,而不是专注于查找缺陷。

(5) 用于验收测试的资源不受项目的控制,并且可能受到压缩。

3. β 测试

在这 3 种验收测试策略中,β 测试所需要的控制是最少的。在 β 测试中,采用的细节多少、数据和方法完全由各测试员自行决定。各测试员负责创建自己要使用的环境、选择数据,并决定要研究的功能、特性或任务。各测试员自行负责确定自己对系统当前状态的接受标准。

β 测试由最终用户实施,通常开发组织(或其他非最终用户)对其的管理很少或不进行管理。β 测试是所有验收测试策略中最主观的。

β 测试的优点如下。

(1) 测试由最终用户实施。

（2）大量的潜在测试资源。

（3）能提高客户对参与人员的满意程度。

（4）与正式或非正式验收测试相比，可以发现更多由于主观原因造成的缺陷。

β测试的缺点如下。

（1）往往不能对所有功能和/或特性进行测试。

（2）测试流程难以评测。

（3）最终用户可能沿用系统工作的方式，并可能无法发现或没有报告缺陷。

（4）最终用户可能专注于比较新的系统与遗留系统，而不是专注于查找缺陷。

（5）用于验收测试的资源不受项目的控制，所以测试流程可能受到压缩。

（6）可接受性标准是未知的。

（7）需要更多辅助性资源来管理β测试员。

作为测试的结果，测试者往往需要给出测试报告，而验收测试也不例外。在验收测试的结束部分，测试者需要以文档的形式提供"验收测试报告"作为对验收测试结果的一个书面说明。

8.5　用户验收测试的实施

用户验收测试可以分为两个大的部分：软件配置审核和可执行程序测试，大致可遵循以下顺序。

（1）文档审核

（2）源代码审核

（3）配置脚本审核

（4）测试程序或脚本审核

（5）可执行程序测试

下面依据上述顺序讲述在用户验收测试的两部分中的主要工作内容。

1. 软件配置审核

对一个外包的软件项目而言，软件承包方通常要提供相关的软件配置内容如下。

（1）可执行程序。

（2）源程序。

（3）配置脚本。

（4）测试程序或脚本。

除此之外，还应提供主要的开发类文档和管理类文档。其中主要的开发类文档有以下几种。

（1）需求分析说明书。

（2）概要设计说明书。

（3）详细设计说明书。

（4）数据库设计说明书。

（5）测试计划。

（6）测试报告。

（7）程序维护手册。

（8）程序员开发手册。

（9）用户操作手册。

（10）项目总结报告。

而需要提供的主要管理类文档则有以下几种。

（1）项目计划书。

（2）质量控制计划。

（3）配置管理计划。

（4）用户培训计划。

（5）质量总结报告。

（6）评审报告。

（7）会议记录。

（8）开发进度月报。

在开发类文档中，容易被忽视的文档有"程序维护手册"和"程序员开发手册"。

"程序维护手册"的主要内容包括：系统说明（包括程序说明）、操作环境、维护过程、源代码清单等。编写"程序维护手册"的目的是为将来的维护、修改和再次开发工作提供有用的技术信息。

"程序员开发手册"的主要内容包括：系统目标、开发环境使用说明、测试环境使用说明、编码规范及相应的流程等，其实际上就是程序员的培训手册。

正式的审核过程通常分为 5 个步骤。

（1）计划。

（2）预备会议（可选）：对审核内容进行介绍并讨论。

（3）准备阶段：各责任人事先审核并记录发现的问题。

（4）审核会议：最终确定工作产品中包含的错误和缺陷。

（5）问题追踪。

审核要达到的基本目标有以下两个。

（1）根据共同制定的审核表，尽可能地发现被审核内容中存在的问题，并最终将其解决。

（2）在根据相应的审核表进行文档审核和源代码审核时，注意文档与源代码的一致性。

在文档审核、源代码审核、配置脚本审核、测试程序或脚本审核都顺利完成后，就可以进行验收测试的最后一个步骤——可执行程序的测试。

2．可执行程序测试

可执行程序测试包括功能、性能等方面的测试，每种测试也都包括目标、启动标准、活动、完成标准和度量等 5 部分。

要注意的是在测试时不能直接使用开发方提供的可执行程序直接进行测试，而要按照开发方提供的编译步骤，从源代码状态重新生成可执行程序。

在真正进行用户验收测试之前一般应该已经完成了以下工作（也可以根据实际情况有选择地采用或增加）。

（1）软件开发已经完成，并全部解决了已知的软件缺陷。

（2）验收测试计划已经过评审并批准，并且置于文档控制之下。

（3）对软件需求说明书的审查都已经完成。

（4）对概要设计、详细设计的审查都已经完成。

（5）对所有关键模块的代码审查都已经完成。

（6）对单元、集成、系统测试计划和报告的审查都已经完成。

（7）所有的测试脚本都已完成，并至少执行过一次，且通过评审。

（8）使用配置管理工具管理代码且代码置于配置控制之下。

（9）软件问题处理流程已经就绪。

（10）已经制定、评审并批准验收测试完成标准。

具体的测试内容通常可以包括以下几项。

（1）安装（升级）。

（2）启动与关机。

（3）功能测试（正例、重要算法、边界、时序、反例、错误处理）。

（4）性能测试（正常的负载、容量变化）。

（5）压力测试（临界的负载、容量变化）。

（6）配置测试、平台测试、安全性测试、恢复测试（在出现掉电、硬件故障或切换、网络故障等情况时，系统是否能够正常运行）、可靠性测试等。

如果执行了所有的测试案例、测试程序或脚本，用户验收测试中发现的所有软件问题都已解决，而且所有的软件配置均已更新和审核，可以反映出软件在用户验收测试中所发生的变化，那么用户验收测试就完成了。

8.6 验收测试的案例

本节通过"某气候中心数据加工处理系统"软件项目验收测试的案例，提供一种验收报告的撰写方式。

8.6.1 项目概述

某第三方测评机构受某气象业务单位委托，对该单位的"某气候中心数据加工处理系统"软件项目进行了验收测试。

根据该单位提供的需求说明、用户文档等方面的文档说明，依据国家标准《信息技术软件包质量要求和测试》（GB/T 17544-1998）、《软件工程产品质量 第 1 部分：质量模型》（GB/T 16260.1-2006）、《软件工程产品质量 第 2 部分：外部度量》（GB/T 16260.2-2006）以及相关质量评价标准，从软件文档、功能性、可靠性、易用性、效率、维护性、可移植性、安全性等 8 方面对该软件进行了符合性测试和综合的评价。

8.6.2 系统简介

"某气候中心数据加工处理系统"系统架构层次根据 MVC 模式思想共分 4 层，分别是数据源层、数据采集与处理层、数据存储层、数据应用层。数据加工处理系统根据业务调研需求及建设范围边界确定其主要包括气候业务众创开发平台、气候业务算法配置系统、气候构件库以及综合气候业务应用4部分,各部分相互作用共同形成一个整体。数据加工处理系统支持多家技术服务商在统一标准、统一技术架构、统一开发工具的平台上设计、开发气候业务构件和算法构件,支持多方众创、共享和协作。通过对业务构件和算法构件的应用,服务商能够快速搭建气候业务应用系统,从而提高气候软件的标准化水平、可用性以及复用率,同时缩短开发周期,提高气候软件的稳定性、可靠性和灵活应变能力。

8.6.3 测试内容

测试内容分为3方面:对系统中的每个功能项目的输入、输出、处理、限制和约束等进行验证,对各功能项的功能性、可靠性、易用性等进行逐一检测;验证业务流程的正确性,即检查系统的业务流程是否满足该气象业务单位的要求;根据系统对非功能性方面的要求,在对常规质量特性进行测试的同时,重点对性能(效率)、安全性进行测试。

系统中的众创开发平台、气候算法配置系统、气候构件库及配套服务中心等子系统是本次测试的重点。本次测试将依据需求说明书分析气候构件开发及使用、气候算法的装配和调度处理流程,在此基础上根据业务需求设计出测试方法和用例,测试方法重点考虑用非法的数据、非法的流程、非法的操作顺序等进行测试,以检查软件的执行过程、方式和结果,验证其容错率、稳健性以及错误恢复能力。

在性能(效率)方面,本次测试将根据系统的性能需求,进行性能符合性验证,通过负载压力测试工具LoadRunner进行负载压力测试和疲劳强度测试,验证系统的各项性能指标是否满足要求,是否可以长期、稳定地运行。

安全性是该气象业务单位比较关心的测试的部分,针对系统的安全性要求,本次测试进行了输入验证、身份鉴别、身份认证、敏感数据、配置管理、会话管理、参数维护、错误处理、审计日志、用户登录等方面的安全性测试。

8.6.4 测试结论

被测系统为气象业务单位特别是对气候研究的相关人员提供了一套作业平台,相关业务人员、气候科研人员通过气象局内部统一的账号即可登录该系统,根据业务需求处理业务,进行科研训练及数据的调用和处理;系统能够实时查询算法的执行流程及日志等信息,可跟踪气象数据的来源、处理过程及流向实现对气候算法与数据应用的动态监控;系统有针对性地支撑了气候科研人员的工作,有利于科研人员对所属区域的气候变化状况的相关要素进行分析。

在测试过程中,共计发现近270个问题,从软件的质量特性来看,问题主要集中在软件的可靠性、功能性、效率、安全性上;从软件的业务功能来看,问题主要集中在构件开发、构件调度、算法编排及日志输出以及与其他平台对接等方面。这些在测试中发现的问题,经由开发方整改并经回归测试确认后基本都得到了较好的解决,但也有部分问题在测试期间未能得到解决,测试方对此提出了修改建议。

经过该软件评测机构的严格测试,认为"某气候中心数据加工处理系统"与其需求说明、用户文档所述的产品规格及其特点基本符合,该软件的开发已达到预定目标,可以在气象业务中气候变化及研究的科研工作中应用。

8.7　本章小结

本章首先对验收测试进行了概述,然后介绍了验收测试的内容和大概过程,说明了验收测试的主要内容和执行步骤并介绍了验收测试常用的策略,正式验收、α测试、β测试的区别与联系。最后通过为某气象业务单位的"某气候中心数据加工处理系统"软件项目进行验收测试的案例,给出了一种可供参考的验收报告撰写方式。

8.8　习　　题

1. 如何在验收测试中运用白盒测试? (　　　)
   A. 检查是否可以在集成系统之间传输大量数据
   B. 检查是否已执行所有代码的语句和判定路径
   C. 检查是否已遍历所有工作过程流
   D. 遍历 Web 页面的导航

2. 以下关于验收测试的叙述,不正确的是(　　　)。
   A. 验收测试是部署软件之前的最后一个测试操作
   B. 验收测试让系统用户决定是否接收系统
   C. 验收测试是向未来的用户表明系统能够像预定要求那样工作
   D. 验收测试不需要制定测试计划和过程

3. 以下关于验收测试的叙述,不正确的是(　　　)。
   A. 验收测试由开发方主导,用户参与
   B. 验收测试也需要制定测试计划
   C. 验收测试之前需要先明确验收方法
   D. 验收测试需要给出验收通过或者不通过的结论

4. 以下不属于软件编码规范评测内容的是(　　　)。
   A. 源程序文档化　　B. 数据说明方法　　C. 语句结构　　　　D. 算法逻辑

5. 列举进入验收测试的条件。

6. 简述验收测试的目的。

7. 请简述 α 测试和 β 测试的区别。

第9章　　回归测试

回归测试就是在软件生命周期内,每当软件发生变化时重新测试现有功能,以便检查已发生的修改是否破坏了原有的正常功能,确定这一修改是否达到了预期目的的测试。作为软件生命周期的一个组成部分,回归测试在整个软件测试工作量中占很大比重,软件开发的各个阶段会进行多次回归测试。在渐进和快速迭代开发中,新版本的连续发布使回归测试进行得更加频繁,而在极端编程方法中,更是要求每天都进行若干次回归测试。因此,选择正确的回归测试策略来提升回归测试的效率和有效性是非常有意义的。本章对回归测试的概念、策略、过程及实践进行说明。

9.1　回归测试概述

视频讲解

在软件生命周期中的任何一个阶段,只要软件发生了改变,就可能产生新的问题。所谓回归测试就是当软件发生改变时,对其进行重新测试,以验证修改的正确性及其影响。软件的改变可能是源于发现了错误并做了修改,也有可能是因为在集成或维护阶段加入了新的模块。当软件中所含错误被发现时,如果错误跟踪与管理系统不够完善,就可能会遗漏对这些错误的修改。开发者对错误理解得不够透彻也可能导致所做的修改只修正了错误的外在表现,而没有修复错误本身,从而造成修改失败。修改还有可能产生副作用,从而导致软件未被修改的部分产生新的问题,使本来正常工作的功能产生错误。同样,在有新代码加入软件的时候,除了新加入的代码中有可能含有错误,这些代码还有可能对原有的代码带来影响。因此,每当软件发生变化时,都必须重新测试现有的功能,以确定修改是否达到了预期的目的,检查修改是否损害了原有的正常功能。同时,还需要补充新的测试用例来测试新的或被修改了的功能。因此,测试者必须重新测试,以便确定修改是否达到了预期的目的。同时,为了验证修改的正确性及其影响,也需要进行回归测试。

9.2　测试对象和目的

视频讲解

回归测试的对象包括以下几个。

(1) 未通过软件单元测试的软件,在变更之后应对其进行单元测试。

(2) 未通过软件配置项测试的软件,在变更之后首先应对变更的软件单元进行测试,然后再进行相关的集成测试和配置项测试。

(3) 未通过系统测试的软件,在变更之后首先应对变更的软件单元进行测试,然后再进行相关的集成测试、软件配置项和系统测试。

（4）因其他原因进行变更之后的软件单元,也首先应对变更的软件单元进行测试,然后再进行相关的软件测试。

回归测试的测试目的如下。

（1）测试软件变更后变更部分的正确性和对变更需求的符合性。

（2）测试软件变更是否损害软件原有的、正确的功能、性能和其他规定。

9.3 回归测试的策略

对一个软件开发项目来说,项目测试组在实施测试的过程中会将所开发的测试用例保存到"测试用例库"中,并对其进行维护和管理。当得到一个软件的基线版本时,用于基线版本测试的所有测试用例就形成了基线测试用例库。在需要进行回归测试的时候,可以根据所选择的回归测试策略,从基线测试用例库中提取合适的测试用例组成回归测试包,通过运行回归测试包来实现回归测试。保存在基线测试用例库中的测试用例可能是自动测试脚本,也可能是测试用例的手工实现过程。

回归测试需要时间、经费和人力来计划、实施和管理。为了在给定的预算和进度下尽可能有效率和有效力地进行回归测试,需要对测试用例库进行维护,并根据一定的策略选择相应的回归测试包。

回归测试的价值在于它是一个能够检测到回归错误的受控实验。当测试组选择缩减的回归测试时,其有可能删除了将揭示回归错误的测试用例,消除了发现回归错误的机会。然而,如果采用了代码相依性分析等相对安全的缩减技术,则可以决定哪些测试用例可以被删除而不会让回归测试的意图遭到破坏。

9.3.1 测试用例库的维护

为了最大限度地满足客户的需要和适应应用的要求,软件在其生命周期中会频繁地被修改和不断更新为新的版本,修改后的或者新版本的软件往往会添加一些新的功能或者在软件功能上产生某些变化。随着软件的改变,软件的功能和应用接口以及软件的实现都可能发生演变,测试用例库中的一些测试用例可能会因此失去针对性和有效性,同时另一些测试用例则可能会变得过时,还有一些测试用例甚至将完全不能运行。为了保证测试用例库中测试用例的有效性,必须对测试用例库进行维护。同时,被修改的或新增添的软件功能仅仅靠重新运行以前的测试用例并不足以揭示其中的问题,有必要追加新的测试用例来测试这些新的功能和特征。因此,测试用例库的维护工作还应该包括开发新测试用例,这些新的测试用例将被用来测试软件的新特征或者覆盖现有测试用例无法覆盖的软件功能或特征。

测试用例的维护是一个不间断的过程,在实际测试工作中,通常可以将软件开发的基线作为基准,维护的主要内容包括下列4方面。

（1）删除过时的测试用例。因为需求的改变等原因可能会使一个基线测试用例不再适合被测试系统,导致这些测试用例过时。所以,在软件的每次修改后都应删除过时测试用例。

（2）改进不受控制的测试用例。随着软件项目的进展,测试用例库中的用例不断增加,其中会出现一些对输入或运行状态十分敏感的测试用例。这些测试用例不容易重现且结果难以控制,会影响回归测试的效率,需要进行改进,使其达到可重现和可控制的要求。

(3)删除冗余的测试用例。如果对一组相同的输入和输出进行测试存在两个或者更多个测试用例针,那么这些测试用例将是冗余的。冗余测试用例的存在降低了回归测试的效率。所以需要定期地整理测试用例库,并将这些冗余的用例删除掉。

(4)增添新的测试用例。如果某个程序段、构件或关键的接口在现有的测试中没有被测试,那么应该开发新测试用例重新对其进行测试,并将新开发的测试用例合并到基线测试包中。

对测试用例库的维护不仅改善了测试用例的可用性,也提高了测试库的可信性,同时还可以将基线测试用例库的效率和效用保持在一个较高的级别上。

9.3.2 回归测试包的选择

在软件生命周期中,即使一个得到良好维护的测试用例库也可能变得相当大,这使每次回归测试都重新运行完整的测试包变得不切实际。一个完全的回归测试包括每个基线测试用例,但是时间和成本约束可能阻碍运行这样一个测试,所以有时测试组不得不选择一个缩减的回归测试包来完成回归测试。

选择回归测试策略应该兼顾效率和有效性这两方面。常用的选择回归测试的方式如下。

(1)再测试全部用例。选择基线测试用例库中的全部测试用例组成回归测试包,这是一种比较安全的方法,测试全部用例在遗漏回归错误方面的风险最低,但测试成本最高。

(2)基于风险选择测试。可以基于一定的风险标准来从基线测试用例库中选择回归测试包。优先运行最重要的、关键的和可疑的测试,而跳过那些非关键的、优先级别低的或者高稳定的测试用例。

(3)基于操作剖面选择测试。如果基线测试用例库的测试用例是基于软件操作层面开发的,则测试用例的分布情况将反映系统的实际使用情况。回归测试所使用的测试用例个数可以由测试预算确定,可以优先选择那些针对最重要或最频繁使用功能的测试用例,释放和缓解最高级别的风险,这有助于尽早发现那些对可靠性有最大影响的故障。同时,这种方法可以在一个给定的预算下最有效地提高系统可靠性,但实施起来则有一定的难度。

(4)再测试修改的部分。当测试者对修改的局部化有足够的信心时,可以通过相依性分析识别软件的修改情况并分析修改的影响,将回归测试局限于被改变的模块和它的接口上。一个回归错误通常一定涉及一个新的、修改的或删除的代码段。在允许的条件下,回归测试应尽可能覆盖影响的部分。

9.3.3 回归测试的基本过程

有了测试用例库的维护方法和回归测试包的选择策略,回归测试可遵循下述基本过程进行。

1. 提出修改需求

因为 Bug 被修改,或者根据需求规格说明书、设计说明书而被修改,提出回归测试的修改需求。

2. 修改软件工件

为了满足新的需求或者改正错误而对软件工件进行修改。

3. 选择测试用例

通过选择和有效性确认,获取正确的测试用例集。

4. 执行测试

在执行大量的测试用例时,这些测试通常是自动化进行的。测试执行遍历的路径、调用和被调用的过程以及操作都会被记录下来,作为其后测试的参考依据。

5. 识别失败结果

比较测试的结果与预期的结果,检查错误的来源,对测试用例的有效性进行确认。

6. 确认错误

通过检查测试结果,定位是哪个版本中的哪个组件以及哪些修改导致的失败。如用的测试用例的有效性在执行之前已被确认过,那么任何与预期结果的偏离均表明软件存在潜在的错误。如果使用的测试用例的有效性未在执行之前被确认,那么任何测试用例的失败都可能意味着要么是测试用例不正确,要么是程序错误,要么两者皆有。

7. 排除错误

采用如下几种方式可改正检测到的错误。

(1)改正错误后,提交一个新的程序修正卡。

(2)移去引起错误的修正卡,修正错误。

(3)忽略错误。

其实,再测试全部用例的策略是最安全的策略,但已经运行过很多次的回归测试不太可能揭示新的错误,而且很多时候,由于时间、人员、设备和经费的限制,实际情况往往不允许选择再测试全部用例的回归测试策略,此时,可以选择适当的策略进行缩减的回归测试。

9.4 回归测试用例的选择

所有前期测试阶段的测试用例如全部执行会使得回归测试的成本太高。因此,实际测试中往往会选择前期测试用例的一个子集去执行回归测试,常用的回归测试用例有如下几种测试方法。

(1)在修改范围内的测试。这类回归测试将仅根据修改的内容来选择测试用例,仅保证修改的缺陷或新增的功能被实现。这种方法的效率最高,然而其风险也最大,因为它无法保证这个修改是否影响了其他的功能,该方法一般用在软件结构设计耦合度较小的状态下。

(2)在受影响范围内回归。这类回归测试需要分析修改可能影响哪部分代码或功能,对于所有受影响的功能和代码而言,其对应的所有测试用例都将被回归。而判断哪些功能或代码受影响则往往依赖于测试人员的经验和开发过程的规范。

(3)根据一定的覆盖率指标选择回归测试。例如,规定修改范围内的测试阈值为90%,其他范围内的测试阈值为60%,该方法一般在相关功能影响范围难以界定时使用。

(4)基于操作剖面选择测试。如果测试用例是基于软件操作层面开发的,测试用例的情况将反映系统的实际使用情况。回归测试使用的测试用例个数由测试预算确定,可以优先选择针对最重要或最频繁使用功能的测试用例,尽早发现对可靠性有最大影响的故障。

（5）基于风险选择测试。根据缺陷的严重性来进行测试,基于一定的风险标准从测试用例库中选择回归测试包,从中选择最重要、最关键以及可疑的测试,跳过那些次要的、例外的测试用例或功能相对非常稳定的模块。

总之,要依据经验和判断选择不同的回归测试技术和方法,综合运用多种测试技术实现回归测试。

9.5　回归测试的实践

在实际工作中,回归测试需要反复进行。当测试者一次又一次地完成相同的测试时,这些回归测试将变得令人厌烦,在大多数回归测试需要手工完成的时候尤其如此。因此,需要通过自动测试来实现重复的和一致的回归测试,通过测试自动化来提高回归测试效率。为了支持多种回归测试策略,自动测试工具应该是通用的和灵活的,以便满足不同回归测试目标的要求。

在测试软件时,通常会应用多种测试技术。当测试一个修改了的软件时,测试者也可能希望采用多于一种的回归测试策略来增加已修改软件的稳定性。不同的测试者可能会依据自己的经验和判断选择不同的回归测试技术和策略。

回归测试并不能减少对系统新功能和特征的测试需求,回归测试包应包括对新功能和特征进行确认的测试。如果回归测试包不能达到所需的覆盖要求,则必须补充新的测试用例,最终使覆盖率达到规定的要求。

回归测试是重复性较多的工作,其容易使测试者感到疲劳和厌倦,导致测试效率的降低。所以在实际工作中可以采用一些策略来减轻这些问题。例如,安排新的测试者完成手工回归测试,分配更有经验的测试者开发新的测试用例,编写和调试自动测试脚本以及做一些探索性的或 Ad Hoc 测试(当在软件测试中没有适当的规划和文档时所执行的测试,一般只执行一次)等。还可以在不影响测试目标的情况下鼓励测试者创造性地执行测试用例,变化的输入、按键和配置能够有助于激励测试者去发掘新的错误。

在组织回归测试时需要注意两点,首先是各测试阶段发生的修改一定要在本测试阶段内完成回归,以免将错误遗留到下一测试阶段。其次,回归测试期间应对该软件版本冻结,将回归测试发现的问题集中修改,集中回归。

在实际工作中,可以将回归测试与兼容性测试结合起来进行。在新的配置条件下运行旧的测试可以发现兼容性问题,而同时也可以找出编码在回归方面的错误。

9.6　回归测试与一般测试的比较

通常可以从下面 6 点比较回归测试与一般测试:测试用例的新旧、测试范围、时间分配、开发信息、完成时间和执行效率。

（1）测试用例的新旧。一般测试的主要依据是系统需求规格说明书和测试计划,测试用例都是新的;而回归测试依据的可能是更改了的规格说明书、修改过的程序和需要更新的测试计划,因此其测试用例大部分都是旧的。

（2）测试范围。一般测试的目标是检测整个程序的正确性;而回归测试的目标是检测被修改的相关部分的正确性。

（3）时间分配。一般测试所需时间通常在软件开发之前预算；而回归测试所需的时间（尤其是修正性的回归测试）则往往不被包含在整个产品进度表中。

（4）开发信息。一般测试关于开发的知识和信息可被随时获取；而回归测试由于可能会在不同的地点和时间进行，需要保留开发信息以保证回归测试的正确性。

（5）完成时间。由于回归测试只需测试程序的一部分，完成所需时间通常比一般测试所需时间少。

（6）执行效率。回归测试在一个系统的生命周期内往往要进行多次，一旦系统被修改就需要进行回归测试。

9.7　本章小结

本章讲解了回归测试的基本概念、测试对象和目的、测试策略、测试用例的选择以及其与一般测试的对比说明。由本章的内容可知，回归测试是由于软件修改或变更而对修改后的工作版本中所有可能被修改的影响的范围进行的测试。回归测试伴随测试全程，软件一旦变更，就要安排进行相应的回归测试。

9.8　习　　题

1. 关于回归测试和验收测试，以下正确的是（　　）。
    A. 回归测试的目的是检查修复是否已被成功实现，而验收测试的目的是确认缺陷修复时没有导致新问题
    B. 回归测试的目的是检测缺陷修复后软件的行为，而验收测试的目的是检查系统是否能在新环境中工作
    C. 回归测试的目的是检测缺陷修复后软件的行为，而验收测试的目的是检查原始缺陷是否已被修复
    D. 回归测试的目的是检查新功能是否可工作，而验收测试的目的是检查原始缺陷是否已被修复

2. 以下关于回归测试的叙述中，不准确的是（　　）。
    A. 回归测试是为了确保改动不会带来不可预料的后果或错误
    B. 回归测试需要针对修改过的软件部分进行测试
    C. 回归测试需要能够测试软件的所有功能的代表性测试用例
    D. 回归测试不容易实现自动化

3. 回归测试的对象和目的包括哪些内容？

4. 什么是回归测试？什么时候需要进行回归测试？

5. 回归测试与一般测试的区别是什么？

第 10 章　面向对象的软件测试

自 20 世纪 80 年代后期以来,面向对象的软件开发技术发展迅速,获得了越来越广泛的应用。相应地,面向对象的分析、设计技术以及面向对象的程序设计语言,均获得了丰富的研究成果与工程实际应用。

面向对象技术产生了更好的系统结构,更规范的编码风格,它极大地优化了数据使用的安全性,提高了程序代码的可重用性,使得一些人就此认为面向对象技术开发出的程序无须进行测试。应该看到,尽管面向对象技术的基本思想保证了软件应该有更高的质量,但实际情况却并非如此;因为无论采用什么样的编程技术,编程人员的错误都是不可避免的,而且由于面向对象技术开发的软件代码重用率高,错误的重复发生概率也会更高,更需要进行严格的测试,以避免错误的大量重现。本章讨论针对面向对象的软件,如何开展各阶段的测试工作。

10.1　面向对象的软件测试概述

视频讲解

对象概念对软件开发具有极大的好处,用户应用面向对象编程(Object Oriented Programming,OOP)技术可以只编写一次代码而在多处反复重用,而在非 OOP 的情况下,则多半要在应用程序内部各个部分反复多次地编写同样或类似的功能代码。所以,OOP 减少了编写代码的总量,加快了开发的进度。

但是 OOP 也存在一些固有的缺点。例如,某个类一旦被修改,那么所有依赖该类的代码都必须重新测试;而且,还可能需要重新修改依赖类以支持该类的变更。另外,如果相关开发文档没有得到仔细维护,就很难确定哪些代码采用了父类(被继承的代码)。而且,如果在开发后期发现了软件中的错误,则其很可能影响应用程序中的绝大部分的代码。

面向对象软件测试的目标和传统软件测试的目标一致,都是尽量以较小的工作量发现尽可能多的错误。面向对象测试的主要问题如下。

(1)传统测试主要基于程序运行过程,输入一组数据后运行被测试程序,通过比较实际结果与预期结果的方式判断程序是否有错;而面向对象程序中是通过向对象发送消息启动相应的操作,并通过修改对象的状态达到转换系统运行状态的目的。同时在系统中还可能存在并发活动的对象,因此,传统的测试方法不再适应面向对象的软件测试。

(2)传统程序的复用以调用公用模块为主,其运行环境是连续的。面向对象的复用则大多是通过继承来实现的,子类继承过来的操作有新的语境,所以必须要重新测试。继承层次越深,测试的难度越大。

(3)面向对象软件的开发是渐进、演化式的开发,从分析、设计到实现使用相同的语义结构(如类、属性、操作、消息)。要扩大测试视角,需要对分析模型、设计模型进行测试,通过正式技术复审来检查分析。

(4) 面向对象开发工作的演化性使面向对象的测试也具有演化性。在每个构件的产生过程中,单元测试需要随时进行,迭代的每个构造都要进行集成测试,后期迭代还包括大量的回归测试,迭代结束后要进行系统测试。封装将对测试带来障碍,使得测试过程中直接获取对象的状态和设置对象的状态变得很困难。将类作为单元,则多态性所有问题都要被类/单元测试所覆盖。另外测试多态性操作还将带来冗余性问题。

10.1.1 面向对象的软件测试层次及特点

一般来说,面向对象软件的测试可分为 3 或 4 个层次,其主要取决于对单元的划分,若把单个操作和方法看作单元,面向对象软件测试有 4 个层次。

(1) 方法测试:指对类中的各个方法进行单独的测试。

(2) 类测试:类测试的重点是类内方法间的交互和其对象的各个状态。

(3) 类簇测试:类簇也叫子系统,其由若干个类所组成,类簇测试的重点是测试一组协同操作类之间的相互作用。

(4) 系统测试:系统测试检验所有类和整个软件系统是否符合需求。

3 个层次划分的方式则以类为单元,这样对标识测试用例非常有利,同时也使集成测试有了更清晰的目标,如下所示。

(1) 面向对象的单元测试是进行面向对象集成测试的基础。

(2) 面向对象的集成测试主要对系统内部的相互服务进行测试。

(3) 面向对象的系统测试是基于面向对象的集成测试的最后阶段的测试。

10.1.2 面向对象的软件测试的顺序

一个类簇由一组相关的类、类树或类簇组成。类的继承关系、组装关系以及类簇的包含关系都可以构造相应的层次结构,而这些层次结构也就决定了面向对象的测试顺序。对于继承结构而言,测试顺序是父类在先子类在后,父类可被看作其子类的公共部分,在父类测试完成的前提下,进行子类测试可以关注子类独有的部分以及父类和子类之间的交互;对于组装结构而言,测试顺序是部分类在先整体类在后,在部分类测试安全的前提下,进行整体类的测试可以关注各个部分类是否能够按规约进行组装。类簇包含关系的测试顺序是先测试组成类簇的各个部件,而后对这些类簇进行集成测试。

10.1.3 面向对象的软件测试用例

在面向对象的软件中,类需要测试,从而需要构造相应的测试用例。但是,由于类的重用及系统中类定义结构支持了测试用例的重用,因而与传统的软件开发方法相比,测试的开销相应地减少。可充分利用基类的测试和继承关系重用父类的测试用例,并可利用当前类与其祖先的层次关系渐增地开发测试用例,这称之为层次型渐增测试。测试用例的重用使得系统测试者无须对系统中所有的类分别设计测试用例,而可根据类的引用继承关系,充分地引用继承其测试用例。

面向对象测试用例设计的主要原则如下。

（1）应唯一标识每个测试用例，并且使之与被测试的类显式地关联。

（2）应该说明测试的目的。

（3）测试用例内容：列出对所要测试的对象的专门说明；列出将要作为测试结果运行的消息和操作；列出在测试该对象时可能发生的例外情况；列出外部条件（为了适当地进行测试而必须存在的外部环境）的变化；列出为了帮助理解或实现测试所需要的补充信息。

测试用例有两种生成方法：重复使用其他类的测试用例；通过分析所开发的产品来选择新的测试用例。

10.2　面向对象的软件测试模型

传统的结构化软件测试模型往往采用功能细化的观点来检测分析和设计的结果，这种模型对面向对象设计和开发的软件已不适用。面向对象（Object Oriented）的开发模型突破了传统的瀑布模型限制，将开发分为面向对象的分析（Object Oriented Analysis，OOA）、面向对象的设计（Object Oriented Design，OOD）和面向对象的编程（Object Oriented Programming，OOP）等3个阶段。分析阶段产生整个问题空间的抽象描述，在此基础上，设计阶段进一步归纳出适用于面向对象编程语言的类和类结构，最后在编码阶段形成代码。基于面向对象的特点，采用上述开发模型能有效地将分析、设计的文本或图表实现代码化，不断适应用户需求的变动。针对开发模型，结合传统的测试步骤的划分方法，出现了支持在面向对象的软件开发全过程中不断测试的测试模型，使开发阶段的测试与编码完成后的单元测试、集成测试和系统测试成为一个整体，如图10-1所示。

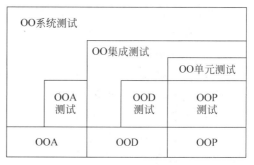

图 10-1　OO（Object Oriented）测试模型

OOA测试和OOD测试是针对OOA结果和OOD结果的测试，主要是对分析、设计所产生的文本进行测试，是软件开发前期的关键性测试。OOP测试是针对编程风格和程序代码实现所进行的测试，其主要的测试内容在面向对象的单元测试和面向对象的集成测试中体现。面向对象的单元测试是对程序内部具体的单一功能模块的测试，如果程序是用C++语言实现，那主要就是对类成员函数的测试。面向对象的单元测试是进行面向对象的集成测试的基础。面向对象的集成测试主要对系统内部的相互服务进行测试，例如成员函数间的相互作用，类间的消息传递等。面向对象的集成测试不但要基于面向对象的单元测试，更要参见OOD或OOD测试结果。面向对象的系统测试是基于面向对象的集成测试的最后阶段的测试，其主要以用户需求为测试标准，需要借鉴OOA或OOA测试结果。

10.2.1　面向对象的分析与测试

面向过程分析是一个功能分解的过程，其将一个系统看成是若干可以被分解的功能的集合。这种传统的功能分解分析法的基点是考虑一个系统需要什么样的信息处理方法和过程，通过对过程的抽象来处理系统的需求。而OOA是把E-R图和语义网络模型与面向对象程序语言中的概念相结合而形成的分析方法，最后得到的是以图表形式描述的问题空间。

OOA将问题空间中要实现的功能抽象化,将问题空间中的实例抽象为对象,用对象的结构来反映问题空间的复杂实例和复杂关系,用属性和服务来表示实例的特性和行为。对一个系统而言,这种分析方法与传统分析方法产生的结果相反,行为相对稳定,结构相对不稳定,这充分反映了实际问题的特性,OOA的结果是为后面阶段中类的选定和实现、类层次结构的组织和实现提供平台。因此,OOA对问题空间分析如果抽象得不完整则将影响软件的功能实现,导致软件开发后期出现大量原本可避免的修补工作;而一些冗余的对象或结构也会影响类的选定、程序的整体结构或增加程序员不必要的工作量。因此,对OOA的测试重点在其完整性和冗余性这两方面。

OOA测试分为以下5方面。

(1) 对象测试。

(2) 结构测试。

(3) 主题测试。

(4) 属性和实例关联的测试。

(5) 服务和消息关联的测试。

1. 对象测试

在OOA测试中,对象是对问题空间中的结构、其他系统、设备、被记忆的事件等实例的抽象。对象测试应考虑如下内容。

(1) 认定的对象是否全面,问题空间中涉及的所有实例是否都反映在被认定的抽象对象中。

(2) 认定的对象是否具有多个属性。只有一个属性的对象通常应被看成是其他对象的属性,而不是抽象为一个独立的对象。

(3) 被认定为同一对象的实例是否有共同的、区别于其他实例的属性。

(4) 被认定为同一对象的实例是否提供或需要相同的服务,如果服务随着不同的实例而变化,则被认定的对象就需要被进一步分解或利用继承性来将其分类表示。如果系统没有必要始终保持对象所代表的实例信息,即没必要提供或者得到关于它的服务,那么认定这一个对象也无必要。

(5) 被认定的对象的名称应该尽量准确、适用。

2. 结构测试

被认定的结构指的是多种对象的组织方式,反映了问题空间中的复杂实例和复杂关系,认定的结构可分为分类结构和组装结构等两种。分类结构体现了问题空间中实例的一般与特殊的关系,组装结构体现了问题空间中实例的整体与局部的关系。

1) 对被认定的分类结构的测试内容

(1) 对结构中的一种对象,尤其是处于上层的对象,应测试其是否在问题空间中含有不同于下一层对象的特殊性,即是否能被派生出下一层对象。

(2) 对结构中的一种对象,尤其是处于同一底层的对象,应测试其是否能被抽象出在现实中有意义的更一般的上层对象。

(3) 对所有认定的对象,应测试其是否能在问题空间内向上层被抽象出在现实中有意义的对象。

(4) 测试上层的对象的特性是否能完全体现下层的共性。

(5) 底层的对象应测试其是否有基于上层特性基础上的特殊性。

2）对被认定的组装结构的测试内容

（1）整体（对象）和部件（对象）的组装关系是否符合其二者在现实中的关系。

（2）整体（对象）和部件（对象）是否在考虑的问题空间中有实际应用。

（3）整体（对象）中是否被遗漏了反映在问题空间中的有用的部件（对象）。

（4）部件（对象）是否能够在问题空间中组装成为新的有现实意义的整体（对象）。

3. 主题测试

主题是在对象和结构基础上的更高一层的抽象，是为了提供 OOA 分析结果的可见而设计的，其存在如同文章的各部分内容的概要，对主题的测试应该考虑以下 4 方面。

（1）如果主题个数超过 7 个，就要求对有较密切属性和服务的主题进行归并。

（2）主题所反映的一组对象和结构是否具有相同和相近的属性和服务。

（3）认定的主题是否是对象和结构的更上层的抽象，是否便于理解 OOA 结果的概貌（尤其对非技术人员而言）。

（4）主题间的消息联系（抽象）是否能代表主题反映的对象和结构之间的所有关联。

4. 属性和实例关联的测试

属性是用来描述对象或结构反映的实例的特性。而实例关联是反映实例集合间的映射关系。对属性和实例关联的测试可考虑如下 8 方面。

（1）被定义的属性是否对相应的对象和分类结构的每个现实实例都适用。

（2）被定义的属性在现实世界是否与这种实例关系密切。

（3）被定义的属性在问题空间是否与这种实例关系密切。

（4）被定义的属性是否能够不依赖于其他属性被独立理解。

（5）被定义的属性在分类结构中的位置是否恰当，底层对象的共有属性是否在上层对象属性体现。

（6）在问题空间中每个对象的属性是否已被定义完整。

（7）被定义的实例之间的关联是否符合现实。

（8）在问题空间中实例自检的关联是否已被定义完整，特别需要考虑一对多和多对多的实例之间的关联。

5. 服务和消息关联的测试

被定义的服务就是被定义的每一种对象和结构在问题空间中被要求的行为。由于问题空间与实例间存在必要的通信，故在 OOA 中需要相应地定义消息关联。对被定义的服务和消息关联的测试可从如下 5 方面进行。

（1）对象和结构在问题空间的不同状态是否被定义了相应的服务。

（2）对象或结构需要的服务是否都被定义了相应的消息关联。

（3）被定义的消息关联指引的服务是否被正确提供。

（4）消息关联被执行的线程是否合理，是否符合现实过程。

（5）被定义的服务是否重复，是否被定义了能够得到的服务。

10.2.2　面向对象的设计与测试

结构化设计方法是把对问题域的分析转化为对求解域的设计，其分析所得的结果是设计阶段的输入。面向对象的设计以面向对象的分析为基础归纳出类，并建立类结构和构造类库,实现分析结果对问题空间的抽象。OOD所归纳的类是各个对象相同或相似的服务。由此可见,由OOD所确定的类和类结构不仅能满足当前需求分析的要求,更重要的是通过重新组合或适当地补充,能方便地实现功能的重用和扩展,以不断适应用户的要求。因此,OOD的测试是对功能的实现和重用以及对OOA结果的拓展,其主要内容包括以下几个方向。

(1) 对其所认定的类的测试。

(2) 对其所构造的类之层次结构的测试。

(3) 对类库支持性的测试。

1. 对其所认定的类的测试

OOD所认定的类可以是OOA中认定的对象,也可以是对象需要的服务的抽象,或对象具有的属性的抽象。认定的类应尽量基础化,以便维护和被重用。对被认定的类的测试内容如下。

(1) 是否涵盖了OOA中所有被认定的对象。

(2) 是否能体现OOA中被定义的属性。

(3) 是否能实现OOA中被定义的服务。

(4) 是否对应着一个含义明确的数据抽象。

(5) 是否尽能可能少地依赖其他类。

(6) 类中的方法是否为单用途。

2. 对其所构造的类之层次结构的测试

为能充分发挥面向对象的继承特性,OOD的类层次结构通常是基于OOA中所产生的分类结构的原则来组织,着重体现父类和子类间的一般性和特殊性。在当前的问题空间,对对象层次结构主要作用是在解空间中构造实现全部功能的结构框架。为此,应测试下述内容。

(1) 类层次结构是否涵盖了所有被定义的类。

(2) 是否现OOA中所定义的实例关联。

(3) 是否能实现OOA中所定义的消息关联。

(4) 子类是否具有父类所没有的新特性。

(5) 子类间的共同特性是否能完全在父类中得以体现。

3. 对类库支持性的测试

虽然对类库的支持属于类层次结构的问题,但这里强调的是软件开发产生的代码及测试用例的可重用性。由于它并不直接影响当前软件的开发和功能实现,因此,可以将其单独提出来测试,也可以将其作为对高质量类层次结构的评估。测试要点如下。

(1) 在一组子类中,关于某种含义相同或基本相同的操作是否有相同的接口(包括名字和参数表)。

(2) 类中的方法功能是否较单纯,相应的代码行是否较少(建议不超过30行)。

(3) 类的层次结构是否是深度大,宽度小。

10.2.3 面向对象的编程与测试

面向对象的程序具有继承、封装和多态等特性。封装是对数据的隐藏,外界只能通过操作来访问或修改数据,这降低了数据被任意修改和读写的可能性,减少传统程序中对数据非法操作的测试。继承是面向对象的程序的重要特点,它提高了代码的重用率。多态使得面向对象的程序能够呈现出强大的处理能力,但同时也使得程序内同一函数的行为复杂化,测试时必须考虑不同类型代码和其产生的行为。

面向对象的程序把功能的实现分布在类中。类通过消息传递来协同实现设计所要求的功能。正是这种面向对象的程序风格能够将出现的错误精确地确定在某一具体的类上。因此在面向对象的编程阶段要忽略类功能实现的细则,将测试集中在类功能的实现和相应的面向对象程序风格上面,其主要体现为以下两个方面(以 C++ 语言为例)。

1. 数据成员要满足数据封装的要求

数据封装是数据及对数据操作的集合。检查数据成员是否满足数据封装的要求,其基本原则是数据成员是否能被外界(数据成员所属的类或子类以外)直接调用。更直观地说,当改变数据成员的结构时,是否会影响类的对外接口?是否会导致相应外界所必须的改动?有时强制的类型转换会破坏数据的封装特性,例如:

```
1    class Hidden{
2    private:
3          int a = 1;
4          char * p = "hidden";
5    };
6    class Visible{
7    public:
8          int b = 2;
9          char * s = "visible";
10   };
11   …
12   Hidden pp;
13   Visible * qq = (Visible * )&pp;
```

在上面的程序段中,通过 qq 可随意地访问 pp 中的数据成员。

2. 类应实现其被要求的功能

类的功能是通过其成员函数实现的。在测试类的功能实现时,首先应保证类成员函数的正确性。单独看待类的成员函数,其往往与面向过程程序中的函数或过程没有本质的区别,绝大多数传统的单元测试中使用的方法都可在面向对象的单元测试中使用。类成员函数的行为是类功能实现的基础,但类成员函数间的作用和类之间的服务调用是单元测试无法确定的。因此,需要额外进行面向对象的集成测试。在测试中,需要声明测试类的功能,不能仅满足于代码能无错运行或被测试的类提供的功能无错,应该以 OOD 的结果为依据,检测类提供的功能是否满能足 OOD 的要求,是否有缺陷。如果 OOD 的结果仍有模糊的地方,则应以 OOA 的结果为最终标准。

10.3 面向对象的测试策略

面向对象的程序结构不再是传统的功能模块结构,作为一个整体,原有集成测试要求的逐步将开发的模块组装在一起进行测试的方法已经不再对其适用。而且,面向对象的软件抛弃了传统的开发模式,对每个开发阶段都有不同以往的要求和结果,在测试时已经不可能用功能细化的观点来检测面向对象分析和设计的结果。因此,传统的测试模型对面向对象软件的已经不再适用。针对面向对象软件的开发特点,应该有一种新的测试模型。与传统的面向过程的测试相对应,面向对象的软件测试的层次通常如表 10-1 所示进行划分。

表 10-1　面向对象的软件测试的层次

传 统 测 试	面向对象的测试	
单元测试	类测试	方法测试
		对象测试
集成测试	类簇测试	
系统测试	系统测试	

10.3.1　面向对象的类测试

面向对象软件的类测试相当于传统软件中的单元测试。类的测试用例设计可以先根据其中的方法进行,然后扩展到方法之间的调用关系。类测试一般也采用功能性测试方法和结构性测试方法,传统的测试用例设计方法在面向对象的类测试中都可以使用,例如等价类划分法、因果图法、边值分析法、逻辑覆盖法、路径分析法等。

具体的功能性测试以类的规格说明为基础,主要检查类是否符合其规格说明的要求。功能性测试包括两个层次:类的规格说明和方法的规格说明。

相关的结构性测试则是从程序出发,对类中方法进行测试,其需要考虑类的代码是否正确。测试分为两层:第一层考虑类中各独立方法的代码,即要对方法做单独测试;第二层考虑方法之间的相互作用,即需要对方法进行综合测试。

面向对象编程的特性使得在测试时对类中成员函数的测试操作又不完全等同于传统的函数或过程测试。尤其是继承特性和多态特性的存在,使子类继承或重载的父类成员函数出现了传统测试中未遇见的问题。这里要考虑如下两点。

(1) 继承的成员函数是否都不需要测试?

对父类中已经测试过的成员函数而言,以下两种情况需要在子类中重新测试。

① 继承的成员函数在子类中做了改动。

② 成员函数调用了改动过的成员函数的部分。

例:假设父类 Base 中有 InheritedK() 和 RedefinedK() 这两个成员函数,继承 Base 的子类 Derived 只对 Redefined() 做了改动。那么,Derived::Redefined() 就需要重新测试;对于 Derived::InheritedK(),若它包含了调用 Redefined() 的语句(例如,x = x/Redefined()),那么就也需要重新测试,否则就不需要。

(2) 对父类的测试是否能照搬到子类?

引用前面的假设,成员函数 Base::RedefinedK() 和 Derived::Redefined() 已经是不同的。那么,按理应该要对 Derived::Redefined() 重新测试,并需要分析和设计测试用例。但是由于面向对象的继承使得两个函数相似,故只需要在对 Base::RedefinedK() 的测试要求和测试用例上添加对 Derived::RedefinedK() 的新测试要求和增补相应的测试用例即可。

例如,Base::Redefined() 含有如下语句:

```
1    if(value < 0) message("less");
2    else if(value == 0) message("equal");
3    else message("more");
```

在 Derived∷Redefined()重定义为:

```
1    if(value < 0) message("less");
2    else if(value == 0) message("It is equal");
3    else{
4      message("more");
5      if(value == 88) message("luck");
6    }
```

对 Derived∷Redefined()的测试只需在原有对父类 Base 的测试基础上做如下改动:将 value==0 的测试结果期望改动;增加对 value==88 的测试。

面向对象的设计方法通常采用状态转移图建立对象的动态行为模型。状态转移图用于刻画对象响应各种事件时状态发生转移的情况,图中节点表示对象的某个可能状态,节点之间的有向边通常被用"事件/动作"标出。基于状态的测试是通过检查对象的状态在执行某个方法后是否会转移到预期状态的一种测试技术。使用该技术能够检验类中的方法是否能正确地触发交互。因为对象的状态通过对象数据成员值反映出来的,所以检查对象的状态实际上就是跟踪监视对象数据成员的值的变化。如果某个方法执行后对象的状态未能按预期的方式改变,则说明该方法含有错误。基于状态测试的主要步骤如下。

(1) 依据设计文档,或者通过分析对象数据成员的取值情况空间,得到被测试类的状态转移图。

(2) 给被测试的类加入用于设置和检查对象状态的新方法,导出对象的逻辑状态。

(3) 对状态转移图中每个状态,确定该状态是哪些方法的合法起始状态,即在该状态时对象允许执行哪些操作。针对每个状态,从类中方法的调用关系图最底层开始,逐一测试类中的方法,测试每个方法时根据对象当前状态确定出对方法的执行路径有特殊影响的参数值,将各种可能的组合作为参数进行测试。

10.3.2　面向对象的集成测试

传统的自顶向下和自底向上的集成策略对面向对象的测试集成是没有意义的,类的相互依赖使其根本无法在编译不完全的程序上对类进行测试。因此,面向对象的集成测试通常需要在整个程序编译完成后进行。此外,面向对象的程序具有动态特性,程序的控制流往往无法确定,所以也只能对整个编译后的程序做基于黑盒的集成测试。

面向对象的集成测试能够检测出相对独立的单元测试,无法检测出的那些类相互作用时才会产生的错误。单元测试可以保证成员函数行为的正确性,集成测试则只关注系统的结构和内部的相互作用。

面向对象的集成测试可以分成两步进行:先进行静态测试,再进行动态测试。

静态测试主要针对程序结构进行,可以检测程序结构是否符合设计要求,现在常用的一些测试软件都能提供"逆向工程"的功能,即通过源程序得到类关系图和函数功能调用关系图。将通过"逆向工程"得到的结果与面向对象的设计产生的结果相比较,以检测面向对象的编码是否达到了设计要求。

动态测试则测试与每个动态语境有关的消息。在设计测试用例时,通常需要上述的功能调用关系图、类关系图和实体关系图为参考,确定不需要被重复测试的部分,从而优化测试用例,使执行的测试能够达到一定的覆盖标准。

10.3.3　面向对象的系统测试

系统测试应该尽量搭建与用户实际使用环境相同的测试平台,应该保证被测系统的完整性,对暂时没有的系统设备部件,也应有相应的模拟手段。

在进行面向对象的系统测试时,应该参考面向对象的分析的结果,对应描述的对象、属性和各种服务,需要检测软件是否能够完全"再现"问题空间。系统测试不仅是为了检测软件的整体行为表现,从另一方面看,也是对软件开发设计的再确认。

这里说的系统测试是对测试步骤的抽象描述,其具体测试内容包括以下几项。

(1) 功能测试。

(2) 强度测试。

(3) 性能测试。

(4) 安全测试。

(5) 恢复测试。

(6) 可用性测试。

(7) 安装/卸载测试等。

10.4　面向对象的软件测试用例设计

面向对象的软件测试用例设计和传统测试用例设计不同,传统测试是由软件的"输入→加工→输出"视图或个体模块的算法细节驱动的,面向对象的测试则关注其设计合适的操作序列以及测试类的状态。

Berard 提出了一些测试用例的设计方法,其主要原则包括以下几条。

(1) 对每个测试用例应当给予特殊的标识,还应当与测试的类有明确的联系。

(2) 测试目的应当明确。

(3) 应当为每个测试用例开发一个测试步骤列表。这个列表应包含以下一些内容。

① 列出所要测试的对象的专门说明。

② 列出将要作为测试结果运行的消息和操作。

③ 列出测试对象可能发生的例外情况。

④ 列出外部条件(为了正确对软件进行测试所必须有的外部环境的变化)。

⑤ 列出为了帮助理解和实现测试所需要的附加信息。

10.4.1　传统测试用例设计方法的可用性

尽管面向对象软件的局域性、封装性、信息隐藏、继承性和对象的抽象这些特性给测试用例的设计带来了额外的麻烦和困难,但黑盒测试技术不仅适用于传统软件,也适用于面向对象软件测试,其测试用例可以为黑盒及基于状态的测试的设计提供有用的输入。白盒测试也用于面向对象软件类的测试,用于确保每条语句都能执行。主要使用的白盒测试技术包括基本路径、循环测试或数据流等技术。但面向对象软件中许多类的操作结构简单明了,所以有人认为在类层上测试可能要比传统软件中的白盒测试方便。

10.4.2　基于故障的测试

在面向对象软件中,基于故障的测试具有较强的发现可能故障的能力。由于系统以满足用户的需求为目的,因此,基于故障的测试要从分析模型开始,考察可能发生的故障。为了确定这些故障是否存在,可设计用例并执行。

看一个简单的例子。软件开发人员经常忽略问题的边界,例如,当测试 Divide 操作(该操作对负数和零返回错误)时,会考虑边界,用"零本身"检查程序员犯了如下错误:

1	if(x>0)　divide();

而不是正确的:

1	if(x> = 0)　divide();

当然,这种方法的有效性依赖于测试人员如何感觉"似乎可能的故障",如果面向对象系统中的真实故障被感觉为"难以置信的",则本方法实质上不比任何随机测试技术优越。但是,如果可以从分析和设计模型进行深入的检查,那么基于故障的测试可以用相当低的工作量来发现大量的错误。

基于故障的测试也可以用于集成测试,从中可以发现消息联系中"可能的故障"。

"可能的故障"一般为意料之外的结果、错误使用了操作/消息、不正确的引用等。为了确定由操作(功能)引起的可能故障,必须检查操作的具体行为。

这种方法除用于操作测试,还可用于属性测试,用以确定其对不同类型的对象行为是否赋予了正确的属性值。因为一个对象的"属性"是由其赋予的属性值定义的。

应当指出,集成测试是从客户对象(主动),而不是从服务器对象(被动)方面发现错误。正如传统的软件集成测试是把注意力集中在调用代码,而不是被调用代码一样,它们都属于发现客户对象中"可能的故障"。

10.4.3　基于场景的测试

基于故障的测试难以发现两种主要类型的错误。

(1) 不正确的规格说明,如做了用户不需要的功能,也可能缺少了用户需要的功能。

(2) 没有考虑子系统间的交互作用,如一个子系统(事件或数据流等)的建立可能导致其他子系统的失败。

基于场景的测试主要关注用户需要做什么,而不是产品能做什么,即从用户任务(使用用例)中找出用户要做什么及如何去执行。

这种基于场景的测试有助于在一个单元测试情况下检查多重系统。所以基于场景测试用例的测试比基于故障的测试更实际(接近用户),而且也更复杂。

例如:考察一个 OA 软件基于场景测试的用例设计。

使用用例:确定最终设计。

背景:打印最终设计,并能从预览窗口上发现一些不易被察觉的错误。

其执行事件序列:打印整个文件;对文件进行剪切、复制、粘贴、移动等修改操作;修改文件后进行文件预览;进行多页预览。

显然，测试人员希望发现预览和编辑这两个软件功能是否存在相互依赖，否则就会产生错误。

10.4.4　面向对象中类的随机测试

如果一个类有多个操作（功能），这些操作（功能）序列可能会有多种排列。而这种不变化的操作序列可随机产生，用这种可随机排列的序列来检查不同类实例的生存史，就叫随机测试。

例如，一个银行信用卡的应用，其中有一个类：账户（account）。该 account 类的操作有 open、setup、deposit、withdraw、balance、summarize、creditlimit 和 close 等。这些操作中的每一项都可用于计算，但 open、close 必须在其他计算的任何一个操作前后执行，即使 open 和 close 有这种限制，这些操作仍会有多种排列，所以一个不同变化的操作序列可由应用不同而随机产生。如一个 account 实例的最小行为转换期可包括以下操作。

open→setup→deposit→withdraw→close

这表示对 account 的最小测试序列。然而，在下面序列中可能发生大量的其他行为。

open→ setup → deposit →［deposit｜withdraw｜balance｜summarize｜creditLimit］→withdraw→close

由此可以随机产生一系列不同的操作序列。

［测试用例1］：open→setup→deposit→deposit→balance→summarize→withdraw→close

［测试用例2］：open→setup→deposit→withdraw→deposit→balance→creditLimit→withdraw→close

可以执行这些测试和其他的随机顺序测试，以测试不同类实例的生命历史。

10.4.5　类的层次分割测试

这种测试可以减少用完全相同的方式检查类时测试用例的数目。这很像传统软件测试中的等价类划分测试，而具体的分割测试又可分为3种。

1. 基于状态的分割

按类操作是否改变类的状态来进行分割（归类）。这里仍用 account 类为例，改变状态的操作有 deposit、withdraw 等，不改变状态的操作有 balance、summarize、creditlimit 等。如果测试按检查类操作是否改变类状态来设计，则结果如下。

［测试用例1］：执行操作改变状态

open→setup→deposit→deposit→withdraw→withdraw→close

［测试用例2］：执行操作不改变状态

open→setup→deposit→summarize→creditlimit→withdraw→close

2. 基于属性的分割

按类操作所用到的属性来分割（归类），如果仍以一个 account 类为例，其属性 creditlimit 能被分割为三种操作：用 creditlimit 的操作，修改 creditlimit 的操作，不用也不修改 creditlimit 的操作。这样，测试序列就可按每种分割来设计。

3. 基于类型的分割

按完成的功能分割（归类）。例如，在 account 类的操作中，可以分割为初始操作 open、setup

等,计算操作 deposit、withdraw 等,查询操作 balance、summarize、creditlimit 等,终止操作 close。

10.4.6 由行为模型(状态、活动、顺序和合作图)导出的测试

状态转换图(STD)可以用来帮助导出与类的动态行为相关的测试序列,以及与这些类合作的类的动态行为测试序列。

为了说明问题,仍使用前面讨论过的 account 类为例。开始由 empty account 状态转换为 setup account 状态。类实例的大多数行为发生在 working account 状态中。而最后,取款和关闭分别使 account 类转换到 non-working account 和 dead account 状态。

这样,设计的测试用例应当已完成所有的状态转换。换句话说,操作序列应当能使 account 类所有被允许的状态进行转换。

[测试用例 1]: open→setupAccnt→deposit(initial)→withdraw(final)→close

应该注意,该序列等同于一个最小测试序列,可加入其他测试序列到最小序列。

[测试用例 2]: open → setupAccnt → deposit(initial) → deposit → balance → credit → withdraw(final)→close

[测试用例 3]: open→setupAccnt→deposit(initial)→deposit→withdraw→accntInfo→ withdraw(final)→close

还可以导出更多的测试用例,以保证该类所有行为都被充分检查,在类行为导致与一个或多个类协作的情况下,可使用多个 STD 去跟踪系统的行为流。

面向对象测试的整体目标——以最小的工作量发现尽可能多的错误,其和传统软件测试的目标是一致的,但是由于面向对象软件所具有的特殊性质,故其在测试的策略和方式上有很大不同,测试的视角扩大到包括复审分析和设计模型,此外,测试的焦点从过程构件(模块)移向了类。总结如下。

(1) OOA 和 OOD 的评审与传统软件的分析和设计相同,应给出相应的评审检查表。

(2) OOP 后,单元和集成测试策略必须做相应的改变。

(3) 测试用例的设计必须说明面向对象的软件特有的性质。

10.5 面向对象的软件测试的案例

10.5.1 HelloWorld 类的测试

1. 类说明

相信大家对 HelloWorld 这个例子不会陌生,因为每一种语言在其学习用书中所举的第一个例子通常都是最简单的 HelloWorld,下面首先用 HelloWorld 为例说明如何进行面向对象的单元测试。代码如下。

```
1   //HelloWorld.java
2   package HelloWorld;
3   public class HelloWorld{
4       public String sayHello(){ //返回测试字符串的方法
5         return str;
6       }
7       private String str;
8   }
```

2. 设计测试用例

为了对 HelloWorld 类进行测试,可以编写以下测试用例,它本身也是一个 Java 类文件,代码如下。

```
1    //HelloWorldTest. java
2    package hello. Test;
3    import helloWorld. * ;
4    public class HelloWorldTest{
5        boolean testResult;
6        public static void main(String args[]){
7        //实现对 sayhello()方法的测试
8        private static final String str = "Hello Java!";
9        protected void setup(){
10       //覆盖 setUp()方法
11        HelloWorld JSting = new HelloWorld();
12       }
13       public void testSayHello(){
14       //测试 SayHello()方法
15        if("Hello Java!" == Jstring. sayHello())
16        testResult  = True;
17        else
18        testResult = False;
19        //如果两个值相等,测试结果为真,否则测试结果为假
20       }
21      }
22   }
```

这里使用的方法是判断期望输出与"Hello Java!"字符串是否相同,相同则将 testResult 赋值为真,否则将其赋值为假。

10.5.2 Date. increment 方法的测试

1. 类说明

CRC(Class-Responsibility-Collabortor,类—责任—协作者)是目前比较流行的面向对象的分析建模方法。在 CRC 建模中,用户、设计者、开发人员都将参与其中,完成对整个面向对象工程的设计。

CRC 卡是一个标准的索引卡集合,包括 3 个部分,即类名、类的职责、类的协作关系,每一张卡片都将表示一个类。类名是卡片所描述类的名字,被写在整个 CRC 卡的最上方;类的职责包括这个类对自身信息的了解,以及这些信息将如何运用,这部分将被写在 CRC 卡的左边;类的协作关系指代另一些与当前类相关的类,通过这些类可以获取想要的信息或者进行相关操作,这部分被写在 CRC 卡的右边。

在测试本方法时,应先使用"类—责任—协作者"(CRC)卡对 Date 类进行说明,然后根据 Date 类的伪代码分析出程序图如图 10-2 所示。

类 CalendarUnit 提供了一个方法自其继承的类中设置取值,并提供了一个布尔方法说明其继承类中的属性是否可以增1,其伪代码如下。

```
1    class CalendarUnit{
2    //abstract class
3        int currentpos;
```

```
4          CalendarUnit(pCurrentpos){
5             currentpos = pCurrentpos;
6          }//结束 CalendarUnit
7          setCurrentpos(pCurrentpos){
8             currentpos = pCurrentpos;
9          }//结束 setCurrentpos
10         abstract protected Boolean increment();
11      }
```

要测试 Date.increment 方法需要开发类 testIt 用作测试驱动,即创建一个测试日期对象,然后请求该对象对其本身增 1,最后打印新值,其伪代码如下。

```
1   class testIt{
2     main(){
3       testdate = instaniate Date(testMonth,testDay,testYear);
4       Testdate.increment();
5       Testdate.printDate();
6     }
7   }//结束 testIt
```

下面给出 Date 类的 CRC 卡中的信息,如表 10-2 所示。

表 10-2 　Date 类的 CRC 卡

类名：Date	
责任：Date 对象由日期、月份和年对象组成。Date 对象使用继承 Day 和 Month 对象中的布尔增量方法对其本身增 1；如果日期和月份对象本身不能增 1(如月份或年的最后一天),则 Date 的增量方法会根据需要重新设置日期和月份。如果是 12 月 31 日,则年也要增 1。printDate 操作使用 Day、Month 和 Year 对象中的 get()方法,并以 mm/dd/yyyy 格式打印出来日期	协作者：testIt,Day,Month,Year

Date 类的伪代码如下。

```
1   class Date{
2     private Day d;
3     private Month m;
4     private Year y;
5     public Date(int pMonth, int pDay, int pYear){
6       y = instaniate Year(pYear);
7       m = instaniate Month(pMonth,y);
8       d = instaniate Day(pDay,m);
9     }//结束 Date 构造函数
10    increment(){
11    if(!d.increment()){
12      if(!m.increment()){
13        y.increment();
14        m.setMonth(1,y);
15      }
16      else
17        d.setDay(1,m);
18    }
19    }//结束 increment
20    printDate(){
21
22  System.out.println(m.getMonth() + "/" + d.getDay() + "/" + y.getYear());
23    }//结束 printDate
24  }//结束 Date
```

testIt 类和 Date 类的程序图如图 10-2 所示。

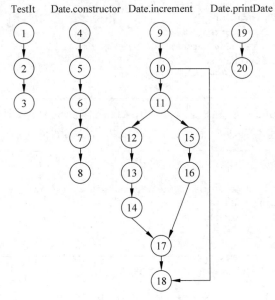

图 10-2   testIt 和 Date 类的程序图

2. 设计测试用例

正如黑盒测试部分介绍的那样,等价类测试是逻辑密集单元的明智选择。Date.
increment 操作处理日期的 3 个等价类如下。

D1={日期:1≤日期<月的最后日期}。

D2={日期:日期是非 12 月的最后日期}。

D3={日期:日期是 12 月 31 日}。

实际上,对应 Date. increment 程序图有 3 条路径。

path1: 9-10-18。

path2: 9-10-11-12-13-14-17-18。

path3: 9-10-11-15-16-17-18。

它们构成了 Date. increment 的基路径,不难算出 Date. increment 程序图的圈复杂度
为 3。另外,这些等价类看起来是松散定义的,尤其是 D1,其引用了没有月份说明的最后日
期,即没有指明是哪个月份。这样,问题又进一步被转化为 Month. increment 方法的测试。

10.6　本章小结

面向对象的软件测试强调面向对象的软件时新特性(诸如封装、继承、多态等),给测试
工作带来了新变化,如何在测试工作中解决这些问题是本章学习的重点。本章首先简要地
介绍了面向对象的软件测试的概念,接着从面向对象的软件测试的层次及特点、面向对象的
测试的顺序和面向对象的测试用例设计等 3 方面做了描述。然后介绍了面向对象的测试模
型以及测试策略,继而总结了面向对象的软件与传统软件在测试上的区别,最后通过
HelloWorld 类和 Date. increment 方法进行了案例测试。

10.7 习　　题

1. 关于以下给定状态转换图(图 10-3)和测试用例表(表 10-3)论断,以下正确的是(　　　)。

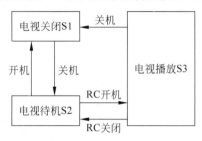

图 10-3　状态转换图

表 10-3　测试用例表

测试用例	1	2	3	4	5
开始状态	S1	S2	S2	S3	S3
输入	开机	关机	RC 开	RC 关闭	关机
预期结果	S2	S1	S3	S2	S1

    A. 给定的测试用例可被用于覆盖状态转换中的有效和无效转换

    B. 给定的测试用例表示状态转换图中所有可能的有效状态

    C. 给定的测试用例仅表示状态转换图中的一些有效状态

    D. 给定的测试用例表示状态转换图中的顺序换对

2. 面向对象的软件测试的单元可以是什么? 分别在什么情况下使用?

3. 面向对象的系统集成测试中需要注意哪些事项?

4. 面向对象的系统测试的目的是什么?

面向对象的软件测试

第 11 章   软件测试自动化

　　随着软件开发技术的快速发展,软件设计和编码的效率得到了很大的提高。然而软件测试的工作量与过去相比并没有减少,相反在整个软件生命周期中,测试所占的比例呈不断上升的趋势。为了提高软件开发效率和软件质量,利用自动化测试替代一部分手工测试是非常有必要的。

　　通过开发软件和使用工具来进行软件测试被叫作软件自动化测试,它涉及测试流程、测试体系、自动化编译、持续集成、自动发布测试系统、自动化测试等诸多方面。

11.1   软件测试自动化概述

视频讲解

　　软件质量工程协会对自动化测试的定义:自动化测试就是利用策略、工具等减少人工介入的非技术性、重复性、冗长的测试活动。

　　更通俗地说,软件自动化测试就是执行用某种程序设计语言编制的自动测试程序,控制被测试软件的执行,模拟手工测试步骤,完成全自动或者半自动的测试工作。

　　全自动测试是指在测试过程中完全不需要人工干预,用程序自动完成测试的全部过程;半自动测试是指在自动测试的过程中,需要人工输入测试用例或选择测试路径,再由自动测试程序按照人工制定的要求完成的自动化测试。

11.1.1   自动化测试技术的发展和演进

　　自动化测试是把人为驱动的测试行为转化为机器执行的一种过程,即模拟手工测试步骤,通过执行由程序语言编制的测试脚本,自动地完成软件的测试设计、单元测试、功能测试、性能测试等全部工作,其包括测试过程的自动化和管理工具的自动化。可以将其理解为一切可以由计算机系统自动完成的测试任务都已经由计算机系统或软件工具、程序来承担并自动执行的测试工作。

　　测试自动化不仅是技术、工具的问题,更是一个公司和组织的文化问题。首先组织要能理性地认识自动化测试技术的优势和缺点,合理地安排自动化测试改进的目标;其次要从资金、管理上给予支持,建立专门的测试团队或角色去支撑适合自动化测试的测试流程和测试体系;最后才是把源代码从受控库中取出、编译、集成、发布并进行自动化的功能和性能等方面的测试。

1. 第一代,以工具为中心的自动化

　　第一代自动化测试在 1999 年之前诞生,这一代自动化测试工具以捕捉/回放工具最为典型,即捕获用户的鼠标和键盘的输入并将之回放。但是这类工具往往缺少检查点的功能,

而且测试脚本很难维护,所以这代测试自动化技术尚有很大的局限性。

2. 第二代,以脚本为中心的自动化

第二代自动化测试在 1999—2002 年期间产生,一些测试团队在这个阶段已经认识到采用统一脚本语言实现自动化测试的重要性,并找到了适合测试工作的、功能完备的脚本语言,在团队中大力推行。但因为经验有限,缺乏良好的顶层设计,此时的测试自动化主要依靠测试工程师的主观能动性,测试脚本大量产生。在这一代测试自动化工具开始增加了检查点的功能,可以对软件做验证,其能测试的范围也比工具方式的自动化方式大了许多。这时的测试人员需要懂程序语言,这对测试人员来说是一大挑战。不过,这个阶段培养了大量的技术熟练的测试自动化工程师,为下个阶段打好了人员和技术基础。

3. 第三代,以平台为中心的自动化

在 2003 年开始的第三代的自动化测试被称为"测试框架",其主要是把测试脚本抽象化,让非技术人员(如系统分析师、使用者等)在不懂测试脚本、不会写程序的情况下也可以使用自动化测试工具建立自动化测试案例。

4. 第四代,以业务为中心的自动化

从 2010 年左右开始的第四代自动化测试是专注于业务需求的自动化测试。测试任务日趋复杂、工作量大,对测试系统的功能、性能提出了更高的要求。大型的业务系统例如银行和保险,其本身的需求就非常复杂和多变,具体表现为在核心少量业务逻辑不变的基础上衍生出大量多变的应用业务,如存款利息的变化,贷款周期的变化,由于国家政策变化导致的利率计算逻辑的变化等。以业务为中心的自动化测试的主要实践是用通用的业务描述语言来描述业务,即测试用例,然后利用自动化测试工具执行这些业务测试用例。此时利用事先编好的程序快速准确地进行操作,可以自动切换测试点和进行重复测试、容易适应测试内容复杂,工作量大的测试任务。

5. 第五代,以测试设计为中心的自动化

第五代自动化测试技术从 2010 年前后开始成熟。向由专注于执行的测试自动化转变到了测试设计的自动化上,特点是利用已经发展成熟的测试设计技术或搜索算法自动地生成测试用例和脚本。

11.1.2 自动化测试的概念

在下文描述中将区别使用自动化测试执行技术与自动化测试设计技术这两个概念。自动化测试执行技术指执行测试用例或脚本,自动操作被测对象及测试环境中周边设备来完成测试步骤和结果检查,自动判断出测试用例执行结果的相关技术。自动化测试设计技术指通过某些信息(如系统模型、设计模型、源代码等)由生成算法自动地生成测试用例和/或测试脚本的相关技术。

自动化测试设计技术目前有两个方向,一个为基于模型的测试技术,另一个为基于搜索的测试技术。基于模型的测试技术是通过模型描述软件的需求和需求所期待的行为,自动地生成测试用例和脚本,通过建立系统的模型,利用模型来描述系统的需求、行为、数据等各个方面的信息,通过计算机算法从模型中自动地生成测试用例和测试脚本,然后通过成熟的自动化测试执行系统来执行已生成的测试用例,从而进一步提高自动化测试的效率。基于模型的测试技术将原本由人工实施的测试用例设计过程分为测试建模和测试生成两大部分,测试建模仍然需要人工实施,而测试生成则由生成算法来自动完成。基于搜索的测试技术包括各种元启发式技术,其核心思想是把测试数据生成问题转化为搜索问题,即从软件允许的输入域中搜索所需的值以满足测试要求。经典的基于搜索的测试技术是基于遗传算法的测试用例生成,其基本步骤是不断地进行迭代以生成测试用例集合。由于生成的测试用例集合存在优劣的判断标准,所以可以通过判断优劣来淘汰不够优化的测试用例。在生成的测试用例集合之间还可以进行重组以产生新的测试用例集合,重组的引入类似于生物演化时基因发生的交叉和突变。这样经过多次迭代,理论上能得到相对优化和有效的自动化测试用例集合。

自动化测试执行技术是把以人为驱动的测试行为转化为机器执行的一种过程。手工测试通常是在设计测试用例并通过评审之后,由测试人员根据测试用例中描述的规程一步步执行测试,得到实际结果后将两者与期望结果进行比较的过程。为了节省人力、时间或者硬件资源,提高测试效率,业内引入了自动化测试执行的概念。通过自动化测试执行可以极大地提升回归测试、稳定性测试和兼容性测试的工作效率,在保障产品质量和持续构建等方面起到举足轻重的作用。特别是在敏捷开发模式下,自动化测试执行更是必不可少的步骤。正确、合理地实施自动化测试执行,能够快速、全面地对软件进行测试,从而提高软件质量、节省经费、缩短产品发布周期。

在成熟度较高的组织中,将自动化测试设计与自动化测试执行集成在一起是一种高效率的实践。即测试工程师或者业务专家完成建模后,自动化测试设计系统自动地生成测试脚本,然后测试脚本被自动地发送给自动化测试执行系统去执行,执行的结果被自动地反馈回自动化测试设计系统并形成测试报告。这样的做法能更好地节约测试活动中的人力,提高测试效率。

11.1.3 自动化测试的分类

11.1.2节所述的自动化测试设计和自动化测试执行可以看作将自动化测试按自动化的流程环节来划分其类别。从测试目的的角度来看,自动化测试又可分为功能自动化测试与非功能自动化测试。而非功能自动化测试中主要包含性能自动化测试和信息安全自动化测试,见表11-1。

表 11-1　按测试目的划分分类表

测试目的		自动化的目标
功能自动化测试		软件功能验证 提高测试效率
非功能自动化测试	性能自动化测试	软件性能验证 完成人工无法完成的测试任务
	信息安全自动化测试	漏洞检测,信息安全验证 完成人工无法完成的测试任务和提高测试效率

一般所说的自动化测试往往指功能自动化测试,通过相关的测试技术,以录制回放或编码的方式来测试一个软件的功能实现,这样就可以进行自动化的回归测试。如果一个软件的某一部分发生了改变,只要修改一部分自动化测试代码就可以重复地对整个软件进行功能测试,从而提高测试效率。

性能自动化测试是通过自动化的测试工具模拟多种正常、峰值以及异常负载条件来对系统的各项性能指标进行测试。负载测试和压力测试都属于性能测试，两者可以结合进行。通过负载测试可以确定在各种工作负载下系统的性能，其目标是测试当负载逐渐增加时，系统各项性能指标的变化情况。压力测试是通过确定一个系统的瓶颈或者业务性能随系统压力下降到不能接受程度的点来获得系统能提供的最大服务级别的测试。性能测试重在结果分析，能够通过数据分析出系统的瓶颈。

信息安全自动化测试是在软件产品的生命周期中，特别是从产品开发基本完成到发布这一阶段，对产品进行检验以验证产品符合安全需求定义和产品质量标准的过程。一般利用安全测试技术和测试工具在软件正式发布前找到潜在漏洞并将其修复，避免这些潜在的漏洞被非法用户发现并利用。

通常根据自动化测试本身的类别来划分自动化测试工具的类别。例如按照测试目的划分，可以将自动化测试工具分为功能自动化测试工具、性能自动化测试工具和信息安全自动化测试工具。此外自动化测试工具还有其他一些分类角度。

按测试工具所访问和控制的接口可将其划分为用户界面自动化测试工具和接口自动化测试工具。

按测试工具重点对应的测试阶段可分将其划分为单元自动化测试工具、集成自动化测试工具和系统自动化测试工具(系统级别自动化测试通常为用户界面自动化测试)。

按照测试对象所在操作系统平台可将其划分为 Web 应用测试、安卓移动应用测试、iOS 移动应用测试、Linux 桌面应用测试、Windows 桌面应用测试等。

在选择合适的自动化测试工具时可参照这些工具的分类。

11.1.4 自动化测试与手工测试的比较

软件测试的工作量通常很大，测试会占到软件开发时间的 40%，一些对可靠性要求非常高的软件，其测试时间甚至占到开发时间的 60%。而在具体的测试实施中，有手工测试和自动测试之分。手工测试是指软件测试工程师通过安装和运行被测软件，根据测试文档的要求手工运行测试用例，观察软件运行结果是否正常的过程。但是在实际的软件开发生命周期中，手工测试具有以下局限性。

(1) 通过手工测试无法做到覆盖所有代码路径。

(2) 简单的功能性测试用例在每一轮测试中都不能少，而且具有一定的机械性、重复性，其工作量往往较大。

(3) 许多与时序、死锁、资源冲突、多线程等有关的错误，通过手工测试将很难捕捉到。

(4) 进行系统负载、性能测试时，需要模拟大量数据或大量并发用户等各种应用场合，此类测试很难通过手工测试来进行。

(5) 进行系统高可靠性测试时，需要模拟系统运行十年、几十年的情况，以验证系统能否稳定运行，这也是手工测试无法模拟的。

(6) 如果有大量(如几千个)的测试用例需要在短时间内(如一天)完成，手工测试不可能做到。

(7) 回归测试难以做到全面测试。

自动化测试是指使用各种自动化测试工具软件，通过运行事先设计的测试脚本等文件来测试被测软件并自动产生测试报告的过程。这样可以节省人力,具有可操作性、可重复性和高效率等特点。

手工测试和自动化测试的比较见表 11-2。

表 11-2　手工测试和自动化测试情况比较

测 试 步 骤	手工测试/小时	自动化测试/小时	改进百分率(使用工具)
测试计划制度	22	40	25%
测试程序开发	262	117	55%
测试执行	466	23	95%
测试结果分析	117	58	50%
错误状态/纠正监视	117	23	80%
报告生成	96	16	83%
总持续时间	1090	277	75%

11.1.5　软件自动化测试的优缺点

1. 自动化测试的优点

自动化测试的优点是同手工测试比较所体现出来的。与手工测试相比,自动化有手工测试所无法比拟的优点,且可以执行一些手工测试不可能或很难完成的测试。

(1) 对程序的新版本运行已有的测试,即回归测试。

产品型的软件每发布一个新的版本,其中大部分功能和界面都和上一个版本相似或完全相同,这部分功能特别适合自动化测试,从而达到可以重新测试每个功能的目的。这是自动化测试最主要的任务,特别是经过频繁的修改后,一系列回归测试采用自动化的开销是最小的。假设已经有一个自动化测试集合已在程序的一个老版本上运行过,那么在几分钟之内就可以对其选择并执行自动化测试。

(2) 可以运行更多更频繁的测试。

自动化测试的最大好处就在于可以在较少的时间内运行更多的测试。例如,产品向市场的发布周期是 3 个月,也就是说开发周期只有短短的 3 个月,在测试期间要求每天或每两天就要发布一个版本供测试人员测试,一个系统的功能点往往有几千个或上万个,如果使用手工测试来完成这么多烦琐的工作,将需要花费大量的时间与人力,测试效率极为低下。

(3) 可以进行一些手工测试难以完成或不可能完成的测试。

有些非功能性方面的测试如压力测试、并发测试、大数据量测试、崩溃性测试等,用人来测试是不可能实现的。例如,对 200 个用户的联机系统,用手工进行并发操作的测试几乎是不可能的,但自动化测试工具可以模拟来自 200 个用户的输入。客户端用户通过定义可以自动回放的测试,随时都可以运行大量用户脚本,技术人员即使不了解整个复杂的商业应用也可以完成。另外,应用测试工具还可以发现正常测试中很难发现的缺陷,例如 Numega 的 DevPartner 工具就可以发现软件中内存方面的问题。

(4) 充分地利用资源。

将频繁的测试任务自动化,如需要重复输入数据的测试。这样可将测试人员解脱出来,提高准确性和测试人员的积极性,把更多的精力投入到测试用例的设计当中。由于使用了自动化测试,因此手工测试就会减少,相对来说测试人员就可以把更多的精力投入手工测试过程中,有助于更好地完成手工测试。另外,测试人员还可以利用夜间或周末机器空闲的时候执行自动化测试,进一步降低测试成本。

(5) 测试具有一致性和可重复性。

由于每次自动化测试运行的脚本是相同的,所以每次执行的测试具有一致性,很容易就能发现被测软件是否有修改之处,这在手工测试中是很难做到的。

再如,有些测试可能在不同的硬件配置下执行,使用不同的操作系统或不同的数据库,此时要求在多种平台环境下运行的产品具有跨平台质量的一致性,这在手工测试的情况下更不可能做到。

另外,好的自动测试机制还可以确保测试标准与开发标准的一致。例如,此类工具可以以相同的方法测试每个应用程序的相同类型的功能。

(6) 测试具有复用性。一些要重复使用的自动化测试要确保可靠性。

(7) 缩短软件测试的时间。一旦一系列自动化测试的准备工作完成,就可以重复地执行一系列的测试,因此能够缩短测试时间。

(8) 增强软件的可靠性。

总之,自动化测试的好处和优点是不言而喻的,但只有正确并顺利地使用才能从中受益。

2. 自动化测试的缺点

(1) 自动化测试不能取代手工测试,测试主要还是靠人工。

(2) 新缺陷越多,自动化测试失败的概率就越大。发现更多的新缺陷是手工测试的主要目的。测试专家 James Bach 认为 85% 的缺陷靠手工发现,而自动化测试只能发现 15% 的缺陷。

(3) 工具本身不具有想象力。工具毕竟是工具,出现一些需要思考、体验,如界面美观方面的测试,自动化测试工具就无能为力了。

(4) 技术问题、组织问题、脚本维护。自动测试实施起来并不简单。首先,商用测试执行工具较庞大且复杂,要求测试人员具有一定的技术知识才能很好地利用工具,这对厂商或分销商培训直接使用工具的用户,特别是自动化测试用户来说十分重要。除工具本身的技术问题,用户也要了解被测试软件的技术问题。如果软件在设计和实现时没有考虑可测试性,则测试时无论自动测试还是手工测试难度都非常大。如果使用工具测试这样的软件,无疑更增加了测试的难度。其次,还必须有管理支持及组织支持。最后,还要考虑组织是否能够重视,是否能成立这样的测试团队,是否有这样的技术水平,测试脚本的维护工作量很大,是否值得维护等也是一系列问题。

(5) 测试工具与其他软件的互操作性。测试工具与其他软件的互操作性也是一个严重的问题,技术环境变化如此之快,厂商很难跟上最新技术的发展。许多工具看似理想,但在某些环境中却并非如此。

综合上述自动测试的优缺点,相信经过自动测试经验的不断积累和自动测试工具性能的不断提高,自动测试能替代手工测试的工作会越来越多,如今已成为对手工测试的有力补充。合理地运用自动化测试可以大大提高工作效率,降低测试成本。当然,无论测试自动化多么强大,在现阶段的软件开发中测试工作依然是以手工测试为主。

11.2　软件自动化测试的实现原理

　　软件自动化测试能够实现的基础是通过设计特殊程序来模拟测试工程师对计算机的操作过程、操作行为,或者以类似编译系统那样对计算机程序进行检查。

　　软件测试自动化实现的原理和方法主要有直接对代码进行静态和动态的分析、测试过程的捕获和回放、测试脚本技术等。

11.2.1　代码分析

　　代码分析类似于高级语言编译系统,一般针对不同的高级语言去构造相应的分析工具,在工具中定义类、对象、函数、变量等的命名规则、语法规则;在分析时对代码进行语法扫描,找出不符合编码规范的地方,然后根据质量模型评价代码质量,生成系统的调用关系图。

11.2.2　捕获回放

　　代码分析是一种白盒测试的自动化方法,捕捉和回放则是一种黑盒测试的自动化方法。捕获是将用户的每一步操作都记录下来。这种记录的方式有两种:一种是记录程序用户界面的像素坐标或程序显示对象(窗口、按钮、滚动条)的位置;另一种是记录相应的操作、状态变化或是属性变化。之后,将所有的记录转换为一种脚本语言所能描述的过程,以模拟用户的操作。

　　回放时,将脚本语言所描述的过程转化为屏幕上的操作,然后将被测系统的输出记录下来,并同预先给定的标准结果比较。

　　捕获和回放可以大大减轻黑盒测试的工作量,在迭代开发的过程中能够很好地进行回归测试。录制手工测试可以很快得到可回放的测试比较结果;捕获和录制带调试输入的可以自动产生执行测试的文档,这样可提供审计追踪的功能,准确了解所发生的事件;录制手工测试可以对大量的文件或数据库进行相同的修改和维护。另外,录制手工测试还可以用于演示。

11.2.3　录制回放

　　目前的自动化负载测试解决方案几乎都采用"录制/回放"的技术。

　　录制/回放就是先由手工完成一遍需要测试的流程,同时由计算机记录下这个流程期间客户端和服务器端之间的通信信息,这些信息通常是一些协议和数据,可以形成特定的脚本程序。然后在系统的统一管理下同时生成多个虚拟用户,并运行该脚本,同时监控硬件和软件平台的性能,提供分析报告或相关资料。这样通过几台机器就可以模拟出成百上千的用户应用系统时的状态,从而进行负载能力的测试。

　　录制回放的测试示例脚本过程如图 11-1 所示。测试工具读取测试脚本,激活被测试软件,然后执行被测试软件。测试工具执行的操作以及有效输入到被测试软件中的信息和测试脚本中描述的应该完全一样。在测试过程中,被测试软件阅读初始文档中的初始数据,在执行脚本中的命令后将最后结果输出到编辑文档中。测试过程中,日志文件也随之生成,里面包括测试运行中的所有重要信息,通常日志文件包括运行时间、执行者、比较结果以及测试工具按照脚本命令要求输出的任何信息。

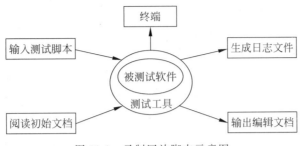

图 11-1　录制回放脚本示意图

11.2.4　脚本技术

脚本是一组由测试工具执行的指令集合,也是计算机程序的一种形式。脚本可以通过录制测试的操作产生,然后再做修改,这样可以减少脚本编程的工作量。当然,测试工程师也可以直接用脚本语言编写脚本。脚本语言和编程语言非常相似,更接近于网页脚本语言。它有自己的语法规则、保留字等,也遵循软件工程的原则,需要考虑结构化设计和文档的健全编写。

脚本中包含的是测试数据和指令,一般包括以下信息。

(1)同步(何时进行下一个输入)。

(2)比较信息(比较内容、比较标准)。

(3)捕获何种屏幕数据及存储在何处。

(4)从哪个数据源或从何处读取数据。

(5)控制信息。

脚本技术可以分为以下 5 类。

(1)线性脚本,是录制手工执行的测试用例而得到的脚本。

(2)结构化脚本,类似于结构化程序设计,具有各种逻辑结构(顺序、分支、循环),而且具有函数调用功能。

(3)共享脚本,是指某个脚本可被多个测试用例使用,即脚本语言允许一个脚本调用另一个脚本。

(4)数据驱动脚本,将测试输入存储在独立的数据文件中,供其他脚本调用。

(5)关键字驱动脚本,是数据驱动脚本的逻辑扩展。

11.2.5　自动化比较

软件测试自动化中的自动化比较相当关键,测试工具的技术核心在于自动化比较是如何实现的,不同的测试自动化工具的技术是不尽相同的。例如图像的比较,有的测试工具是按像素逐位进行比较,而有的工具则是先对图像进行处理,然后对处理后的图像按基线比较,更有巧妙的测试工具则是把两个图像的像素点进行异或运算,如果两个相同的话,则在第三幅图像中产生空白,最终计算第三幅图像的结果。比较技术不同,比较的质量和效率也不一样。

在自动化比较之前的活动是准备期望输出,根据输入计算或估计被处理的输入所产生的输出,然后在期望输出和实际输出之间进行比较。在这里,产生比较错误的一个可能就是期望输出中有错误,这样测试的一部分报告会显示比较结果中此处有比较差,这是测试错误,而非软件错误。另外,自动化比较不如手工比较灵活,每次自动化测试都会盲目地以相同方式重复相同的比较。如果软件发生变化,则必须相应地更新测试用例,这样测试用例库的维护费用就很高了。但因为比较大量的数字、屏幕输出、磁盘输入或其他形式的输出是非常烦琐的事情,使用自动化比较代替人工比较是个很好的捷径,就如汽车车间的焊接一般都是由机器人完成的一样。

总体来说,自动化比较包括以下几点。

(1) 静态比较与动态比较。

(2) 简单比较与复杂比较。

(3) 敏感性测试比较和稳健性测试比较。

(4) 比较过滤器。

11.3 测试设计的自动化技术

11.3.1 模型驱动的测试技术

1. 技术概述和说明

传统的软件测试技术,如最常用的等价类方法,其本质也是基于模型的,即用等价类模型来描述被测试对象的需求、特点。其将参数、场景等因素的取值根据"可以认为相同处理"这样的特点划分为多个集合。在集合内的取值,若某个值通过测试,则其将认为整个集合内的所有值进行测试,其值都将是通过的,从而不必对集合内的每个值都进行一一测试。这样的划分既用等价类模型对取值的特点进行了描述,也借助了这样的描述获得了测试要覆盖的内容。

在最新发布的软件测试国家标准 GB/T 38634.2—2020 中详述了软件测试设计的具体流程和步骤。软件测试设计的初始步骤就是在理解被测试的系统和功能的基础上,用一定的模型结构来描述被测试系统的功能和质量属性,然后根据这种模型获取测试覆盖项。在获取具体明确的测试覆盖项后,可设计测试步骤来完成测试用例的设计。在实践中,这样的模型常被称为"测试模型"。所以,模型驱动的测试自然就是"从测试模型出发,得到测试用例"的方法。得到测试用例的途径,可以是人工进行分析和编写,也可以是利用机器算法自动生成。对主流的模型驱动的测试技术而言,通过算法自动地从模型中生成测试用例是最佳的实践方法。

下面以状态机模型为例详细说明模型驱动的测试技术是如何从模型中获得测试用例的。对图形化的模型(如状态迁移图或流程图)而言,通过数学抽象可得模型图的数学表达,即有向有环图。针对有向有环图,在离散数学中有着成熟的算法和研究。按模型的语义,一般而言,从模型中生成测试用例就是要基于有向有环图找到从图上任一顶点到其他任一顶点的路径。下面以状态迁移图为例具体说明,如图 11-2 所示就是某信用卡账户的状态迁移模型图。

图 11-2 中●为起始状态,◉为终止状态。基于此模型进行的测试设计,就是从图中起始状态顶点出发,找到一条经过图中若干状态顶点到达终止状态的路径,如图 11-3 所示。

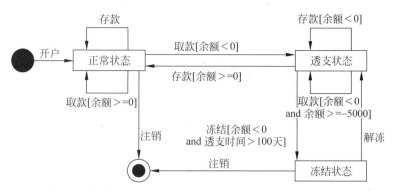

图 11-2　某信用卡账户的状态迁移模型图

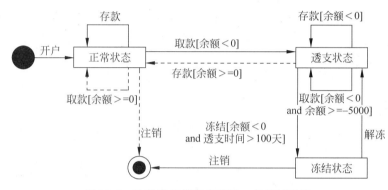

图 11-3　从状态机模型中获取一条测试路径

这里可基于 dijikstra 算法来搜索路径、floyd-wallshall 算法等。具体的实现不同的工具有不同的做法,在此将不再赘述。

通过计算机软件工具来辅助进行测试设计(测试用例的自动化生成),测试工程师能够从根据模型获取测试覆盖项和设计测试用例等这些细节琐碎的工作中解放出来。测试流程和技术将更多地集中于如何选择测试模型、如何建立测试模型、如何对生成算法设置最佳的参数(或调节参数)来达成符合测试策略和目标覆盖的测试用例,以及如何使测试模型生成的测试用例能自动地执行等方面。

对在项目中引入和应用模型驱动的测试(自动化测试设计)而言,应考虑测试策略的选择(考虑模型驱动的测试的范围)、测试工具的选取(或自行开发)、建模流程的规定、建模质量的度量、模型驱动的测试工具(系统)与自动化测试执行系统集成的方法。

相比传统的软件测试设计流程,模型驱动的测试将更多的精力投入在问题领域或对被测试对象的功能,质量属性的分析上,所以不精通测试技术的领域专家也可在此技术中获益。

总之,随着软件工程和计算机技术的发展,模型驱动的测试逐渐成为软件测试技术发展的方向之一。通过提高自动化率,将更多的测试环节纳入到自动化的范畴中,可以极大地提高效率,降低成本并提高测试覆盖和质量。

2. 技术总结及优缺点

模型驱动的测试技术的主要优点如下。

(1) 测试设计的自动化能提升工作效率和减少人为错误。

(2) 尽早建立测试模型能改善沟通,提前发现需求中的缺陷。

(3) 使得不了解测试设计技术的业务分析人员也能实施测试设计。

(4) 提高测试覆盖,从而改进软件产品的质量。

(5) 缩短测试设计的周期,加速测试活动。

模型驱动的测试技术的主要缺点如下。

(1) 模型生成的测试用例数量可能过多(测试用例爆炸),所以应仔细控制测试生成和选择合适的算法来避免此事发生。

(2) 建模需要一定的投入。

(3) 模型也可能描述错误。模型是人建立的,故可能包含错误,由此生成的测试用例也会包含错误。

(4) 模型的抽象可能带来理解上的困难。所有的模型都有一定程度的抽象,当抽象的逻辑原则未达成共识时,可能使评审者无法理解测试模型。

3. 主要工具及说明

依据模型驱动的测试技术实现的专业化测试工具较多,但是多数集中在专业领域,例如核电站控制、航空航天、汽车软件、列车运行控制等,相对比较封闭。在公众较为能接触到的领域中,较为常见和通用的主要集中在以下几种工具。

1) 微软的 Spec Explorer

嵌入在 Visual Studio 开发套件中,仅支持 C♯ 语言,支持用编程语言定义状态机,该工具能将用 C♯ 语言定义的状态机绘制成模型图,能从状态机模型中生成符合 0-switch、all-transition 等覆盖要求的测试用例。

2) Confromiq

专业的建模和生成工具,主要支持状态迁移图、活动图、流程图,需配合该公司的其他自动化测试执行套件来执行。

3) GraphWalker

开源的 MBT 工具,支持 Python 语言,支持用编程语言定义状态机。其功能与 Spec Explorer 类似。

4) Stoat

Stoat 支持针对 Android 应用软件的测试,其前身被称为 FSMDroid。该工具也是通过动态探索应用软件的用户界面构建界面模型,然后再基于模型系统性地生成测试用例集。

11.3.2 搜索驱动的测试技术

1. 技术概述和说明

搜索驱动的测试技术一直为业界和学界广泛研究和使用,尤其是在传统软件的测试领域更是如此。如图 11-4 给出了该技术的基本流程。

(1) 先通过随机遍历用户界面,生成一组随机的测试用例集。

(2) 对每个随机测试用例进行优势信息评估。

(3) 在测试用例生成的过程中,遗传(或进化)算法从一组候选的个体测试用例集开始(即初始测试用例集),然后利用 3 种不同的搜索操作(一般为选择、交叉和变异)生成下一组更优的测试用例集。这里,选择操作是从每一轮生成的测试用例集中选择更优的个体测试用例进行重组(即交叉和变异)。交叉操作是将两个独立的个体测试用例进行交叉重组,从而共享部分来源于父辈测试用例的优势信息;而变异操作是对一部分的个体测试用例进行随机修改,注入额外信息。

(4) 基于搜索的测试技术通过不断地迭代上述的三个搜索操作,对给定的一组测试用例集进行优化,在优化过程中不断执行测试用例并检测是否有软件错误发生。在该测试技术中,如何有效遍历待测软件的测试用例是关键。

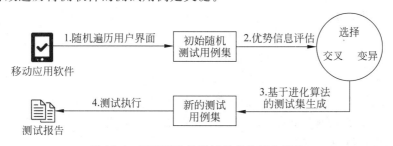

图 11-4　搜索驱动的测试技术的基本流程

2. 技术总结及优缺点

搜索驱动的测试技术的优点在于其可以把测试用例生成问题灵活转化为了在特定软件对象的输入域中搜索更优解的问题。在传统的软件测试中,此类技术已经在软件代码覆盖率和查错能力方面取得了很好的效果。

在移动应用软件的测试场景下,搜索驱动的测试技术的主要缺点在于变异操作可能产生大量输入事件序列无效的测试用例。移动应用软件通常是事件驱动的软件,其测试输入是一条顺序敏感的事件序列,而遗传算法的三种操作很可能破坏这种顺序关系,从而产生大量无效的测试用例,进而影响测试效率。

3. 主要工具及说明

搜索驱动的测试技术的代表性测试工具为 Sapienz。Sapienz 是第一个将基于搜索的测试思想加入移动应用软件测试的技术,其主要由英国伦敦大学的研究团队开发完成,该团队在 2017 年被 Facebook 收购。目前已经成为 Facebook 内部的一款移动应用软件的测试工具。基于该项测试技术,Facebook 团队开发实现了软件错误自动修复的工具。本质上,Sapienz 作为一种搜索驱动的测试技术,其主要利用遗传算法演化生成的种子输入事件序列并对其进行搜索和优化,最大限度地提高代码覆盖率和发现软件的崩溃错误。

Sapienz 的特点包括有以下两点。

(1) 利用一系列预定义的输入事件序列来补充随机探索的劣势,并且为不同类型的控件提供有效的局部操作(例如,在文本框中填入随机文本后优先点击提交按钮)。

(2) 提取出应用软件内部的字符串资源作为种子文本输入内容。Sapienz 支持在多台设备上同步生成测试用例,以提高搜索的效率。

11.4　常用的自动化测试工具

近年来,软件已经成为商业的重要组成部分。减少软件开发费用并提升软件测试质量已经成为软件行业的主要目标。为此,软件组织也付出了很大的努力,诸多行业公司成功地开发出一系列软件测试工具。

11.4.1 自动化测试工具的特征

一般来说,一个好的自动化测试工具应具备以下几条关键特征。

1. 支持脚本化语言

这是最基本的一条要求,脚本语言具有与编程语言类似的语法结构,可以对已经录制好的动作代码记录进行编辑修改。具体来讲,其应该至少具备以下功能。

(1) 支持多种常用的变量和数据类型。

(2) 支持数组、列表、结构以及其他混合数据类型。

(3) 支持各种条件逻辑(if、case 等语句)和循环逻辑。

脚本语言的功能越强大,就越能够为测试开发人员提供更灵活的使用空间,而且也更有可能支持用一个复杂的脚本语言写出比被测软件还要复杂的测试系统。所以,必须确认脚本语言的功能可以满足测试的需求。

2. 对程序界面对象的识别能力

测试工具必须能够将测试程序界面中的所有对象区分并标识出来,这样录制的测试脚本才具有更好的可读性、灵活性和更大的修改空间。如果只通过位置坐标来区分对象,那么它的灵活性就差很多了。

对于一些比较通用的开发工具写的程序而言,大多数测试工具都能区分和标识出其程序界面里的所有元素,但对一些不太普及的开发工具或是库函数来说,工具的支持就会比较差。因此,在开发测试工具时对开发语言的支持是很重要的一项需要思考的内容。

3. 支持函数的可重用

如果自动化测试工具支持函数调用,那么就可以建立一套比较通用的函数库。一旦程序做了改动,在自动化测试时就只需要更改原来脚本中的相应函数,而不用修改所有可能的脚本,这样可以节省很大的工作量。

测试工具在这项功能上的实现情况有两点要注意:首先要确保脚本能比较容易地实现对函数的调用;其次要支持脚本与被调函数之间的参数传递,例如用户登录函数,每次调用时可能都需要使用不同的用户名和口令,此时就必须通过参数的传递将相关信息送到函数内部执行。

4. 支持外部函数库

除了针对被测系统建立库函数,一些外部函数同样能够为测试提供更强大的功能,如Windows 程序中对文件的访问,C/S 程序中对数据库编程接口的调用等。

5. 抽象层

抽象层的作用是将程序界面中存在的所有对象实体一一映射成逻辑对象,以减少测试维护工作量。有些工具称这一层叫 TestMap、GuMap 或 TestFrajne。我们举个简单的例子来看看抽象层的作用,一个用户登录窗口需要输入两条信息,程序中对这两条信息的标识分别叫 Name 和 Password。而且在很多脚本里都要做登录操作。但是,在软件的下一个版本中,登录窗口中两条输入信息的标识变成了 UserName 和 Pword,这时候只需要将抽象层中这两个对象的标识进行一次修改就可以了,脚本执行时将通过抽象层自动使用新的对象标识。一些测试工具支持程序界面的自动搜索,能够建立所有对象的抽象层,当然测试工程师也可以手工建立抽象层或进行一些定制操作。

11.4.2 自动化测试工具的作用和优势

软件测试自动化通常需要借助测试工具进行。测试工具可以进行部分测试时的设计、实现、执行和比较工作,而部分测试工具可以实现测试用例的自动生成,但通常的工作方式仍为人工设计测试用例,再使用工具进行用例的执行和比较。如果采用自动比较技术,还可以自动完成测试用例执行结果的判断,从而避免人工比较存在的疏漏问题。

因此,自动化测试工具的作用如下所示。

(1) 确定系统最优的硬件配置。

(2) 检查系统的可靠性。

(3) 检查系统硬件和软件的升级情况。

(4) 评估新产品。

而自动化测试工具的优势主要体现在以下5方面。

(1) 记录业务流程并生成脚本程序的能力。

(2) 对各种网络设备(客户机或服务器、其他网络设备)的模仿能力。

(3) 用有限的资源生成高质量虚拟用户的能力。

(4) 对于整个软件和硬件系统中各个部分的监控能力。

(5) 对于测试结果的表现和分析能力。

11.4.3 自动化测试工具的选择

市场上的测试工具非常多,没有哪个工具在所有环境下都是最优的,所有工具在不同的环境下都有优点和缺点。到底哪种工具最佳,这依赖于系统工程环境以及企业特定的其他需求和标准。因此,为了更符合企业和系统工程环境的需求,测试人员在选择自动化测试工具时需要从以下方面来考虑。

1. 确定需要的测试生命周期工具类型

如果计划在整个企业范围内实现测试自动化,则需要倾听所有涉众的意见,确定工具能够和尽可能多地与操作系统、编程语言和企业其他方面的技术环境兼容。

2. 确定各种系统架构

选择工具时,必须确定应用程序在技术上的架构,其中包括整个企业或在一些特殊项目中应用最普遍的中间件、数据库、操作系统、开发语言、使用的第三方插件等。

3. 了解被测试应用程序管理数据的方式

选择测试工具时,必须了解被测试应用程序管理数据的方式,并且确定自动测试工具支持对此类数据的验证。

4. 了解测试类型

选择测试工具时,必须了解自动化测试工具能提供的测试类型,例如支持回归测试、强度测试或者容量测试。

5. 了解进度

选择测试工具时,需要关注它能否满足或者影响测试进度。在时间表的限制内,评审测试人员是否有足够的时间学习这种工具。

6. 了解预算

考虑可以支配的预算。

11.4.4 自动化测试工具的分类

在实际运用中,测试工具可以从两个不同的方面分类。

(1) 根据测试方法不同,自动化测试工具可以被分为白盒测试工具和黑盒测试工具。

(2) 根据测试的对象和目的,自动化测试工具可以被分为单元测试工具、功能测试工具、负载测试工具、性能测试工具、Web 测试工具、数据库测试工具、回归测试工具、嵌入式测试工具、页面链接测试工具、测试设计与开发工具、测试执行和评估工具、测试管理工具等。

不过在具体实践中,较多的工具其实可以在若干个分类中都具有优秀的表现。基于以上的分类,在这里简单介绍部分具有代表性的测试工具。

1. 白盒测试工具

白盒测试工具一般针对被测源程序进行测试,测试所发现的故障可以定位到代码级。根据测试工具工作原理的不同,白盒测试的自动化工具可被分为静态测试工具和动态测试工具。

静态测试工具是在不执行程序的情况下分析软件的特性。静态分析主要集中在需求文档、设计文档以及程序结构方面。按照完成的职能不同,静态测试工具包括以下几种类型。

(1) 代码审查。

(2) 一致性检查。

(3) 错误检查。

(4) 接口分析。

(5) 输入输出规格说明分析检查。

(6) 数据流分析。

(7) 类型分析。

(8) 单元分析。

(9) 复杂度分析。

动态测试工具直接执行被测程序以提供测试活动。它需要实际运行被测系统并设置断点,向代码生成的可执行文件中插入一些监测代码以掌握断点这一时刻的程序运行数据(对象属性、变量的值等),具有功能确认、接口测试、覆盖率分析和性能分析等功能。动态测试下工具可以被分为以下几种类型。

(1) 功能确认与接口测试。

(2) 覆盖测试。

(3) 性能测试。

(4) 内存分析。

常用的动态工具有以下几种。

(1) HP QuickTest Professional software(QTP)是一种自动测试工具。使用 QTP 的目的是想用它来执行重复的手动测试,主要用于回归测试和测试同一软件的新版本。采用元素定位技术,测试人员需要手工维护脚本代码。

（2）Jtest 代码分析和动态类、组件测试工具，是集成的、易于使用和自动化的 Java 单元测试工具。

（3）Jcontract 在系统级验证类/部件是否正确工作并被正确使用。它是个独立工具，在功能上是 Jtest 的补充。

（4）C++Test 可以帮助开发人员防止软件错误，保证代码的稳健性、完整性、可靠性、可维护性和可移植性。C++Test 能够自动测试 C 和 C++类、函数或组件，而无须编写单个测试实例、测试驱动程序或桩调用。

（5）CodeWizard 主要针对 C/C++源代码静态分析工具，其使用超过 500 个编码规范，可以自动化地标明风险代码。

（6）JcheckJcheck 是 DevPartner Studio 开发调试工具的一个组件，可以收集 Java 程序运行中准确的实时信息，在 Java 程序中线程常见错误有死锁、系统崩溃、同步问题等，通过其监视和分析可以找到出错的根源，并且定位到具体程序哪个方法出错，错误位于程序的哪一行。

（7）TrueCoverage 是一个代码覆盖率统计工具。它支持 C++、Java 和 Visual Basic 语言环境。

（8）Xunit 系列开源框架是目前最流行的单元测试开源框架，根据支持的语言环境不同，其可被分为 JUnit(Java)、CppUnit(C++)、Dunit(Delphi)、PhpUnit(PHP)、Aunit(Ada)和 NUnit(.NET)等多个分支，应用于多种编程语言。

2. 功能测试工具

常用的功能测试工具有如下几种。

（1）kylinTOP 是一款国产自动化测试工具，最主要的是能够支持 Web 自动化，同时兼具性能测试、业务监控功能。支持脚本录制、生成脚本，元素定位采用一种元素属性综合定位技术（AI 技术），同时把脚本可视化，免除了测试人员编码的工作量，有效提高了自动化脚本建设效率，降低维护成本。

（2）WinRunner 是企业级的功能测试工具，用于检测应用程序是否能够达到预期的功能并能够正常运行，自动执行重复任务并优化测试工作。

（3）Test Partner 是一个自动化的功能测试工具，专为测试基于微软、Java 和 Web 技术的复杂应用而设计，也是传统的自动化测试工具，支持脚本录制，但是录制后的脚本需要人工修改脚本，所以需要测试人员具备代码能力。

（4）QARun 自动回归测试工具，在.NET 环境下运行，并提供与 TestTrack Pro 的集成，测试实现方式是通过鼠标移动、键盘点击操作被测应用，从而得到相应的测试脚本，对该脚本可以进行编辑和调试。

（5）QuickTest 针对的是 GUI 应用程序，包括传统的 Windows 应用程序，以及现在越来越流行的 Web 应用，采用元素定位，需要维护脚本代码。

3. 性能测试工具

常用性能测试工具有如下几种。

（1）LoadRunner 预测系统行为和性能的负载测试工具。

（2）QALoad 是 Compuware 公司性能测试工具套件中的压力负载工具，QALoad 是客户/服务器系统、企业资源配置和电子商务应用的自动化负载测试工具。

（3）Benchmark Factory 一种高扩展性的强化测试、容量规划和性能优化工具，其可以模拟数千个用户访问应用系统中的数据库、文件、因特网及消息服务器,从而更加方便地确定系统容量,找出系统瓶颈,分离出用户的分布式计算环境中与系统强度有关的问题。无论是对服务器,还是对服务器集群,Benchmark Factory 都是一种成熟、可靠、高扩展性和易于使用的测试工具。

(4) SilkPerformance 能够模拟成千上万的用户在多协议和多种计算环境下的工作,可以让测试者在使用前就能够预测企业电子商务环境的行为,并不受电子商务应用规模和复杂性影响。

(5) JMeter 是一个专门为运行服务器负载测试而设计的 Java 桌面运行程序。

(6) OpenSTA 全称是 Open System Testing Architecture,其特点是可以模拟很多用户来访问需要测试的网站,是一个功能强大、自定义设置功能完备的性能测试软件。

4. 测试管理工具

常用的测试管理工具有如下几种。

(1) TestDirector 是全球最大的软件测试工具提供商 Mercury 公司的企业级测试管理工具,也是业界第一个基于 Web 的测试管理系统,它可以在公司内部或外部进行全球范围内的测试管理。在一个整体的应用系统中集成了测试管理的各个部分,包括需求管理、测试计划、测试执行以及错误跟踪等功能。

(2) TestManager 是针对测试活动管理、执行和报告的中央控制台工具。它是为可扩展性而构建的,支持的范围从纯人工测试方法到各种自动化范型(包括单元测试、功能回归测试和性能测试)。

(3) QADirector 协助管理应用系统的测试,确保软件的服务质量。QADirector 具备分布式的测试能力和多平台的支持,能够使开发和测试团队从一个单点来控制跨平台环境的测试工作,让开发人员、测试人员和 QA 管理人员共享测试资源、测试结果与历史记录。

(4) TestLink 是 sourceforge 的开放源代码项目之一,作为基于 Web 的测试用例管理系统,它的主要功能是对测试用例的创建、管理和执行,并且还提供了一些简单的统计功能。

(5) JIRA 是集项目计划、任务分配、需求管理、错误跟踪于一体的商业软件。JIRA 基于 Java 架构,由于 Atlassian 公司对很多开源项目提供免费缺陷跟踪服务,因此在开源领域,其知名度比其他产品要高得多,而且易用性也好一些。

(6) Mantis 一个基于 PHP 技术的轻量级缺陷跟踪系统,其功能与前面提及的 JIRA 系统类似,都是以 Web 站点的形式提供项目管理及缺陷跟踪服务。在功能上可能没有 JIRA 那么专业,但在实用性上足以满足中小型项目的管理及跟踪。

11.4.5 自动化测试工具的局限性

在相当长的一段时间内,软件测试工作一直都是人工操作的,即手工地按照预先定义的步骤运行应用程序。自从软件产业出现以来,软件组织对自动软件测试过程做出了很大的努力。许多公司已经成功地开发出了一些软件测试工具,这些工具在产品发布之前就能发现并确定 Bug。现在市场上有非常多的自动化测试工具,这些测试工具有很多已经涵盖了软件测试生命周期的各个阶段。

然而,它们对生成或编写测试脚本却有着相似的被动架构,即遵循手工指定产品、指定待测试方法、编辑和调试生成测试脚本的模式。这些测试脚本通常是由 3 种方式编写,即由测试工程师手工编写、由测试工具使用逆向工程生成和由捕获/回放工具生成。无论由哪种方式编写测试脚本,调试都不可避免。比较 11.4 测试工具,将会发现这些测试工具要求专用化,并不具备一致性,简单的、有效的、标准的测试技术还相当缺乏。另外,这些测试工具的开发通常都落后于新技术的应用。所有测试工具的新产品上市、新技术进步、新设计采用以及和第三方组件的整合都存在一定的风险。当前的软件测试工具基本上都存在以下 5 点不足。

(1) 缺乏引导全程、全面测试能力。

(2) 缺乏集成测试和互操作性测试的能力。

(3) 缺乏自动生成测试脚本的机制。

(4) 缺乏决定产品足够完善可予以发布状态的严格测试。

(5) 缺乏简单、有效的性能衡量标准和测试测量规程。

11.5　本 章 小 结

本章首先给出了软件测试自动化的概述,介绍了自动化测试技术的发展和演进历史,给出了自动化测试的概念以及分类,并重点说明了自动化测试与手工测试的比较,阐述了软件自动化测试的优缺点。然后介绍了自动化测试的原理和方法,包括直接对代码进行静态和动态分析、测试过程的捕获和回放、测试脚本的录制与回放等,然后又引入了测试设计的自动化技术,从模型驱动和搜索驱动的测试技术等两个方面对测试设计进行说明和介绍。最后通过自动化测试工具讲解了自动化测试工具的特征、作用和优势、工具的选择、工具的分类及其局限性等内容。

11.6　习　　　题

1. 以下最可能是执行测试工具的好处的是(　　)。

    A. 有助于创建回归测试

    B. 有助于维护测试资产的版本控制

    C. 有助于设计安全性测试的测试

    D. 有助于运行回归测试

2. 在引入自动化测试工具以前,手工测试遇到的问题包括(　　)。

① 工作量和时间耗费过于庞大。

② 衡量软件测试工作进展困难。

③ 长时间运行的可靠性测试问题。

④ 对并发用户进行模拟的问题。

⑤ 确定系统的性能瓶颈问题。

⑥ 软件测试过程的管理问题。

    A. ①②③④⑤⑥　　　B. ①②③④⑤　　　C. ①②③④　　　D. ①②③

3. 自动化测试周期包含哪些阶段?

4. 选择自动化测试方案时应该考虑哪些因素?

5. 企业引进自动化测试后测试工作的效率一定会提高吗? 为什么?

第 12 章　软件测试的过程和管理

测试是软件生命周期过程中降低风险的关键方法。成功的软件测试离不开测试的组织过程和管理，没有目标、没有组织、没有过程控制的测试是注定要失败的。软件测试工作不是简单的测试工作，它与软件开发一样，属于软件工程中的重点项目，因此，软件测试的过程管理是测试成功的重要保证。

本章内容遵循 GB/T 38634.2—2020《系统与软件工程 软件测试 第 2 部分：测试过程》(ISO/IEC/IEEE 29119 2：2013，MOD)中定义的软件测试过程模型，其也是国际上共同遵守的测试过程。同时本章还借鉴和参考了《软件测评师教程》(第 2 版)中软件测试过程和管理的内容，以之形成章节体系和软件测试的通用过程模型。定义的过程可与任何软件开发生命周期模型结合使用，满足每个测试过程的目的、结果、工作、任务和信息项。

12.1　测试的过程和管理概述

软件测试过程由多项工作组成，可将其分为一个或者多个测试子过程，最终将其全面完成，为软件产品提供质量保障。本章结合 GB/T 38634.2—2020 中定义的软件测试过程模型，结合动态测试过程，给出了常规的软件测试管理过程。另外，对静态测试工作，如同行评审和静态分析等，本章也给出了使用的原则和说明，但是总体上这些工作要与动态测试工作结合使用。

软件测试管理是软件项目管理的一个子集或分支，由于管理对象的特殊性，软件测试管理在具体执行中呈现出以下的特点。

(1) 软件测试的工作量要占整个软件开发工作量的 40% 以上，对于高可靠、高安全的软件来说，这一比例可能会达到 70%。

(2) 软件测试工作涉及技术、计划、质量、工具、人员等各个方面，是一项复杂的工作。

(3) 任何软件测试工作都是在一定的约束条件下进行的，要做到完全彻底的测试是不可能的。

(4) 只有系统化、规范化地对软件进行测试才能有效地发现软件缺陷，才能对发现的缺陷实施有效的追踪和管理，才能在软件缺陷修改后进行有效的回归测试。

12.2　软件测试的过程模型

此处以 GB/T 38634.2—2020 定义的多层测试过程模型为基础，结合其他章节内容形成将系统与软件生命周期结合的组织级测试过程、测试管理过程和静态测试过程这 3 个过程组,如图 12-1 所示。

组织级测试过程

测试管理过程(结合动态测试过程)

测试策划过程	测试设计和实现过程	测试环境构建和维护过程
测试执行过程	测试事件报告过程	测试监测和控制过程
	测试完成过程	

静态测试过程

图 12-1　测试过程模型

（1）组织级测试过程:定义用于开发和管理组织级测试规格说明的过程,例如组织级测试方针,组织级测试策略、过程、规程和其他资产的维护等。

（2）测试管理过程:主要结合动态测试的通用过程,定义涵盖整个测试项目或任何测试阶段(例如系统测试),或测试类型(例如性能测试)的测试管理过程(例如项目测试管理、系统测试管理、性能测试管理)。动态测试可以在测试的特定阶段(例如单元测试、集成测试、系统测试和验收测试)执行,或者用于测试项目中特定类型的测试(例如性能测试、信息安全测试和功能测试)。测试管理过程包含测试策划过程、测试设计和实现过程、测试环境构建和维护过程、测试执行过程、测试事件报告过程、测试监测和控制过程、测试完成过程等7 个子过程。

（3）静态测试过程:定义了在不运行代码的情况下,通过一组质量准则或其他准则对测试项目进行检查的测试。

12.3　组织级测试过程

在 GB/T 38634.2—2020 标准中,将组织级测试过程的描述为用于开发和管理组织级测试的规格说明。这些规格说明通常不面向具体项目,而适用于整个组织的测试,常见的组织级测试规格说明包括组织级测试方针和组织级测试策略。组织级测试过程是一个通用过程,可用于开发和管理其他非项目级的具体测试文档,例如适用于许多相关项目的测试策略。

组织级测试方针是一个执行级文档,其描述组织内的测试目的、目标和总体范围。它还建立了组织级测试实践,并为建立、评审和持续改进组织级测试方针、测试策略和项目测试管理方法提供了一个框架。

组织级测试策略是一个详细的技术性文档,它定义了如何在组织内执行测试。它并不是针对特定的项目,而是一个通用文档,将为组织中的许多项目提供指导。

组织级测试过程用于制定和管理组织级测试方针和策略。如图 12-2 所示,组织级测试过程的两个示例(组织级测试方针和组织级测试策略)互相通信。组织级测试策略需要与组织级测试方针保持一致,从这项工作中得到的反馈将被提供给测试方针,以进行可能的过程改进。类似地,在组织内的每个项目上使用的测试管理过程需要与组织级测试策略(和方针)保持一致,这些项目管理的反馈被用来改进组织级测试过程,从而制定和维护组织级测试规格说明。

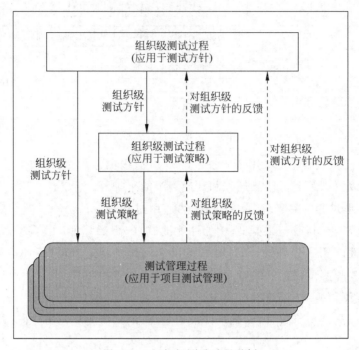

图 12-2   组织级测试过程示例

组织级测试过程包含了组织级测试规格说明的建立、评审和维护工作,还涵盖了对组织依从性的监测,如图 12-3 所示。

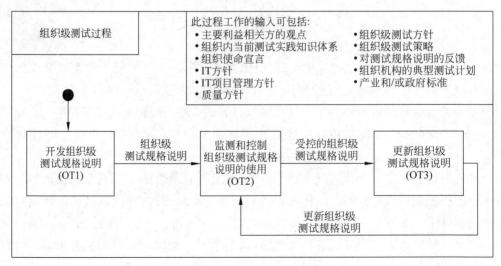

图 12-3   组织级测试过程

12.3.1 目的

组织级测试过程的目的是制定组织级测试规格说明、监测合规性并维护组织级测试规格说明,例如组织级测试方针和组织级测试策略。

12.3.2 输入

组织级测试过程的输入可包括以下内容。

(1) 主要利益相关方的观点。

(2) 组织内当前测试实践和知识体系。

(3) 组织使命宣言。

(4) IT 方针及 IT 项目管理方针。

(5) 质量方针。

(6) 组织级测试方针。

(7) 组织级测试策略。

(8) 对需求规格说明的反馈。

(9) 组织机构的典型测试计划。

(10) 产业和/或政府标准。

12.3.3 工作项目和任务

负责组织级测试规格说明的人员应按照组织级测试过程中适用的组织级方针和相应的规程执行下列工作和任务。

1. 开发组织级测试规格说明(OT1)

此工作包括以下任务。

(1) 组织级测试规格说明的要求应从组织内的当前测试实践和利益相关方中进行识别,并/或通过其他方式进行开发(注:可通过分析相关源文档,研讨会、访谈或其他合适方式来实现)。

(2) 组织级测试规格说明的要求应当用于组织级测试规格说明的制定。

(3) 组织级测试规格说明的内容应获得利益相关方的同意。

(4) 向组织中的利益相关方传达可用的组织级测试规格说明。

2. 监测和控制组织级测试规格说明的使用(OT2)

此项工作包括以下任务。

(1) 应监测组织级测试规格说明的使用情况,以确定其是否在组织内部被有效地使用。

(2) 应采取适当措施,鼓励利益相关方的行为与组织级测试规格说明的要求保持一致。

3. 更新组织级测试规格说明(OT3)

此项工作包括以下任务。

(1) 宜评审组织级测试规格说明的使用反馈。

(2) 宜考虑组织级测试规格说明的使用和管理的有效性,并宜确定和批准任何改进其有效性的反馈和变更。

（3）如果组织级测试规格说明的变更已被确定并得到批准，则应实施这些变更。

（4）组织级测试规格说明的所有变更都应在整个组织内被及时传达，包括所有利益相关方。

12.3.4 结果

组织级测试过程实施的结果包括以下内容。

（1）确定组织级测试规格说明的需求。

（2）制定组织级测试规格说明。

（3）利益相关方均确认组织级测试规格说明。

（4）可以获取组织级测试规格说明。

（5）监督组织级测试规格说明的合规性。

（6）利益相关方确认组织级测试规格说明的及时更新。

（7）及时更新组织级测试规格说明。

12.3.5 信息项

通过执行该过程，将产生组织级测试规格说明，如组织级测试方针、组织级测试策略等。

12.4 动态测试的管理过程

通常动态测试的管理过程可包括以下内容。

（1）测试的策划过程。

（2）测试的设计和实现过程。

（3）测试的环境构建和维护过程。

（4）测试的执行过程。

（5）测试的事件报告过程。

（6）测试的监测和控制过程。

（7）测试的完成过程。

测试管理过程可应用于整个项目的测试管理，也可用于项目的各个测试阶段（例如系统测试、验收测试等）的测试管理，以及各种测试类型（例如性能测试、易用性测试等）的管理。

在项目的测试管理应用中，测试的管理过程应根据项目测试计划来管理整个项目的测试。大多数项目每个阶段的测试和部分测试类型往往需要进行单独的测试过程管理，这些测试过程的管理通常基于独立的测试计划，例如系统测试计划、可靠性测试计划和验收测试计划等。

图 12-4 给出了测试管理过程间的关系，以及它们如何与组织级测试过程、测试管理过程和动态测试过程产生交互。

测试管理过程需要与组织级测试过程一致，例如组织级测试方针和组织级测试策略。根据实施情况，测试管理过程可能会对组织级测试过程产生反馈。

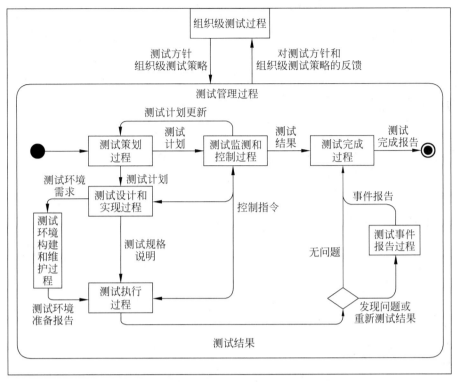

图 12-4　测试管理过程关系示例

12.4.1　测试的策划过程

测试策划过程用于制订测试计划。该过程在项目中的实施时机决定了其可以是项目测试计划或特定阶段的测试计划,例如系统测试计划或特定测试类型的测试计划。

制订测试计划需要执行如图 12-5 中的各项工作。通过执行定义的工作可以获得测试计划的内容,并将逐步制订测试计划草案,直至形成完整的测试计划。由于此过程的迭代性质,在完整的测试计划可用之前,可能需要若干次重新执行图 12-5 所示的一些工作。通常情况下,TP3、TP4、TP5 和 TP6 需要迭代执行,以形成可接受的测试计划。

例如,如果在测试计划初次发布后,发现新的风险威胁到项目的完成或产品的交付,或现有风险的威胁已经改变,则宜在识别和分析风险(TP3)时重新执行该过程。

如果出于风险以外的原因(例如使用不同的测试环境)认为有必要更改测试策略,那么宜在设计测试策略(TP5)时重新执行该过程。

如果出于风险以外的原因(例如开发中测试项目的可用性发生改变)认为有必要更改测试人员配置或计划,那么宜在确定人员配置和调度(TP6)时重新执行该过程。

1. 目的

测试策划过程的目的是确定测试范围和方法,并与利益相关方达成共识,以便尽早地确认测试资源、测试环境以及其他要求。

2. 输入

测试策划过程的输入可包括以下内容。

(1) 组织级测试方针。

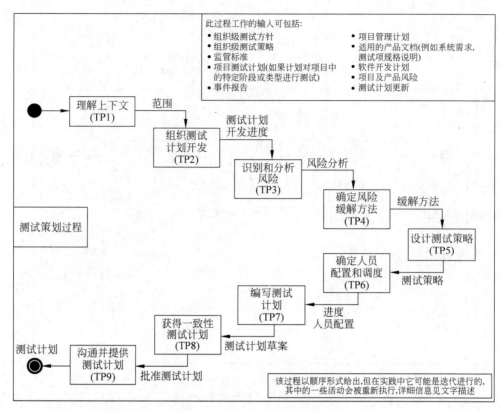

图 12-5　测试策划过程

（2）组织级测试策略。

（3）监管标准。

（4）项目测试计划（如果计划对项目中的特定阶段或类型进行测试）。

（5）事件报告。

（6）项目管理计划。

（7）适用的产品文档（例如系统需求，测试项规格说明）。

（8）软件开发计划。

（9）项目及产品风险。

（10）测试计划更新。

3. 工作和任务

测试策划负责人应按照组织级方针和规程执行相应的工作和任务。

1）理解上下文（TP1）

此工作需贯穿项目的整个生命周期，任务顺序可根据实际情况进行调整。

（1）理解上下文和软件测试需求，以支持测试计划的编制。可通过组织级测试规格说明、测试的预算、资源和人员配置、预期成果、需求规格说明、测试规格说明、质量特性描述、质量目标、项目风险信息、验证和确认计划等文档来完成测试计划的编制，确认测试项。

（2）理解上下文和软件测试需求，宜通过确认及与利益相关方沟通获得。

（3）宜制订沟通计划并记录沟通方法。

2）组织测试计划开发（TP2）

此项工作包括以下任务。

（1）根据理解上下文（TP1）工作中确定的测试需求，应确认并安排完成测试计划所需执行的工作。

（2）宜确定参与这些工作所需的利益相关方。

（3）应从项目经理、测试项目经理等利益相关方获得对此项工作、进度和参与者的认同。

（4）宜组织利益相关方参与，例如项目经理安排一次会议测试策略进行评审。

3）识别和分析风险（TP3）

此项工作包括以下任务。

（1）应评审先前确定的风险，以确定与软件测试有关的风险和/或可通过软件测试处理的风险。

（2）应确定与软件测试相关和/或可通过软件测试处理的其他风险，例如通过研讨会、访谈的方式评审产品规格说明和其他适当的文档。

（3）使用恰当的方案对风险进行分类，并对项目风险和产品风险进行区分。

（4）应确定每个风险的暴露水平（例如通过考虑其影响和可能性）。

（5）风险评估结果应获得利益相关方的同意。

（6）应记录本次风险评估的结果。

4）确定风险缓解方法（TP4）

此项工作包括以下任务。

（1）根据风险类型、风险等级和风险暴露水平，确定恰当的风险处理方法，如对测试阶段、测试类型、测试技术和测试完成准则进行调整。

（2）应在测试计划或项目风险登记册中记录风险缓解的结果。

5）设计测试策略（TP5）

此项工作包括以下任务。

（1）宜对实现组织级测试规格说明（例如组织级测试策略和组织级测试方针）定义的需求进行工作量和工作时间等资源的初步估计。宜考虑更高级别的测试策略对项目的约束。

（2）宜初步估计确定风险缓解方法（TP4）工作中确定的各项缓解措施所需的资源，并从识别和分析风险（TP3）工作中确定的具有最高风险水平的风险开始测试。

（3）应设计测试策略（包括测试阶段、测试类型、待测特征、测试设计技术、测试完成准则、暂停和恢复准则），并考虑测试依据、风险、组织、合同、项目时间和成本、人员、工具和环境以及产品等方面的限制。如果无法设计实施组织级测试策略所要求的测试策略，以及无法在满足项目和产品约束的同时处理所有已确认风险的建议，则需要做出判断以达成最佳策略，满足这些相互矛盾的要求。如何实现这种妥协将取决于项目和组织，并且可能需要放宽约束，重复确定风险缓解方法（TP4）工作中的任务（1）和（2），直到实现可接受的测试策略为止。如果决定偏离组织级测试策略，则宜将其记录在测试策略中。

（4）应确定用于测试监测和控制的指标（见工作 TMC1 至 TMC4）。

（5）应确定测试数据，充分考虑数据保密条例（例如数据屏蔽或加密）所需数量以及完成后的数据清理。

(6) 应确定测试环境需求和测试工具需求。

(7) 宜确定测试可交付成果,并记录其正式程度和沟通频率。

(8) 应对执行测试策略中描述的完整操作及所需的资源进行初步估计,产生的初步测试估计将在编写测试计划(TP7)工作中最终确定。

(9) 应记录测试策略,测试策略可作为测试计划的一部分,也可作为单独的文档。

(10) 应从利益相关方获得对测试策略的认同,该过程可能需要反复进行。

6) 确定人员配置和调度(TP6)

此项工作包括以下任务。

(1) 宜确定测试策略中描述的执行测试的工作人员的角色和技能,确定人员招聘或参加培训。

(2) 测试策略中每个必需的测试工作都应根据估计、依赖性以及人员可用性进行安排。

(3) 应从利益相关方获得对人员配置和调度的认同。这可能需要重复任务(1)和(2),如果测试策略需要修订,则需要重新设计测试策略(TP5)工作。

7) 编写测试计划(TP7)

此工作包括以下任务。

(1) 测试的最终估计应根据设计测试策略(TP5)工作中所设计的测试策略,以及确定人员配置和调度(TP6)工作中商定的人员配置和时间安排来计算。如果这些与先前的初步估计不一致,则可能需要重新考虑确定人员配置和调度(TP6)和/或设计测试策略(TP5)工作。

(2) 应将设计测试策略(TP5)工作中确定的测试策略、在确定人员配置和调度(TP6)工作中商定的人员配置文件和进度表。以及前一任务中计算得出的最终估计等纳入测试计划。

8) 获得一致性测试计划(TP8)

此工作包括以下任务。

(1) 应通过研讨会、访谈等方式收集利益相关方对测试计划的意见。

(2) 应解决测试计划与利益相关方意见之间的分歧。

(3) 应根据利益相关方的反馈更新测试计划,并根据情况重复测试计划过程的前几项工作。

(4) 应从利益相关方处获得对测试计划的认可,并根据需要重复任务(1)和(2)。

9) 沟通并提供测试计划(TP9)

此工作包括以下任务。

(1) 应提供测试计划。

(2) 可通过制订沟通计划,将测试计划的可用性告知利益相关方。

4. 结果

测试策划过程实施的结果包括以下内容。

(1) 分析并理解测试的工作范围。

(2) 确定并通知参与测试计划的利益相关方。

(3) 按照规定的风险暴露水平,可以通过测试对风险进行确认、分析和分类。

(4) 确定测试策略、测试环境、测试工具以及对测试数据的需求。

（5）确定人员配置和培训需求。

（6）安排每项工作。

（7）计算估计数，并记录证明估计数的证据。

（8）测试计划达成一致，并分发给利益相关方。

5. 信息项

通过执行该过程，将产生测试计划信息项。

12.4.2 测试设计和实现过程

测试设计和实现（Test Design and Implementation，TD）过程用于获取测试用例和测试规程，并将其记录在测试规格说明中，且有可能会立即执行，但不会提前记录。

图 12-6 中的工作以逻辑顺序给出，但在实践中，迭代将在许多工作之间进行，工作 TD3 到 TD5 通常在相当长的时间内并行发生。

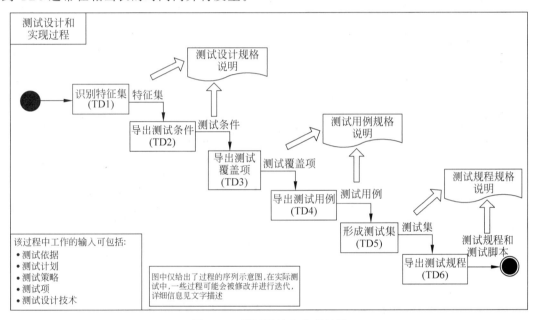

图 12-6   测试设计和实现过程

测试设计和实现过程用于导出测试用例和测试规程，但需要注意，在某些情况下它可能会重用以前设计的测试资产，尤其是正在进行的回归测试中尤为如此。

测试设计和实现过程也可能会因为一些原因退出和重新进入，例如，如果在执行测试规程或报告事件后，为了满足所需的测试完成准则，需要额外地增加一部分测试用例。因此，在该过程的任何一个实现期间，可能靠仅导出测试项所需的所有测试用例的子集是不够充分的。

该过程要求测试人员应用一种或多种测试设计技术来导出测试用例和测试规程，最终目标是达到测试完成准则，其通常用测试覆盖率测度来描述。要使用的测试设计技术和测试完成准则将在测试计划中指定。

许多情况都可能导致此过程中发生工作之间的迭代。例如利益相关方未同意测试工作的结果，在测试工作的结果表明测试策划决策（例如测试完成准则的选择）与项目时间表相冲突时,其可以要求重新评审测试管理过程。

1. 目的

测试设计和实现过程的目的是导出将在测试执行过程中执行的测试规程。在该过程中,分析测试依据,组合生成特征集,导出测试条件、测试覆盖项、测试用例、测试规程,并形成测试集。

2. 输入

测试设计和实现过程的输入可包括以下内容。

(1) 测试依据。

(2) 测试计划。

(3) 测试策略。

(4) 测试项。

(5) 测试设计技术。

3. 工作和任务

1) 识别特征集(TD1)

此项工作包括以下任务。

(1) 应分析测试依据,以理解测试项的要求。如果在分析过程中发现测试依据中的缺陷,则应使用适当的事件管理系统报告这些缺陷。

(2) 待测的特征宜组合成特征集。特征集可以独立于其他特征集进行测试,组件测试或单元测试通常只有一个特征集,系统测试则通常包含多个特征集。

(3) 特征集的测试应根据识别和分析风险(TP3)工作中记录的风险暴露水平进行优先级排序。

(4) 特征集的组成和优先级宜得到利益相关方的认同。必要时,任务(1)、(2)和(3)将重复进行。

(5) 特征集应当被记录在测试设计规格说明中。

(6) 应记录测试依据和特征集之间的可追溯性。如果在任务(2)中确定了特征集,则适用任务(3)到(6)。

2) 导出测试条件(TD2)

此项工作包括以下任务。

(1) 根据测试计划中规定的测试完成准则,确定每个特征的测试条件。测试条件是组件或系统可测的属性,例如功能、事务、特征、质量属性或标识为基础测试的结构元素。可以简单地通过利益相关方感兴趣的属性,或通过应用一种或多种技术来确定,例如如果指定了与状态覆盖相关的测试完成准则,那么测试条件将是测试项可能所处的状态。

(2) 测试条件应根据确认和分析风险(TP3)工作中记录的风险暴露水平进行优先级排序。

(3) 测试条件应被记录在测试设计规格说明中。

(4) 应记录测试依据、特征集和测试条件之间的可追溯性。

(5) 测试设计规格说明应得到利益相关方的认同。这可能需要重复任务(1)、(2)和(3),或首先重复识别特征集(TD1)工作。

3) 导出测试覆盖项(TD3)

此项工作包括以下任务。

（1）将测试设计技术应用于测试条件，以达到测试计划中规定的测试完成覆盖准则，从而导出测试要执行的测试覆盖项。测试覆盖项是每个测试条件的属性，如果测试项的测试完成准则规定测试覆盖率小于100%，那么需要选择实现100%覆盖所需的测试覆盖项的子集进行测试。在测试计划或组织级测试策略（例如去掉与低风险暴露相关的测试覆盖项）中，可能会提供一些标准来帮助这种选择。这种选择可能需要根据以后工作的结果重新选择。通过将多个测试条件的覆盖组合成一个测试覆盖项可以优化测试覆盖项集，因此，单个测试覆盖项可以实现多个测试条件。

（2）测试覆盖项应按照识别和分析风险（TP3）工作中记录的风险暴露水平进行优先级排序。

（3）测试覆盖项应记录在测试用例规格说明中。

（4）应记录测试依据、特征集、测试条件和测试覆盖项之间的可追溯性。

4）导出测试用例（TD4）

此项工作包括以下任务。

（1）一个或多个测试用例应当通过确定前置条件，选择输入值以及必要时执行所选测试覆盖项的操作，并通过确定相应的预期结果来导出。当导出测试用例时，一个测试用例可以实现多个测试覆盖项，因此有机会在一个测试用例中组合多个测试覆盖项的覆盖范围。这可以减少测试执行时间，但也可能增加调试时间。

（2）应使用识别和分析风险（TP3）工作中记录的风险暴露水平确定测试用例的优先级。

（3）测试用例应当被记录在测试用例规格说明中。

（4）应记录测试依据、特征集、测试条件、测试覆盖项和测试用例之间的可追溯性。

（5）测试用例规格说明应得到利益相关方的认同。这可能需要重复执行任务（1）和任务（2）。在某些情况下，首先重复导出测试条件（TD2）和/或导出测试覆盖项（TD3）等项工作。

5）形成测试集（TD5）

此项工作包括以下任务。

（1）测试用例可以根据执行的约束被分配到一个或多个测试集中。例如某些测试集可能需要特定的测试环境设置，或者某些测试集适合手工测试执行，而其他测试集更适合自动化测试执行，或者某些测试需要特定的领域知识。

（2）测试集应被记录在测试规程规格说明中。

（3）应记录测试依据、特征集、测试条件、测试覆盖项和测试用例之间的可追溯性。

6）导出测试规程（TD6）

此项工作包括以下任务。

（1）测试规程应通过根据前置条件和后置条件以及其他测试要求所描述的依赖性，对测试集内的测试用例进行排序而得出。测试规程中可包含任何其他必需的操作，例如为测试用例设置前置条件所必需的操作。如果使用工具执行测试规程，则可能需要通过添加额外的细节来创建自动化测试脚本，以进一步详细说明这些测试规程。

（2）应确认测试计划中未包含的任何测试数据和测试环境要求。虽然这个工作可能要在导出测试规程后才能完成，但是这个任务通常可以在该过程的初期开始，有时甚至在测试条件达成一致时就开始了。

（3）应根据识别和分析风险（TP3）工作中记录的风险暴露水平确定测试规程的优先顺序。

（4）测试规程应被记录在测试规程规格说明中。

（5）应记录测试依据、特征集、测试条件、测试覆盖项、测试用例、测试集和测试规程（和/或自动化测试脚本）之间的可追溯性。

（6）测试规程规格说明应得到利益相关方的认同。这可能需要重复执行任务（1）和（5）。

4. 结果

测试设计和实现过程实施的结果包括以下内容。

（1）分析每个测试项的测试依据。

（2）将待测特征组合成特征集。

（3）导出测试条件。

（4）导出测试覆盖项。

（5）导出测试用例。

（6）汇集测试集。

（7）导出测试规程。

5. 信息项

通过执行该过程，将产生以下信息项。

（1）测试规格说明（测试设计规格说明、测试用例规格说明和测试规程规格说明）和相关的可追溯信息。

（2）测试数据需求。

（3）测试环境需求。

12.4.3 测试环境构建和维护过程

测试环境构建和维护（Test Environment Set-up and Maintenance，ES）过程用于建立和维护测试执行的环境，具体如图 12-7 所示。测试环境可能根据先前测试结果进行变更，在存在变更和配置管理过程的情况下，可以使用这些过程来管理测试环境的变更。

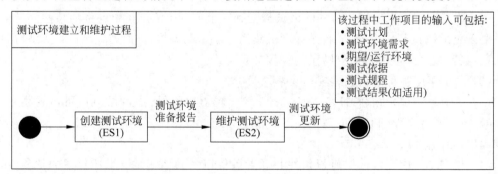

图 12-7 测试环境构建和维护过程

测试环境需求最初在测试计划中描述，但测试环境的详细组成通常只有在测试设计和实现过程开始后才会变得清晰。

1. 目的

测试环境构建和维护过程的目的是建立和维护所需的测试环境，并将其状态传达给所有利益相关方。

2. 输入

测试环境构建和维护过程的输入可包括以下内容。

（1）测试计划。

（2）测试环境需求。

（3）期望/运行环境。

（4）测试依据。

（5）测试规程。

（6）测试结果（如适用）。

3. 工作项目和任务

负责测试环境构建和维护的人员（例如 IT 支持技术人员）应根据适用的组织级方针和规程，在测试环境构建和维护过程中实施以下工作项目和任务。

1）创建测试环境（ES1）

此项工作包括以下任务。

（1）根据测试计划、测试设计和实现过程产生的详细要求、测试工具的要求以及测试的规模/形式，应执行以下操作。

① 计划建立测试环境，例如需求、接口、进度和成本。

② 设计测试环境。

③ 确定应用配置管理的程度（适用时）。

④ 完成测试环境的建立。

⑤ 建立测试数据以支持测试（适用时）。

⑥ 建立测试工具以支持测试（适用时）。

⑦ 在测试环境中安装和配置测试项目。

⑧ 验证测试环境是否符合测试环境要求。

⑨ 如需要，确保测试环境符合规定的要求。

（2）应记录测试环境和测试数据的状态，并通过测试环境准备报告和测试数据准备报告传达给利益相关方，例如测试人员和测试经理。

（3）测试环境准备报告应说明测试环境和运行环境之间的已知差异。

2）维护测试环境（ES2）

此项工作包括以下任务。

（1）应按照测试环境要求维护测试环境，这可能需要根据先前测试的结果进行调整。

（2）测试环境状态的变化应通知利益相关方，例如测试人员和测试经理。

4. 结果

测试环境构建和维护过程实施的结果包括以下内容。

（1）测试环境处于可测试的就绪状态。

（2）将测试环境的状态传达给所有利益相关方。

（3）维护测试环境。

5. 信息项

通过执行该过程，将产生以下信息项。

（1）测试环境。

（2）测试数据。

（3）测试环境准备报告。

（4）测试数据准备报告。

（5）测试环境变更(适用时)。

12.4.4　测试执行过程

测试执行过程是在测试环境构建和维护过程建立的测试环境上运行测试设计和实现过程产生的测试规程。这一过程可能需要被执行多次,因为所有可用的测试规程可能不会在单个迭代中执行。如果问题得到解决,则宜重新进入测试执行过程进行复测。

图 12-8 已将工作项目以逻辑顺序显示,但在实践中,许多工作项目之间会发生迭代。测试结果的比较和测试执行细节的记录通常会与测试规程的执行交叉在一起。

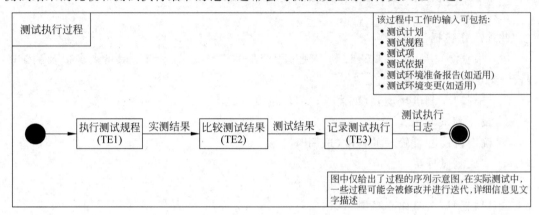

图 12-8　测试执行过程

1. 目的

测试执行过程的目的是在准备好的测试环境中执行测试设计和实现过程中创建的测试规程,并记录结果。

2. 输入

测试执行过程的输入可包括以下内容。

（1）测试计划。

（2）测试规程。

（3）测试项。

（4）测试依据。

（5）测试环境准备报告(如适用)。

（6）测试环境变更情况(如适用)。

3. 工作项目和任务

负责测试执行的人员应根据适用的组织级方针和规程在测试执行过程中实施以下工作项目和任务。

测试执行过程可以有中断的情况,例如在测试用例中发现缺陷、在测试环境中发现问题或测试计划发生变更(如项目成本或时间变更)或中止准则规定的情况。在这些情况下,该过程将在适当的任务中恢复或完全取消。

如果在执行一个或多个测试用例之后,发现需要执行额外的测试用例以满足测试完成准则,则此时将重新进入测试执行过程。因此,在该过程的任何一次迭代期间只能执行测试项的所有测试用例的子集。

1)执行测试规程(TE1)

此项工作包括以下任务。

(1)应在已准备的测试环境中执行一个或多个测试规程。测试规程可以被编写为自动执行的脚本,或可以被记录在手工测试执行的测试规格说明中,或可以被立即执行如同在探索性测试中所设计的那样。

(2)应观察测试规程中每个测试用例的实测结果。

(3)应记录实际的测试结果。按照测试用例规格说明,其可以在测试工具中进行,也可以是手工进行;在进行探索性测试的情况下,可以观察实测结果而不进行记录。

2)比较测试结果(TE2)

此项工作包括以下任务。

(1)应比较测试规程中的每个测试用例的实际和预期结果。预期结果可能被记录在测试规程中,或在探索性测试中已得出但是没有文档记录。在自动化测试的情况下,预期结果通常是嵌入在自动化测试脚本(或关联的文件)中的,并能够与测试工具执行结果比较的。

(2)应确定在测试规程中所执行测试用例的测试结果。如果复测通过,则需要通过测试事件报告过程更新事件报告。测试环境的失效和意外变化将导致问题(潜在的事件)被传递到测试事件报告过程。

3)记录测试执行(TE3)

此项工作的任务为按测试计划的规定,记录测试的执行情况。

4. 结果

测试执行过程成功实施的结果包括以下内容。

(1)执行测试规程。

(2)记录实测结果。

(3)比较实测结果和预期结果。

(4)确定测试结果。

5. 信息项

通过执行该过程,将产生以下信息项。

(1)实测结果。

(2)测试结果。

(3)测试执行日志。

12.4.5 测试事件报告过程

测试事件报告(Test Incident Reporting,IR)过程被用于报告测试事件,其主要过程如图 12-9 所示。该过程将确认测试不通过、测试执行期间发生异常或意外事件,或复测通过等情况。

1. 目的

测试事件报告过程的目的是向利益相关方报告需要通过测试执行确定进一步操作的事

218

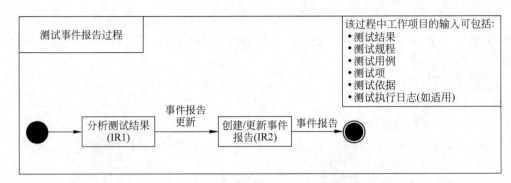

图 12-9　测试事件报告过程

件。对新的测试而言,这将需要创建一个事件报告。在复测的情况下,这将需要更新以前提交的事件报告的状态,但也可能需要在确定了进一步的事件后提出新的事件报告。

2. 输入

测试事件报告过程的输入可包括以下内容。

(1) 测试结果。

(2) 测试规程。

(3) 测试用例。

(4) 测试项。

(5) 测试依据。

(6) 测试执行日志(如适用)。

3. 工作项目和任务

负责测试事件报告的人员应根据适用的组织级方针和规程,对测试事件报告过程实施以下工作项目和任务。

1) 分析测试结果(IR1)

此项工作包括以下任务。

(1) 如果测试结果与以前提交的事件有关,则应分析该测试结果并更新事件的详情。

(2) 如果测试结果表明发现了新问题,则应对该测试结果进行分析,确定该事件是否需要报告,在适当情况下,与发起人讨论决定是否提出事件报告,以相互理解这一决定。

(3) 所采取的措施应当分配给适当的人员完成。

2) 创建/更新事件报告(IR2)

此项工作包括以下任务。

(1) 应确定和报告/更新需要记录的有关事件的信息。事件报告可以针对测试项和其他项提出,例如测试规程、测试依据和测试环境等。复测成功后,可以更新并关闭事件报告。

(2) 应将新的和/或更新的事件的状态传达给利益相关方。

4. 结果

测试事件报告过程成功实施的结果包括以下内容。

(1) 分析测试结果。

(2) 确认新的事件。

(3) 创建新的事件报告细节。

（4）确定以前发生的事件的状态和细节。

（5）适当地更新以前提交的事件报告细节。

（6）向利益相关方传达新的和/或更新的事件报告。

5. 信息项

通过执行该过程,将产生事件报告。

12.4.6 测试监测和控制过程

如图 12-10 所示,测试监测和控制(Test Monitoring and Control,TMC)过程将检查测试是否按照测试计划以及组织级测试规格说明(例如组织级测试方针、组织级测试策略)进行。如果其与测试计划的进度、工作或其他方面存在重大偏差,则必须采取措施以纠正或弥补这一偏差。

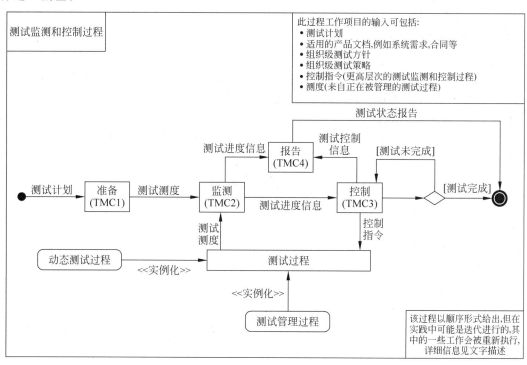

图 12-10　测试监测和控制过程

该过程可被应用于整个测试项目(通常由多个测试阶段和多种测试类型组成)的管理,或者用于管理单个测试阶段(如系统测试)或测试类型(如性能测试)的测试。在后一种情况下,它被用作动态测试过程描述的动态测试的监测和控制的一部分。当被用作整个项目的测试监测和控制的一部分时,它将直接与用于管理项目的单个测试阶段和测试类型的测试管理过程进行交互。

1. 目的

测试监测和控制过程的目的是确定测试进度能否按照测试计划以及组织级测试规格说明(例如组织级测试方针、组织级测试策略)进行。它还将根据需要启动控制操作,并确定测试计划的必要更新(例如修改完成准则或采取新的措施,以弥补测试计划的偏差)。

该过程也可被用于确定测试进度是否符合更高级别的测试计划,以及管理在特定测试阶段(例如系统测试)或特定测试类型(例如性能测试)中执行的测试。

2. 输入

测试监测和控制过程的输入可包括以下内容。

(1) 测试计划。

(2) 适用的产品文档,例如系统需求、合同等。

(3) 组织级测试方针。

(4) 组织级测试策略。

(5) 控制指令(更高层次的测试监测和控制过程)。

(6) 测度(来自正在被管理的测试过程)。

3. 工作项目和任务

测试监测及控制负责人应按照测试监测及控制过程有关适用的组织级方针和规程执行下列工作项目和任务。

1) 准备(TMC1)

此项工作包括以下任务。

(1) 如果测试计划或组织级测试策略尚未定义测试测度(通过定义一组限定的有用度量,用以追踪和衡量软件测试中的活动,以达到了解项目状态,指导后续活动的目的),宜确定适当的测试测度来监测测试计划的进度。

(2) 如果测试计划或组织级测试策略尚未定义这些方法,宜确定新的和变更风险的合适方法。

(3) 应建立监测活动,如测试状态报告和测试测度收集,以收集上述任务(1)和(2)以及测试计划和组织级测试策略中确定的测试测度。

2) 监测(TMC2)

此项工作包括以下任务。

(1) 应收集并记录测试测度。

(2) 应使用收集的测试测度监测测试计划的进度情况,例如通过审查测试状态报告,分析测试测度并与利益相关方召开会议。

(3) 应确认实际执行情况与计划的测试工作之间的差异,并记录阻碍测试进度的任何因素。

(4) 应确认和分析新风险,以确定需要通过测试进行缓解的风险、需要与利益相关方沟通的风险。

(5) 应监测已知风险的变化,以确定需要通过测试进行缓解的风险、需要与利益相关方(如项目经理)沟通的风险。重复上述任务(1)至(5),直至达到测试计划中指定的测试终止或完成条件为止。这通常是通过检查确认是否已达到完成准则。

3) 控制(TMC3)

此项工作包括以下任务。

(1) 应按照测试计划的要求进行相关监控工作,如将测试工作的责任分配给测试人员。

(2) 执行从上级管理过程收到的控制指令所必需的工作。例如,当一个测试项目处于管理阶段时,相关的指令可能来源于项目测试经理。

(3) 应确定管理实际测试与计划测试之间的差异而采取的必要措施,这些控制措施可能需要变更测试计划、测试数据、测试环境、人员配置或其他领域(如开发)。

(4) 应确定处理新发现和变更风险的方法,如为特定任务分配更多人员并更改测试完成准则等。

(5) 根据情况可采取下列措施:发出控制指令以改变测试方法;测试计划的变更以测试计划更新的形式进行;建议的变更应通知利益相关方。

(6) 如果尚未开始任何指定的测试工作,则应在该工作开展前建立该工作的准备状态。可以在测试设计和实现过程或测试环境构建过程中建立准备状态。

(7) 应在指定的测试工作完成时给予批准,可通过检查测试计划中描述的退出准则来执行。

(8) 当测试达到完成准则时,应获得测试完成决定的批准。

4) 报告(TMC4)

此项工作包括以下任务。

(1) 测试进度应在测试状态报告中按时传达给利益相关方。

(2) 风险登记册应更新现有风险状况下产生的新风险和变化的情况,并传达给利益相关方。

4. 结果

测试监测和控制过程实施的结果包括以下内容。

(1) 建立监测测试进度和风险变化的适当测度的收集方法。

(2) 监测测试计划进度。

(3) 确认、分析与测试相关的新风险和变更风险,并采取必要措施。

(4) 确定必要的控制措施。

(5) 向利益相关方传达必要的控制措施。

(6) 批准停止测试的决定。

(7) 向利益相关方报告测试进度和风险变化。

5. 信息项

通过执行该过程,将产生以下信息项。

(1) 测试状态报告。

(2) 测试计划变更。

(3) 控制指令(例如测试、测试计划、测试数据、测试环境和人员的变化)。

(4) 项目和产品风险信息(风险信息可以被保存在项目风险登记册中,也可以保存在测试计划中)。

12.4.7 测试完成过程

图 12-11 所示的测试完成过程是在测试工作项目完成后执行的。它用于对特定测试阶段或测试类型以及完整项目的测试的总结。

1. 目的

测试完成过程的目的是提供有用的测试资产供以后使用,使测试环境保持在令人满意的状态,然后记录测试结果并将其传达给利益相关方。测试资产包括测试计划、测试用例说明、测试脚本、测试工具,测试数据和测试环境基础设施。

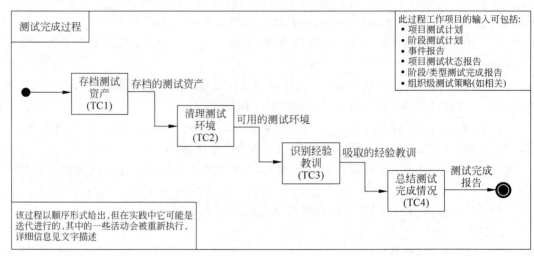

图 12-11　测试完成过程

2. 输入

测试完成过程的输入可包括以下内容。

(1) 项目测试计划。

(2) 阶段测试计划。

(3) 事件报告。

(4) 项目测试状态报告。

(5) 阶段/类型测试完成报告。

(6) 组织级测试策略(如相关)。

3. 工作和任务

负责测试完成的人员应根据适用的组织级方针和规程执行以下工作项目和任务,以完成测试过程。

1) 存档测试资产(TC1)

此项工作包括以下任务。

(1) 宜确定以后可能使用的测试资产,并使用适当的方法保存,为之后的测试工作提供这些资产。如在配置管理系统中适当标记要重用的测试资产。

(2) 宜确认和存档可在其他项目上重用的测试资产。例如测试计划、手工或自动化测试规程、测试环境基础设施等。

(3) 这些可能被重用测试资产的可用性应被记录在测试完成报告中并传达给利益相关方。如负责维护测试(以实现成功的转换)的人员和项目测试经理。

2) 清理测试环境(TC2)

所有测试工作完成后,应将测试环境恢复至预先定义的状态,如恢复设置以及硬件至初始状态。

3) 识别经验教训(TC3)

此项工作包括以下任务。

(1) 应记录项目执行期间的经验教训,如测试过程中顺利进行的工作或者出现的问题,以及相关的改进建议。

(2) 将成果记录在测试完成报告中,并发送给利益相关方。

4）总结测试完成情况（TC4）

此项工作包括以下任务。

（1）从测试计划、测试结果、测试状态报告、测试阶段或测试类型的测试完成报告（如单元测试、性能测试、验收测试报告）、事件报告等文档中收集相关信息。

（2）收集的信息应在测试完成报告中几种评价和汇总。

（3）测试完成报告应取得利益相关方的认同。

（4）被认同的测试完成报告应被分发给利益相关方。

4. 结果

测试完成过程实施的结果包括以下内容。

（1）测试资产存档或直接传递给利益相关方。

（2）测试环境处于约定状态（例如使其可用于下一个测试项目）。

（3）满足并验证所有的测试要求。

（4）编写测试完成报告。

（5）批准测试完成报告。

（6）将测试完成报告发送给利益相关方。

5. 信息项

通过执行该过程，将产生测试完成报告。

12.5 静态测试的评审过程

静态测试是在不运行代码的情况下，通过一组质量准则或其他准则对测试项进行检查的测试，其也常被称为审查、走查或检查。静态测试既包括人工进行代码审查，也包括使用静态分析工具在不运行代码的前提下发现代码和文档中的缺陷，常见的静态分析工具有编译器、圈复杂度分析器、代码的安全分析器等。

12.5.1 目的

静态测试的目的是通过手工或静态分析工具进行代码走查、技术评审等工作，发现软件需求规格说明、软件设计说明、概要设计、详细设计、变更履历记录表、软件用户手册等文档中以及源代码等工作产品中存在的问题。

12.5.2 输入

静态测试的输入可包括以下内容。

（1）包含需求规格说明、软件设计说明在内的产品说明文档。

（2）包含用户使用手册、使用帮助在内的用户文档集。

（3）软件源代码。

12.5.3 工作项目和任务

静态测试工作分为计划、启动评审、个人评审、问题交流与分析、修正和报告等步骤过程。

1. 计划

计划过程包含以下任务。

(1)确认静态测试的范围和目的、评审的对象、评估的质量特性、通过准则、依据的标准或相关信息、评审的人力和时间要求等。

(2)确认评审特性并达成一致,评审特性包括工作、角色、评审技术和工具、检查表等。

(3)确定评审的参与者和各自的角色。

2. 启动评审

启动评审包含以下任务。

(1)将评审材料分发给评审的参与者。

(2)评审组长组织评审组人员确定评审的范围和特性要求,并确定参与人员的角色、责任和内容。

(3)文档作者对评审的内容进行讲解。

3. 个人评审

个人评审包含的工作项目主要是执行并记录分配给个人的评审内容。

4. 问题交流与分析

问题交流与分析包含以下任务。

(1)交流发现的问题。

(2)分析查明的问题,并根据问题的严重程度制定处理措施,对问题进行分类,如应该处理的问题、记录但不用采取措施的问题、拒绝处理的问题等。

(3)根据问题的状态将其分配给适当的个人或团队。

(4)对评审工作产品的质量特征进行评价,将之作为评审决定的依据。

5. 修正和报告

修正和报告包含以下任务。

(1)对需要处理或变更的问题,应该创建事件报告,并与被分配的人员或团队进行沟通。

(2)处理需要对工作产品进行变更或处理的问题。

(3)确认评审工作完成,或更新评审工作状态。

(4)接受评审结果为通过的工作产品。

(5)报告评审结果。

12.5.4 结果

静态测试的结果包括以下内容。

(1)工作产品中的缺陷或问题。

(2)工作产品评估的质量特征。

(3)评审结论。

(4)达成的一致意见。

(5)工作产品需要进行的更新。

12.5.5 信息项

执行该过程,将产生以下信息项。

(1)评审记录。

(2)事件报告。

(3)评审报告。

12.6　本　章　小　结

本章主要介绍了依据 GB/T 38634.2—2020《系统与软件工程 软件测试 第 2 部分：测试过程》(ISO/IEC/IEEE 29119-2：2013,MOD)中定义的软件测试过程模型,同时借鉴和参考《软件测评师教程(第 2 版)》软件测试过程和管理的内容,对软件测试的相关内容进行了介绍和说明。测试过程和管理的知识点较多,较为分散,本章对其进行了梳理和系统化,有利于帮助读者提升对相关知识的理解和掌握程度。读者也可以通过本章介绍知识,结合软件项目管理的内容,加强对软件测试和整体软件工程的认识和理解。

12.7　习　　题

1. 当评审必须遵循基于规则和检查表的正式过程时,下面评审类型中最好的选择是(　　)。

　　A. 非正式评审　　　　B. 技术审查　　　　C. 审查　　　　D. 走查

2. 以下属于动态测试方法的是(　　)。

　　A. 代码审查　　　B. 静态结构测试　　　C. 路径覆盖　　　D. 技术评审

3. 以下关于静态测试的描述正确的是(　　)。

　　A. 检测和移除缺陷的成本

　　B. 它可以使动态测试面临更少的挑战

　　C. 它可以尽早地发现在生命周期中运行的问题

　　D. 在测试安全关键系统时,静态测试价值小,因为动态测试比它更容易发现缺陷

4. 以下关于测试方法的叙述中,不正确的是(　　)。

　　A. 根据被测代码是否可见可将其分为白盒测试和黑盒测试

　　B. 黑盒测试一般用来确认软件功能的正确性和可操作性

　　C. 静态测试主要是对软件的编程格式、结构等方面进行评估

　　D. 动态测试不需要实际执行程序

5. 以下场景不适合使用探索性测试的是(　　)。

　　A. 当有时间压力时,和/或需求不完整或不适用时

　　B. 当系统以增量方式进行开发和测试时

　　C. 当只有新人和没有经验的测试人员可用时

　　D. 当被测应用的主要部分只能在客户现场进行测试时

6. 图 12-12 显示了 7 条需求之间的逻辑依赖关系,其中依赖关系由箭头显示。例如,"R1→R3"表示 R3 依赖 R1。

根据需求依赖关系,以下选项中可构建测试执行进度计划的是(　　)。

　　A. R1→R3→R1→R2→R5→R6→R4→R7

　　B. R1→R3→R2→R5→R2→R6→R4→R7

　　C. R1→R3→R2→R5→R6→R4→R7

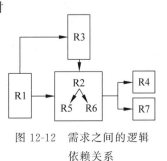

图 12-12　需求之间的逻辑
依赖关系

D. R1→R2→R5→R6→R3→R4→R7

7. 给定以下测试工作和任务

① 测试设计②测试实施③测试执行④测试结束

a. 为打开的缺陷报告提交变更请求

b. 确认测试数据以支持测试用例

c. 为测试规程制定优先级并创建测试数据

d. 分析异常现象以确定它们发生的原因

以下测试活动中和测试任务最匹配的是(　　)。

    A. ①-b,②-c,③-d,④-a

    B. ①-b,②-a,③-c,④-d

    C. ①-c,②-b,③-d,④-a

    D. ①-c,②-b,③-a,④-d

8. 以下关于静态测试的价值描述,正确的是(　　)。

    A. 通过引入评审,发现规格说明的质量提高了,同时开发和测试需要的时间也增加了

    B. 使用静态测试意味着有更好的控制和更便宜的缺陷管理,因为在生命周期的后期移除缺陷更容易

    C. 通过使用静态测试,遗漏的需求减少了,测试人员和开发人员之间的沟通更好了

    D. 由于使用静态测试,发现了只进行动态测试无法发现的编码缺陷

9. 正在测试咖啡机新版软件,该机器可以根据 4 个类别准备不同类型的咖啡,即咖啡容量、糖、加牛奶和糖浆。标准如下:

- 咖啡容量(小、中、大)。

- 糖(无、1 个单位、2 个单位、3 个单位、4 个单位)。

- 加牛奶(是或否)。

- 咖啡风味糖浆(无糖浆、焦糖、榛子、香草)。

若正在编写包含以下信息的缺陷报告。

标题:咖啡温度低

简要描述:当选择加牛奶的咖啡时,准备咖啡的时间太长,而且饮料的温度太低(低于 40℃)。

预期结果:咖啡的温度应该是标准的(约 75℃)。

风险程度:中等

优先级:正常

在以上的缺陷报告中最可能遗漏的有价值的信息是(　　)。

    A. 实际测试结果　　　　　　　　B. 标识被测咖啡机的数据

    C. 缺陷的状态　　　　　　　　　D. 改进测试用例的想法

10. 测试所报告的软件缺陷与错误中通常包含其严重性和优先级的说明,以下理解不正确的是(　　)。

    A. 测试员通过严重性和优先级对软件缺陷进行分类,以指出其影响及修改的优先次序

    B. 严重性划分应体现出所发现的软件缺陷造成危害的恶劣程度

    C. 优先级划分应体现出修复缺陷的重要程序与次序

    D. 在软件的不同部分,同样的错误或缺陷的严重性和优先级必须相同

附录 A　软件测试常用术语

相关术语和定义主要来自于以下文件：

《GB/T 38634.1—2020 系统与软件工程 软件测试 第 1 部分：概念和定义》

《GB/T 38634.2—2020 系统与软件工程 软件测试 第 2 部分：测试过程》

《GB/T 38634.3—2020 系统与软件工程 软件测试 第 3 部分：测试文档》

《GB/T 38634.4—2020 系统与软件工程 软件测试 第 4 部分：测试技术》

具体内容请扫描下方二维码下载观看。

附录B 软件测试文档概述和大纲

相关内容参考 GB/T 38634.3—2020 系统与软件工程 软件测试 第 3 部分：测试文档。
具体内容请扫描下方二维码下载观看。

参 考 文 献

[1] 兰景英.软件测试实践教程[M].北京：清华大学出版社,2016.

[2] 乔冰琴,郝志卿.软件测试技术及项目案例实践[M].北京：清华大学出版社,2020.

[3] AMMANN P,OFFUTT J.软件测试基础[M].李楠,译.北京：机械工业出版社,2018.

[4] 全国计算机专业技术资格考试办公室.软件测评师2012至2017年试题分析与解答[M].北京：清华大学出版社,2018.

[5] 路晓丽,董云卫.软件测试实践教程[M].北京：机械工业出版社,2010.

[6] 朱少民.软件测试方法和技术[M].3版.北京：清华大学出版社,2014.

[7] 王晓鹏,许涛.软件测试实践教程[M].北京：清华大学出版社,2013.

[8] GB/T 38634.1—2020 系统与软件工程 软件测试 第1部分：概念和定义[S].

[9] GB/T 38634.2—2020 系统与软件工程 软件测试 第2部分：测试过程[S].

[10] GB/T 38634.3—2020 系统与软件工程 软件测试 第3部分：测试文档[S].

[11] GB/T 38634.4—2020 系统与软件工程 软件测试 第4部分：测试技术[S].

[12] 张旸旸,于秀明.软件测评师教程[M].2版.北京：清华大学出版社,2021.

[13] 舒红平,魏培阳.软件需求工程[M].成都：西南交通大学出版社,2019.

[14] 教育部高等学校软件工程专业教学指导委员会 C-SWEBOK 编写组.中国软件工程知识体系 C-SWEBOK[M].北京：高等教育出版社,2018.

[15] 郑文强,周震漪,马均飞.软件测试基础教程[M].北京：清华大学出版社,2015.

[16] 李晓红.软件质量保证及测试基础[M].北京：清华大学出版社,2015.

[17] 程宝雷,屈蕴茜,章晓芳,等.软件测试与质量保证[M].北京：清华大学出版社,2015.

[18] 吕云翔,杨颖,朱涛,等.软件测试实用教程[M].北京：清华大学出版社,2014.

[19] 李炳森.软件质量管理[M].北京：清华大学出版社,2013.

[20] 王丹丹.软件测试方法和技术实践教程[M].北京：清华大学出版社,2017.

[21] 邓武.软件测试技术与实践[M].北京：清华大学出版社,2012.

[22] 李炳森.实用软件测试[M].北京：清华大学出版社,2016.

[23] 韩利凯.软件测试[M].北京：清华大学出版社,2013.

[24] 董越.未雨绸缪理解软件配置管理[M].北京：电子工业出版社,2012.

[25] 聂南.软件项目管理配置技术[M].北京：清华大学出版社,2014.

[26] 柳纯录.软件测评师教程[M].北京：清华大学出版社,2005.

[27] 曲朝阳,刘志颖,杨杰明,等.软件测试技术[M].2版.北京：清华大学出版社,2006.

图书资源支持

感谢您一直以来对清华版图书的支持和爱护。为了配合本书的使用，本书提供配套的资源，有需求的读者请扫描下方的"书圈"微信公众号二维码，在图书专区下载，也可以拨打电话或发送电子邮件咨询。

如果您在使用本书的过程中遇到了什么问题，或者有相关图书出版计划，也请您发邮件告诉我们，以便我们更好地为您服务。

我们的联系方式：

地　　址：北京市海淀区双清路学研大厦 A 座 714

邮　　编：100084

电　　话：010-83470236　010-83470237

客服邮箱：2301891038@qq.com

QQ：2301891038（请写明您的单位和姓名）

- -

资源下载：关注公众号"书圈"下载配套资源。

资源下载、样书申请

书圈

图书案例

清华计算机学堂

观看课程直播